U0142606

管理學

Management

陳延宏　著

五南圖書出版公司 印行

序

此書係作者彙整了多年來之教書以及實務經驗，有感於大學新鮮人甫自高中畢業後學習成效低落的現象，除了高中與大學讀書方法的不同以外，亦因管理學涵蓋範圍過廣，不同領域有不同管理方式，導致學子難以入門並領略管理學之奧妙，從而觸動了作者執筆之動機，歷經思考編排、詮釋角度等等幾番思考後，終於完成一本簡單易懂的管理學書籍，期能令莘莘學子們更快地理解並實用。

本書《管理學》（Management），共十七章，從一開始闡述企業管理概論開始、並分別說明了管理學派演進、環境管理分析、社會責任與管理倫理、決策分析、規劃、組織、領導、控制、溝通、策略管理、組織文化、生產及作業管理、行銷管理、人力資源管理、研究與發展管理、財務管理等，以簡淺易懂的文字讓讀者能夠清楚每章節所傳達的精髓。

本書得以順利出版，要感謝高雄大學黃一祥教授、高雄科技大學洪志興教授、華中科技大學王國華教授、廣州暨南大學王國慶教授的指導，在撰寫此管理學專書時，給予相當多的建議，最後感謝廖宸葳小姐，本書才得以面世。由於筆者才疏學淺，拙作歷經多方琢磨才得以完成並出版，縱使已經校對多次，錯誤或疏漏之處在所難免，尚祈各方先進及學者專家能不吝指教。

陳延宏

謹誌於高苑科技大學

西元二〇二二年二月

目錄

第十六章　研究與發展管理 **297**

第十七章　財務管理 **315**

課後複習問題與解答 **331**

第一章

企業管理概論

★學習目標★

◎了解組織的意涵

組織由哪些要素所組成

組織如何運作

組織績效（何謂效率vs.效果）

◎衡量組織績效的方式（策略選民法、平衡計分卡）

◎了解何謂管理

管理功能

管理者的類型

管理者的三種技能

管理者的十種角色

成功管理者應啟動的三種程序

管理績效vs.組織績效

◎了解何謂企業

企業的要素

企業的類型

★本章摘要★

一個人無法成爲團體，兩人以上的個體，爲了共同且明確的目標而結合，形成一個有系統的結構，即爲組織。霍奇與強生（Hodge & Johnson）於1970年提出，組織組成的要素主要有以下幾種，人員、共同目標、設備、工具、責任分配及協調功能。而麥肯錫（Mckinsey）公司的彼得斯與沃特曼（Peters & Waterman）提出「7S架構」，此7S分別代表了以下七個：管理制度（System）、經營策略（Strategy）、組織結構（Structure）、管理風格（Style）、員工（Staff）、共同價值觀（Shared Value）及技能（Skill）。

組織的運作，有賴於管理功能及企業功能的運用，管理功能指規劃（Planning）、組織（Organizing）、領導（Leading）、控制（Controlling）四個主要項目，而企業功能則指包括生產管理、行銷管理、人力資源管理、研發管理及財務管理。管理矩陣（Management Matrix）所指的即爲由管理功能及企業功能所組成的矩陣。

組織績效一般而言可由兩者看出，分別爲效率及效果，效率（Efficiency）指的乃是如何把事情做好；而效果（Effectiveness）則指如何做對的事。而針對於組織績效的衡量最常使用的方法有目標法、策略選民法（Constituencies）或稱利害關係人法、平衡計分卡（Balanced Scorecard）。

何謂管理？管理即爲管理者善用組織資源，透過他人力量，使企業功能有系統的運作，並達成組織目標。管理者的類型，依照組織層級，可將管理者分爲三類，由職權高低，可將金字塔頂端劃分爲高階主管（人數最少），其次爲中階主管，金字塔底端爲基層主管（人數最多）。管理者的技能，主要可分爲三種：第一爲確定組織方向，將現況做分析、歸納及整理以制定策略的觀念性能力（Conceptual Skill）。第二爲與人互動、溝通、取得他人信任的能力，並使之完成任務的人際關係能力（Human Relationship Skill）。第三爲完成各項業務所需具備的知識及經驗的技術性能力（Technical Skill）。

管理者主要可分爲三大類型與十種角色；此三大類型分別爲人際關係角色（Interpersonal Role）、資訊角色（Informational Role）及決策角色（Decisional Roles），而成功的管理者應啟動三種程序，分別爲更新的程序（The Renewal Process）、創業的程序（The Entrepreneurial Process）及能力培養的程序（The Competence-Building Process）。

企業的要素有生產、管理、效率、利潤。企業的類型有獨資、合夥、公司。

★企業管理概論★

兩人以上的團體且具有共同目標才能組成一個組織，管理者的目的即在凝聚眾人的力量來達成組織目標，不僅需要規劃、組織能力，還需要協調成員、激勵成員的領導能力以及事後控制、修正的才能。

1.1 組織的意涵

組織是許多人聚集在一起工作以達到共同目的。促使其成員非為了其個人成就來執行任務，這是一個特殊的社會現象。不論是少數或是多數人員，從大公司上千人下至小公司幾人，其共同目的：創造有價值的商品或勞務給消費者或顧客。產品品質與消費者的滿意度是一個公司的優勢和績效的重要來源，它創造了一家公司的成長以及長期的成功。舉例而言，目前台灣最常使用的LINE是由韓國人李海珍所研發的，最初是以一個直接且強烈的目的開始，那就是2011年3月日本發生大地震，很多受災戶無法即時聯絡到家人，LINE在當時首創讀取回條的功能，主要目的是希望在災難發生時，能夠第一時間確認人員安全而設計的。2012年2月首次在台灣推出後，隨即引發熱潮成為台灣最受歡迎的通訊軟體。LINE可將資料做立即性分享，因此創新的服務可創造一批持續且忠誠的顧客。

另外一個在企業管理運作中組織資源的操作，也就是資金方面的配置問題，當公司營運計畫書編列完成後，預算也隨之編列，它意味著資金該如何分配，這些部門明年度有多少預算可以使用以便於達到任務目標，或有哪些專案需要執行。例如一家手機大型公司計畫成為以銷售與研發為主且附加價值高的企業，為了達到此項目標，公司將手機材料、委外加工、委外組裝等低附加價值的工作委以外包方式，讓本業僅做研發以及銷售等業務性質，以達到年營業額成長40%。因此在此計畫中，公司組織圖就必須要大幅調整，生產部門縮編、材料委外備料，而大幅度擴充研發團隊專業人力以及銷售團隊行銷、銷售技巧提升。原先，打算投入大量資金購買生產設備的資金，可移至聘請研發人才，資金集中投入加大了與競爭對手之距離，也可以提升公司核心競爭力。

㈠定義

一個人無法成為團體，兩人以上的個體，為了共同且明確的目標而結合，形成一個有系統的結構，即為組織。

㈡組織的組成要素

1. 提出者：霍奇與強生（Hodge & Johnson）於1970年提出。

⑴人員：

人是組織的最基本要素，兩人以上即可成為一組織。

⑵共同目標：

一個組織成員所共同努力的方向，也是組織存在的理由，凝聚眾人的動力。

⑶設備或工具：

組織成員工作時所需的設備或工具。

⑷責任分配：

將組織目標劃分為不同的行動方案，為完成行動方案需將任務分配給組織成員，就需要將責任歸屬劃分清楚，使成員了解應如何幫助組織達成目標。

⑸協調功能：

組織內各種活動都需要有良好配合才能發揮最大效果。

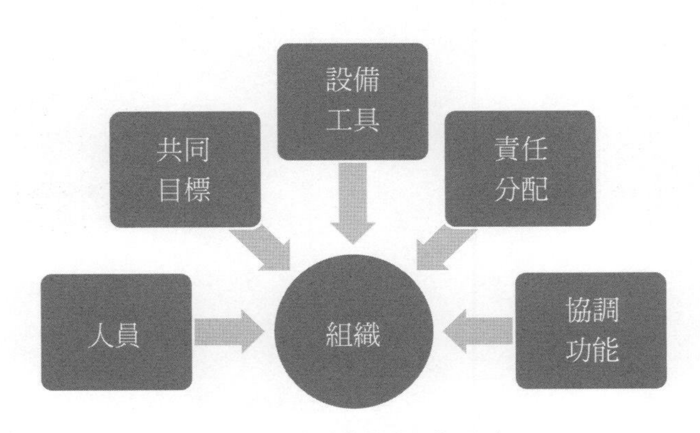

圖1-1　組織的組成要素

2.麥肯錫（Mckinsey）公司的彼得斯與沃特曼（Peters & Waterman）提出「7S架構」，將組織的組成要素分爲硬性要素與軟性要素，分述如下：

(1)硬性要素

A.管理制度（System）

B.經營策略（Strategy）

C.組織結構（Structure）

(2)軟性要素

A.管理風格（Style）

B.員工（Staff）

C.共同價值觀（Shared Value）

D.技能（Skill）

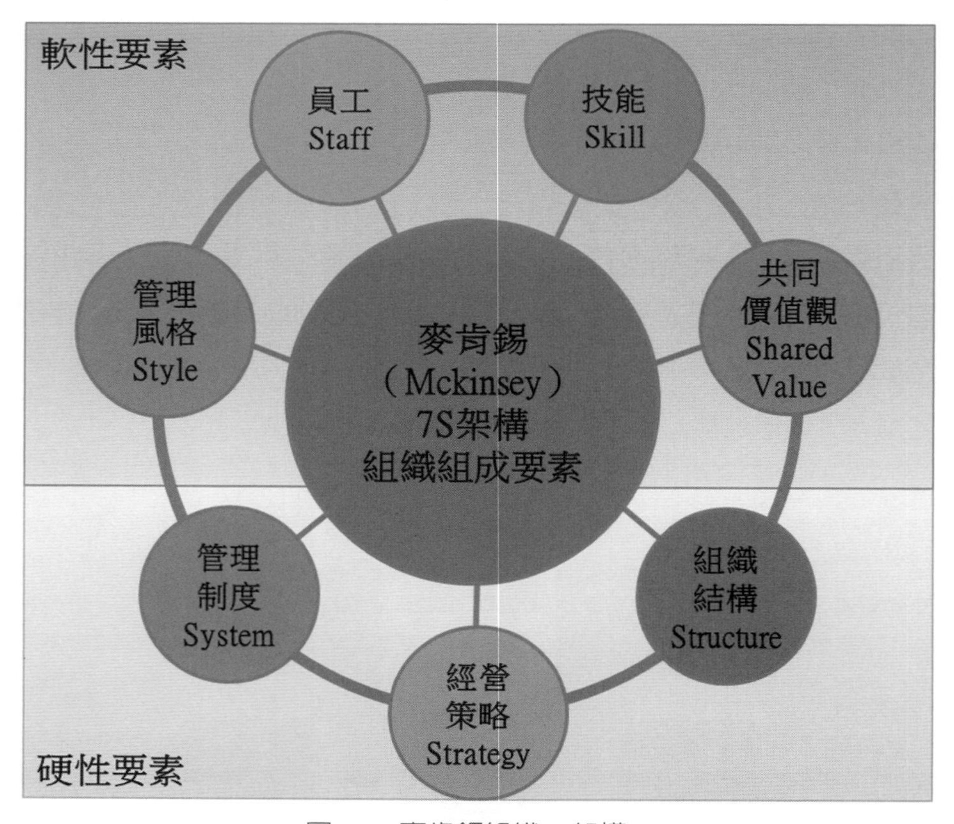

圖1-2 麥肯錫組織7S架構

⑶管理涵意

配合假說（Congruence Hypothesis）：

組織組成要素以價值觀為中樞，其他要素不僅存在，也相互影響。組織各組成要素若相互配合程度越大，則越能凝聚成員共識，組織目標越易達成。

㈢組織的運作

1. 管理功能（Management Functions）：

管理包含許多個步驟：規劃、組織、領導、控制，企業要能夠持續經營，各步驟就得不斷連續的運作。

⑴規劃（Planning）：決定組織目標、制定行動方案。

⑵組織（Organizing）：設立組織架構、資源調度安排、將職權賦予成員。

⑶領導（Leading）：各種指導成員的方法、衝突管理、激勵部屬的措施。

⑷控制（Controlling）：設定標準、衡量執行成效、執行相關檢討機制以做為修正標準。

2. 企業功能（Business Functions）：

為達成組織目標，將各種行動方案劃分為不同性質的工作，即為企業功能。一般企業功能為：

⑴生產管理：生產某項產品或提供服務，以最少的投入獲得最大產出。

⑵行銷管理：讓產品或服務滿足顧客需求，以顧客為導向的概念。

⑶人力資源管理：任用人才、績效評估、與員工維持良好勞資關係、教育訓練或激勵員工皆屬人力資源管理。

⑷研發管理：技術發展、智慧財產權、專利權等管理工作。

⑸財務管理：籌措資金，維持良好財務槓桿，使股東價值、公司價值極大化。

企業功能會隨著組織性質不同而相異，管理功能則可應用在不同組織上。

3. 管理矩陣（Management Matrix）：

管理者利用管理功能使各項企業功能進行得更順利以達成組織目標。

表1-1 管理矩陣

管理矩陣		企業功能				
		生產	行銷	人事	研發	財務
管理功能	規劃	*	*	*	*	*
	組織	*	*	*	*	*
	領導	*	*	*	*	*
	控制	*	*	*	*	*

㈣ 組織績效

1. 效率（Efficiency）：

希望投入最少的資源，卻能得到最大的獲利，彼得．杜拉克（Peter Drucker）定義為Do The Things Right.（把事情做好）

2. 效果（Effectiveness）：

投入的資源是否能夠達成組織目標以及組織目標達成度，彼得．杜拉克（Peter Drucker）定義為Do The Right Things.（做對的事）

3. 比較

表1-2 效果與效率

	效果	效率
目的	達成目標	最少資源消耗
追求重點	著重任務是否達成	著重完成任務的方法
公式	實際產出／預期產出（目標達成度）	產出／投入
彼得．杜拉克 Peter Drucker	Do The Right Things.	Do The Things Right.

4.組合關係

表1-3　組合關係

	高效果	低效果
高效率	績效最佳 目標方向正確， 資源使用得當。	績效次差 目標錯誤， 但資源運用良好。
低效率	績效次佳 目標方向正確， 資源運用不當。	績效最差 目標、資源皆配置錯誤。

㈤組織績效的衡量方式

1.目標法：

適用於商業組織，先設定組織的目標，再評估達到組織目標的程度。

2.策略選民法（Constituencies）或稱利害關係人法：

除了考慮投入、產出等實際生產效率外，再加上從不同利害關係人的角度衡量公司績效，以同時檢視外在環境與組織內部因素。

3.平衡計分卡（Balanced Scorecard）：

⑴羅柏．卡普蘭（Robert Kaplan）與大衛．諾頓（David Norton）於1990年提出。

⑵以平衡爲訴求，不同於傳統以財務爲主的衡量方式。將企業的目標、財務、顧客、學習與成長等構面取得平衡，將公司資源透過溝通整合的過程，將願景聚焦，轉化成具體的行動方案。

A.財務構面：

衡量企業資源投入與產出之績效。相關的衡量數據有：市場占有率、營收成長率、資產利用率等。

B.顧客構面：

以顧客爲主的衡量指標，例如顧客滿意度、市場佔有率、顧客忠誠度。

C. 內部流程構面：

以衡量企業內部營運相關流程。例如：產品不良率、退貨率。

D.學習與成長構面：

以企業內部人力素質爲主要衡量指標，例如員工生產力、員工滿意度、員工創新提案率、團隊績效。

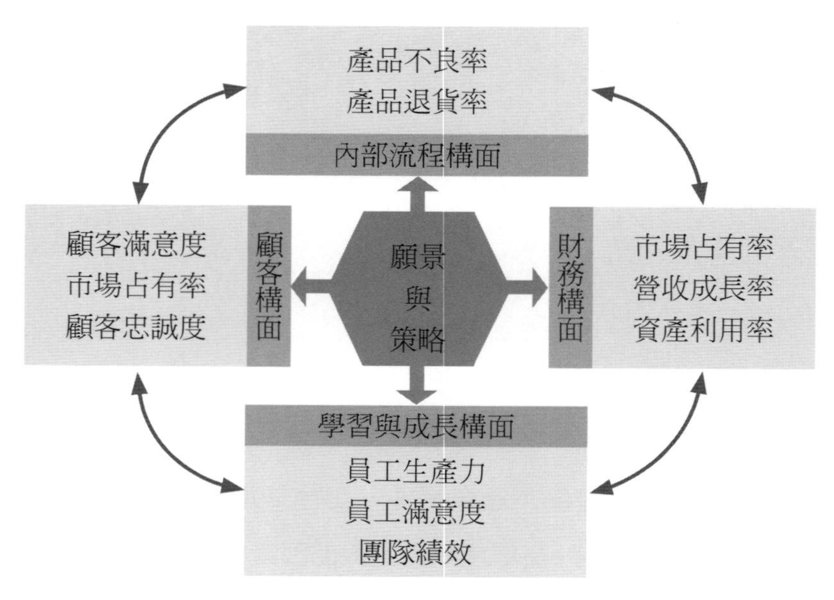

圖1-3 平衡計分卡

1.2 管理的意涵

管理是一門透過他人使工作圓滿完成的藝術，也是一種科學、一種專業的學問，可以利用系統的觀察與實驗結果來取代經驗法則，雖然有許多管理技巧難以筆墨說明，但是對於管理學的研究，仍然發展出一套理論架構，協助管理者了解管理之眞義，以及該如何應用管理這門學科。著名的管理大師彼得．杜拉克（Peter Drucker）將「管理」解釋：爲組織提供指導、領導權、並決定如何利用組織資源去完成目標的活動，而另一位管理大師威爾奇（Weihrich）與孔茲

（Koontz）提出管理是設計並保持一種良好環境，使人們在群體狀態下高效率完成既定目標的過程；瓊斯與喬治 （Jones & George）認爲管理就是對資源進行計畫、組織、用人、領導與控制，以快速有效達到組織的目標。

㈠定義

1. 管理者善用組織資源，透過他人力量，使企業功能有系統的運作，並達成組織目標。
2. 管理即是管人才能，凝聚衆人力量；處理事情才能，整合協調組織內部問題，提高個別員工能力以完成任務。

㈡管理者的分類

1. 依照組織層級，可將管理者分爲三類，由職權高低，可將金字塔頂端劃分爲高階主管（人數最少），其次爲中階主管，金字塔底端爲基層主管（人數最多）。

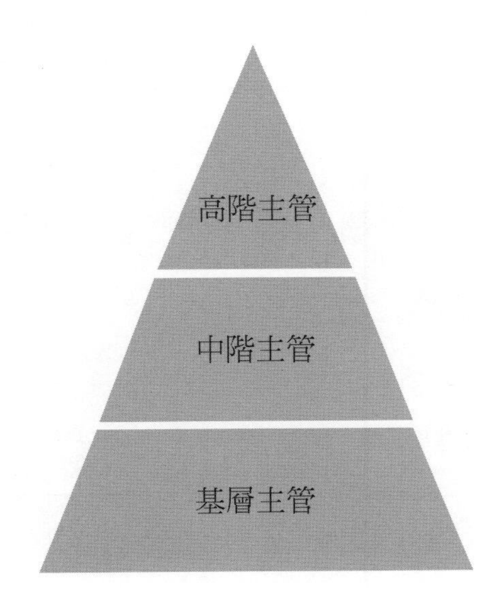

圖1-4　管理層級

表1-4　管理層級分類

職稱	組織層級	工作性質	決策範圍
董事長 總經理 執行長	策略階層 （高）	策略性規劃	公司整體
經理 協理 襄理	戰術階層 （中）	戰術性策劃	部門
主任 課長 組長	作業階層 （低）	作業性執行	個人業務、小組業務

2.傳統與今日不同的管理階層

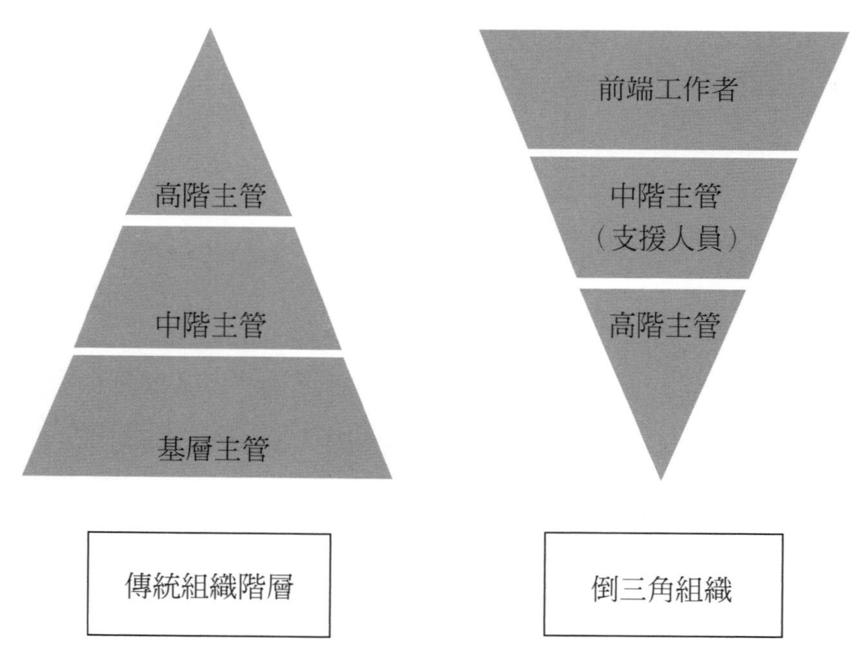

圖1-5　傳統與今日管理階層

(1)傳統組織階層爲高階主管權力最大，現在組織結構偏向倒三角型組織，前線工作者獲得充分授權。

(2)知識經濟時代來臨，現在工作者大部分為知識型工人，充分授權前線工作者可提高組織彈性與效率。

(三) 管理者的技能觀點

1. 提出者：

凱特（Kats）於1955年發表「有效管理者的技能（Skills Of An Effective Administrator）」。

2. 定義：

管理者具備的三種管理能力會因職位不同而有不同能力偏重。

(1)觀念性能力（Conceptual Skill）：

確定組織方向，將現況做分析、歸納及整理以制定策略的一種抽象思考能力。

(2)人際關係能力（Human Relationship Skill）：

與人互動、溝通、取得他人信任的能力，並使之完成任務的領導力。

(3)技術性能力（Technical Skill）：

完成各項業務所需具備的知識及經驗。

3. 各項層級與偏重之技能：

高層管理人員偏重觀念性能力，以規劃整體公司之願景及策略；中階管理人員著重人際關係能力，管理部屬、激勵部屬提升工作效率；基層管理人員則偏重技術性能力，擁有完成各項業務所需技能為主。

(四) 管理者的角色觀點

1. 提出者：

亨利．明茨伯格（Henry Mintzberg）觀察五位高階主管，歸納出管理者所扮演的十種角色，但十種角色並非完全分離，而是緊密關聯的。十種角色可區分為三大類別：人際關係角色、資訊角色、決策角色。

表1-5 管理者角色觀點

三種類別	定義
人際關係角色 Interpersonal Role	管理者需要扮演一些象徵性的人物， 以代表公司與外界建立關係。
資訊角色 Informational Role	管理者須處理與公司有關的資訊， 並將願景傳達給所有員工。
決策角色 Decisional Role	管理者需規劃願景、發展目標、制定決策， 並在適當時機啟動組織變革。

2. 管理者所扮演的十種角色

表1-6 管理者扮演十種角色

角色	敘述	相關說明
人際關係角色（Interpersonal Role）		
頭臉人物 Figurehead	組織的領導角色，負擔法律及社會等對外責任。	頒獎致詞、對外發言。
領導者 Leader	激勵部屬、領導部屬。	給與員工在職訓練等與員工相關的活動。
聯絡者 Liaison	與外界建立良好關係，以獲得情報。	出席會議、接待訪客。
資訊角色（Informational Role）		
偵察者 Monitor	對內蒐集組織訊息、對外觀察環境變動。	接收文件、與外界維持關係。
傳播者 Disseminator	將組織內外訊息傳遞給其他員工。	召開會議。
發言人 Spokesperson	向外傳達公司願景、政策。	發布新聞、主持記者會。
決策角色（Decisional Roles）		
企業家 Entrepreneur	尋找機會、創造機會製造變革，爲組織帶來新的可能發展方向。	建立願景並落實。
資源分配者 Resources Allocator	分配組織資源，裁定決策。	編列預算。

角色	敘述	相關說明
危機處理者 Disturbance-Handler	解決組織面臨危機與阻礙。	建立危機處理小組、擬定相關計畫。
協商者 Negotiator	負責組織內外的談判。	參與合約的談判。

【觀念】

亨利．明茨伯格（Henry Mintzberg）所提出的管理角色適用於高階管理者。在大型企業中，主管著重的角色為「資源分配者」；而在小型企業中，主管著重的角色為「發言人」。

㈤成功管理者應啟動的三種程序

1. 提出者：戈沙爾與巴特萊特（Ghoshal & Bartlett）於1995年提出。
2. 解釋：成功的管理者應啟動下列三種程序，以帶領組織成員接受環境變化帶來的變革級挑戰。

   (1)更新的程序（The Renewal Process）：

   管理者應該領部屬勇於接受改變，抱持學習的心態，不斷求新求變，以回應外在環境改變。

   (2)創業的程序（The Entrepreneurial Process）：

   鼓勵員工培養企業家精神，尋找、創造可能機會以製造更大的變革。

   (3)能力培養的程序（The Competence-Building Process）：

   鼓勵員工承擔責任，提供員工適當的教育訓練以厚植其能力。

1.3 管理績效與組織績效

㈠管理績效不等於組織績效，但管理績效及外在環境都可能會影響組織績效。

㈡三種不同觀點

1. 象徵觀點（Omnipotent View）：
   組織績效大部分會受到管理績效所影響。
2. 全能觀點（Symbolic View）：
   組織績效即爲管理績效。
3. 綜合觀點（Synthesis View）：
   組織績效是由管理績效及其他非管理績效交互影響而成。

1.4 企業的意涵

企業是指透過相關人員的努力，結合各種生產要素，以提供顧客產品或服務獲取利潤者。也就是以營利爲目的從事經濟活動的事業單位。

㈠企業的要素

1. 生產：土地、資本、勞動、企業家精神。
2. 管理：規劃、組織、領導、控制。
3. 效率：投入／產出。
4. 利潤：營利。

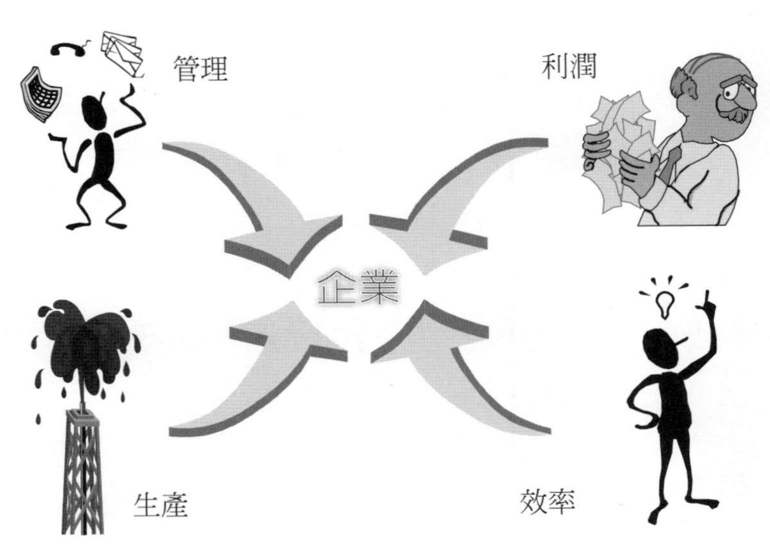

圖1-6　企業的要素

（資料來源：Slideshare圖庫以及作者編輯）

㈡企業的類型

企業的類型如果依照所有權劃分可以分成獨資、合夥、公司這三種型態。

1. 獨資：一人出資，所有權跟經營權合一。
2. 合夥：二人或以上共同出資，其權利義務載明於合夥契約上。合夥可以再細分如下：
   ⑴一般合夥：對外表明身分，實際參與經營。
   ⑵不記名合夥：對外表明身分，實際不參與經營。
   ⑶匿名合夥：不表明身分，實際參與經營。
   ⑷隱名合夥：匿名身分，實際不參與經營。
   ⑸掛名合夥：未出資，只掛名，實際不參與經營。
3. 公司：公司法所稱公司，是以營利爲目的所成立的社團法人。公司可以再細分如下：
   ⑴無限公司：指二人以上股東所組織，對公司債務負連帶無限清償責任之公司。
   ⑵有限公司：由一人以上股東所組織，就其出資額爲限，對公司負其責任之

公司。

(3)兩合公司：指一人以上無限責任股東，與一人以上有限責任股東所組織，其無限責任股東對公司債務負連帶無限清償責任；有限責任股東就其出資額為限，對公司負其責任之公司。

(4)股份有限公司：指二人以上股東或政府、法人股東一人所組織，全部資本分為股份；股東就其所認股份，對公司負其責任之公司。

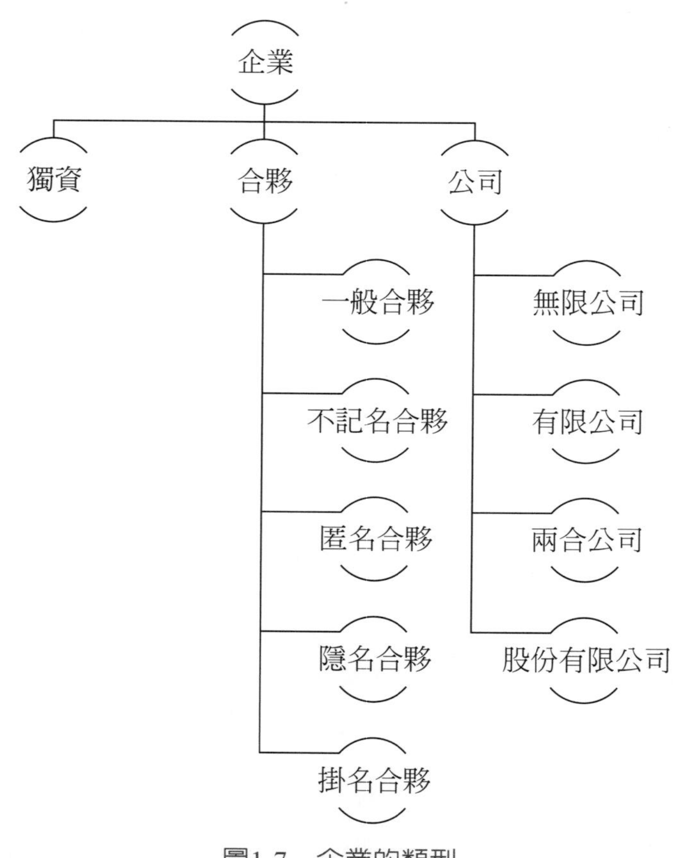

圖1-7　企業的類型

★重點回顧★

1.組織
- 涵義
- 霍奇與強生（Hodge & Johnson）組成要素：人員／共同目標／設備、工具／責任分配／協調功能
- 7S觀架構／配合假說
- 組織的運作：管理功能／企業功能／管理矩陣

2.管理
- 涵義
- 管理者的分類
- 管理者的技能觀點
- 管理者的角色觀點：亨利・明茨伯格（Henry Mintzberg）的三大類十大角色
- 成功管理者應啟動的三種程序

3.管理績效與組織績效
- 組織績效：定義／比較／組合關係（效率、效果）
- 組織績效的衡量方式：目標法／策略選民法／平衡計分卡
- 三種不同觀點：全能觀點、象徵觀點、綜合觀點

4.企業
- 企業的要素：生產、管理、效率、利潤
- 企業的類型：獨資、合夥、公司

★課後複習★

第一章　企業管理概論

1. 何謂組織？構成組織的要素有哪些？
2. 說明管理的效能與管理的效率，並舉出一個有效率卻無效能的管理實例。
3. 何謂管理？管理者扮演著重要的角色，傳統與現代管理階級的差別何在？
4. 組織的運作，有賴於管理功能及企業功能的運用。而企業功能有哪些？
5. 亨利．明茨伯格（Henry Mintzberg）提出管理者有十種角色，而其中資訊角色有哪些？
6. 組織績效中平衡計分卡的構面有哪些？它如何與平衡計分卡相互結合來使用？
7. 管理者會因所在的位置不同需要不同的管理技能。請說明管理者需要具備的能力有哪些？
8. 成功的管理者應啟動哪三種程序，以帶領組織成員接受環境變化帶來的變革及挑戰？
9. 麥肯錫公司曾提出7S的觀念架構，7S是指哪些？
10. 組織中管理的功能最爲重要，則管理功能有哪些？

第二章

管理學派演進

★學習目標★

◎了解管理思想的演進歷史

管理思想的演進可分為哪些時期

各時期有哪些代表學派

◎了解古典理論的管理思想

科學管理學派

管理程序學派

官僚學派

◎了解新古典理論的管理思想

行為學派

管理科學學派

◎了解新近理論的管理思想

系統學派

權變學派

◎了解目前有哪些管理思潮與熱門議題

★本章摘要★

管理思想的歷史演進，可分爲三階段，分別爲古典理論時期（傳統理論時期）、新古典理論時期（修正理論時期）、新進理論時期。管理思想其實都是針對管理者所需做的工作做檢討，但因各個時期關注的焦點不同，因而產生不同的論述重點。

1900年到1940年，爲追求穩定及效率的時期，此一時期的代表學派有科學管理學派、管理程序學派及官僚學派；到了1940年後至1960年前則進入了較不穩定而追求彈性的新古典理論時期，此一時期的代表學派有行爲學派及管理科學學派；1960年代至今，大環境爲高度不穩定，追求彈性及效率，進入了新進理論時期，主要代表學派爲系統學派及權變學派。

古典理論時期，科學管理學派的泰勒（Frederick Taylor）提出了諸如科學管理四原則、例外管理及差別工資制度等。而甘特（Gantt）則認爲可使用甘特圖（Gantt Chart）來進行管理，並認爲企業應承擔社會責任，工作任務應採用獎金制等。官僚學派的學者韋伯（Max Weber）提出了官僚組織的七大特徵，諸如專業分工、層級節制、權責規定詳細、不徇私、不講人情、根據技術、資格來甄選及晉升員工、工作程序及方法均有詳細規範及管理者擁有經營權，但不擁有所有權等。管理程序學派學者費堯（Henri Fayol）認爲構成管理的要素爲規劃、組織、命令、協調、控制，並應切割管理功能與企業功能，將企業活動規劃爲六大類：技術活動、管理活動、商業活動、會計活動、財務活動、安全活動。並提出14項管理原則供企業參考應用。

到了新古典理論時期，主要有行爲學派（Behavioral School）及管理科學學派，此一時期管理理論開始注意非正式組織所帶來的影響力，並認爲應採用數學及統計的方式加入管理中。到了新近理論時期，主要代表學派有系統學派（System School）及權變學派（Contingency School），此一時期由於環境變遷快速，多位學者認爲應依據不同的情境採用相異的管理方式。而目前管理思潮與熱門議題，則開始著重於諸如全球化、人力多樣化、學習型組織與知識管理、電子商務、職場倫理、企業家精神及全面的品質管理。

★管理學派演進★

因時代不同而產生不同的管理問題，因而衍生出適合不同年代的管理理論。在同一時期，某些管理概念成功解決組織問題後，被其他組織爭相仿效，因而形成管理典範。但管理典範會隨著時間及環境的變化而改變，並非每個管理理論均適用於各組織中，管理典範變動的過程，稱爲典範轉移。

2.1 管理思想的歷史演進

管理思想三階段可分爲古典理論時期（傳統理論時期）、新古典理論時期（修正理論時期）、新進理論時期。管理思想其實都是針對管理者所需做的工作做檢討，但因各個時期關注的焦點不同，因而產生不同的論述重點。

㈠提出者：卡斯特與羅森威（Kast & Rosenzweig）

㈡比較表

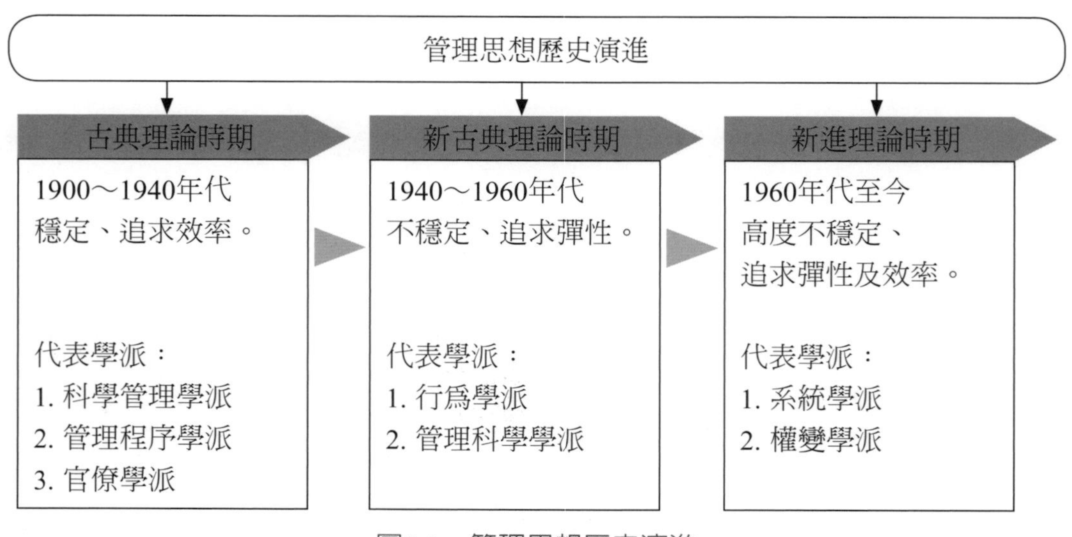

圖2-1 管理思想歷史演進

2.2 古典理論時期

古典理論時期於工業化發展時期，在機械取代人力並開始大量生產的時代，此時的管理學家著重於發展一套最有效率的管理方法以提升組織效率。

㈠ 科學管理學派（Scientific Management School）

自泰勒（Frederick Taylor）於1911年出版「科學管理原理」一書後，使科學管理學派開始受到重視。科學管理學派是利用科學的角度，將工作分析後，尋找最有效率的工作方法，提升員工的工作效率。

1. 代表學者：泰勒（Frederick Taylor）素有「科學管理之父」之稱。泰勒認爲管理者應該由基層員工的角度，利用科學、理性客觀的方法發展一套標準化作業程序以提升員工的生產效率，其研究爲：

⑴科學管理四原則

A. 動作科學化原則（Scientific Movements）：

利用科學分析，將工作簡化及標準化，提升效率。

B. 合作原則（Cooperation And Harmony）：

管理者與員工誠心合作，使工作氣氛良好而增加效率。

C. 最大效率原則（Greatest Efficiency）：

將責任劃分好，管理者與員工各司其職。

D. 科學選任原則（Scientific Worker Selection）：

員工的甄選、任用、訓練皆以科學方法進行，確保員工以正確的工作方法完成任務。

⑵例外管理

例行性事物授權員工負責，管理者著重於非例行性事務，解決突發狀況，將工作重點放置在關鍵事務上，使管理者有更多的時間進行組織規劃及策略性思考。

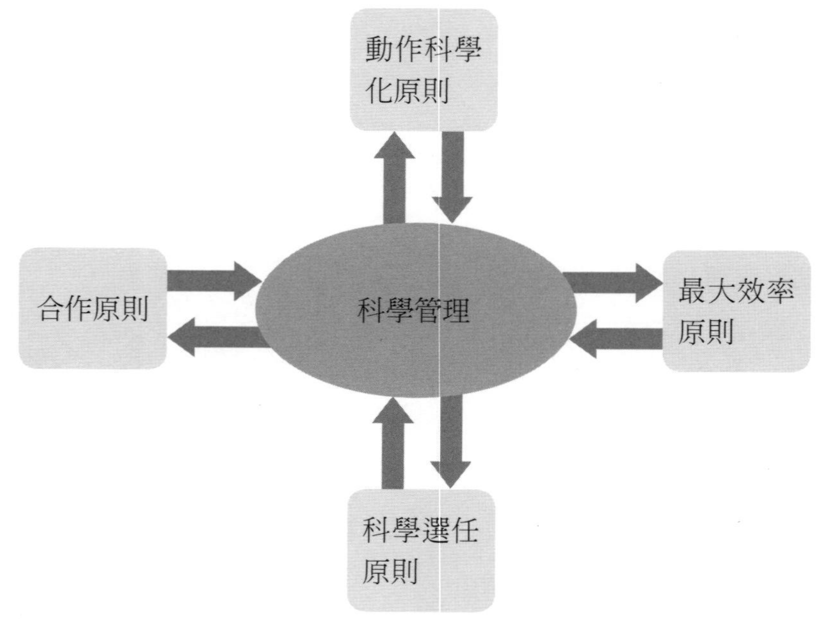

圖2-2 泰勒科學管理四原則

⑶差別工資制度

利用科學方法決定最低工作量及彈性工資率，取消保障底薪，以獎金激勵員工，員工生產量越多，獎金越高。但缺點爲臨界工資率不易公平訂定，容易對員工過於苛刻，使流動率提升。

2.代表學者：吉爾伯斯夫婦（Gilbreth）

吉爾伯斯夫婦延續泰勒理論，將泰勒的動作科學化原則做更深入的研究：

⑴動作研究（Motion Study）：

A. 利用顯微攝影機記錄、觀察工人的手部及身體動作，並歸納出十七個元素，命名爲動素（Therblig，Gilbreth夫婦姓氏倒過來拼），此發明大幅提升工人的生產力。

B. 著名實驗：砌磚工人實驗。分析砌磚工作並且簡化之，讓砌磚工人能夠更輕鬆的完成工作並且增加生產力。

⑵三職位計畫（Three-Position Plan）：

吉爾伯斯夫婦致力於提升工人工作品質及其福祉，發展一套三職位計畫，工人除了負責目前的職務，也要將後進的接班人員訓練完善，並且做好升遷的準備，三者應同時並進，減少工人長久任職某一職位產生的倦怠。

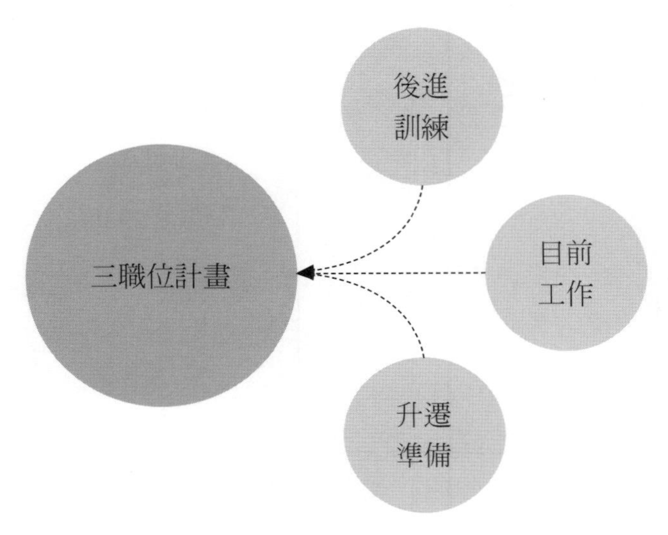

圖2-3　吉爾伯斯夫婦三職位計畫

3. 代表學者：甘特（Gantt）

甘特發展了一套激勵員工的獎金制度以及控管工程技術，以掌握工程進度。

(1)甘特圖（Gantt Chart）

是一種管理者做爲規劃及控制的工具，管理者先規劃目標進度，並適時檢視實際進度是否與規劃進度相符。若進度落後或超前均需特別注意並且改進。

(2)主張企業應承擔社會責任

甘特爲最早主張企業應該承擔社會責任及重視人力資源管理的學者。

(3)任務獎金制

與泰勒不同的是，任務獎金保障員工基本底薪，以確保員工職位安定感。員工只要超過規定的工作量，便可獲得額外獎金。

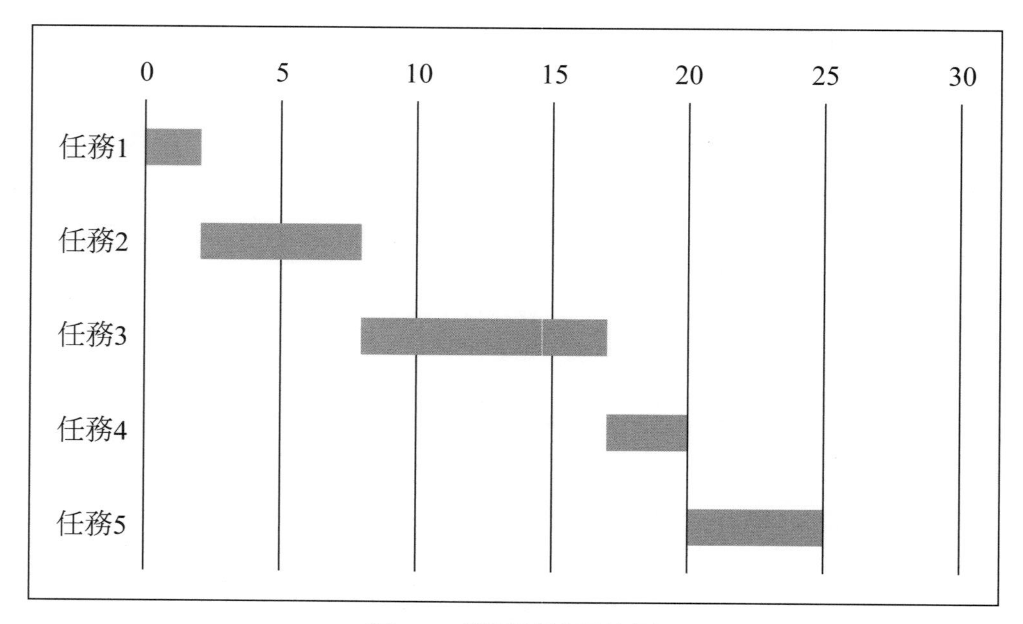

圖2-4　簡易甘特圖範例

㈡官僚學派（Bureaucracy School）

官僚學派又稱層級學派：該學派認爲組織制度建立周全，法規可取代管理者的統治。組織成員可依其職位取得職權，上位者可發號司令，下位者聽命行事，形成一層層的階級結構，分工合作、層級分明、工作規範明確詳盡爲官僚學派最大特色。

1. 代表人物：韋伯（Max Weber）

韋伯觀察德國社會發現官僚組織爲最穩定的組織，並且認爲穩定就可獲得極大效率，官僚組織最適合大型組織的存在。

⑴官僚組織的七大特徵

A. 專業分工（Specialization）

B. 層級節制（Hierarchy）

C. 權責規定詳細（Rules And Regulations）

D. 不徇私、不講人情（Impersonality）

E. 根據技術、資格來甄選及晉升員工

F. 工作程序及方法均有詳細規範

G. 管理者擁有經營權，但不擁有所有權

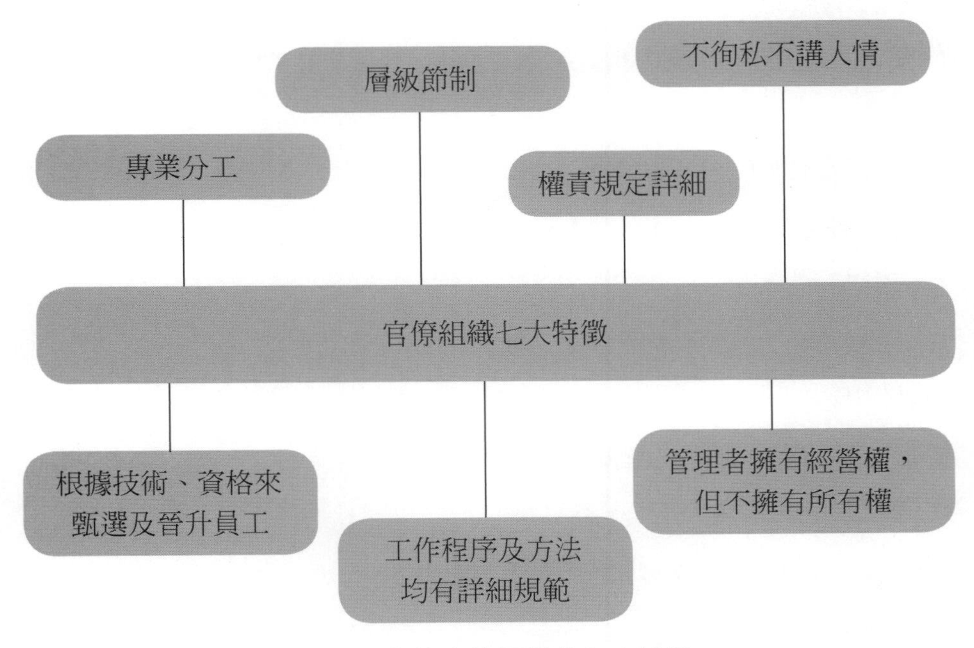

圖2-5　韋伯官僚組織的七大特徵

2. 代表人物：霍爾（Hall）

霍爾認為官僚組織並非絕對，各組織均存在不同程度官僚組織的概念，並且可用下列六個構面衡量：

(1)專業分工的程度

(2)層級分明的程度

(3)權責是否規定詳盡

(4)根據技術、資格決定甄選及晉升員工的程度

(5)工作程序規定詳盡的程度

(6)不徇私、不講求個人私交的程度

六大特徵越明確，則官僚程度越大，偏向機械式組織，組織彈性較低。

3. 官僚組織的缺點：

由於環境不斷變動，官僚組織彈性低，組織僵化程度高，因此有以下幾點缺點，又稱爲官僚症候（Bureaucratic Syndrome）

(1)專才的無能：

專業分工使得員工適應性差，僅了解自己職位的工作，對於變動的環境應變緩慢。

(2)法規代替目標：

過度強調規章制度，員工被動消極的遵守法規，毫無創意進步。

(3)官僚怠工：

員工被動依法行事，容易搪塞、推卸，不願負擔責任。

(4)成員保障：

組織過度穩定，不輕易解雇員工。

(5)過度強調正式組織：

忽略員工心理因素以及非正式群體的影響。

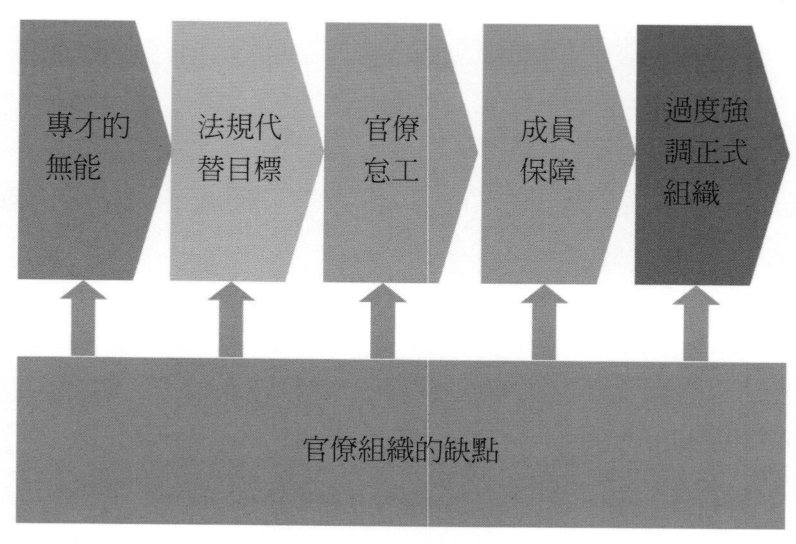

圖2-6　霍爾官僚組織的缺點

㈢管理程序學派（Management Process School）

管理程序學派認爲管理準則由一套標準管理程序所構成，管理者應該以整體、廣泛的觀點來解決問題。

1.代表人物：費堯（Henri Fayol）

費堯有現代管理學之父、管理程序學派之父之稱，認爲不同階層的管理者均可應用一套管理程序。主張下列幾項：

⑴構成管理的要素：

規劃、組織、命令、協調、控制。

⑵切割管理功能與企業功能，並將企業活動規劃爲六大類：

技術活動、管理活動、商業活動、會計活動、財務活動、安全活動。

⑶管理14項原則

A.目標統一（Unity Of Management）

管理者規劃組織願景時，應傳達給員工同樣的目標。

B.專業分工（Division Of Labor）

以部門劃分各功能性業務，將工作細分以提高效率。

C.層級節制（Scalar Chain）

將員工職位予以明確的階級分開，階級分明，不可跨越層級報告，以正式的垂直溝通管道爲主。

D.集權原則（Centralization）

決策權的集中度視組織規模、人員性質等因素做適當的調配。

E.獎酬制度公平（Remuneration Of The Staff）

由人員努力、工作成果來分配合理的獎酬，而非一些先天上的因素而影響員工報酬。例如：種族、性別。

F.職位安定（Stability Of Staff）

降低職位輪調的頻率，讓員工熟悉工作內容便可提高效率。

G.權責相當（Authority And Responsibility）

職權和職責要相等，位居其位就應有相等的職權。

H.秩序原則（Order）

每位人員應該有適當的職位，減少混亂的情形。

I. 主動原則（Initiative）

每位員工均應主動提出創意、對組織改進有利的想法。

J. 指揮統一（Unity Of Command）

居下位者只需對一位主管報告，聽其命令，上下命令溝通管道暢通明確。

K.紀律原則（Discipline）

組織應塑造嚴明的紀律，員工應該服從之，以減少員工舞弊行爲。

L. 公平原則（Equity）

組織對待員工應一視同仁，不可有差別待遇。

M.團隊精神（Team Spirit）

不求個人表現，講求與他人合作的精神。

N.將個人利益置於組織利益之下（Subordination Of Individual Interest To The Common Goal）

滿足組織利益之後，組織才有能力滿足員工個人利益。

2.代表人物：穆尼與雷利（Mooney & Reiley）

穆尼與雷利（Mooney & Reiley）將費堯（Henri Fayol）的十四項原則減化爲四項。

⑴協調原則（Coordinate Principle）

各功能性部門相互協調，減少目標不一致的情況。

⑵層級原則（Scalar Principle）

避免成員越級報告，形成資訊斷層現象。

⑶功能原則（Functional Principle）

組織將不同業務功能區隔，以劃分爲不同的部門。

⑷幕僚原則（Staff Principle）

幕僚職權與直線職權不同，幕僚職權可以提供管理者意見， 但無發號施令的權力。

2.3 新古典理論時期

由於組織規模擴大，使得人與人接觸更頻繁，產生社會需求。另傳統理論無法適用於大型組織的複雜結構，因此更仰賴資訊科技的發展。因此此時期的理論重點在於人性的影響因素，以及科技相關的計量技巧、電腦工具的應用。

(一)行為學派（Behavioral School）

行爲學派認爲員工是組織的重要資源，管理者如何透過衆人的力量達成組織目標是管理重點之一，因此員工行爲以及人際關係的研究是行爲學派的重要研究項目。

1. 代表學者

(1)孟斯特伯格（Hugo Munsterberg）

孟斯特伯格被稱爲工業心理學之父，最早將工業心理學的研究帶入管理領域中。建議利用「心理測驗」以達更有效的甄選員工方式，並將行爲研究導入員工激勵、員工訓練中。

(2)歐文（Robert Owen）

歐文主張企業應該願意投資於建立理想的工作環境以減輕勞工痛苦，並且落實童工法，保障孩童權益。

(3)巴納德（Chester Barnard）

第一位認爲組織是開放系統的學者，提出「職權接受理論」（Acceptance Of Authority），上級命令是否有效端看下級對於命令的接受度。

(4)瑪麗 · 派特 · 佛列特（Mary Parker Follet）

組織行爲應該區分爲個體行爲及群體行爲兩種角度，並且強調管理者應該要以員工爲導向，憑藉本身知識及技能領導部屬。

(5)梅堯（Elton Mayo）

梅堯被稱爲「人群關係學派之父」。梅堯加入霍桑實驗後發現，金錢並非激勵員工的唯一因素，社會規範及同儕效應也會影響員工工作行爲。

2.代表實驗：霍桑（Hawthorne）實驗

表2-1 霍桑實驗

階段	實驗名稱	實驗結果
一	照明實驗（5年，針對6名女工）	實驗假設是「提高照明度有助於減少疲勞，使生產效率提高」。 結論：照明程度不論是實驗組（偏暗／偏亮）或對照組（維持不變），生產力均升高。
二	繼電器裝備實驗	將實體工作環境因素改變（例如照明設備、休息時間）不論對照組或實驗組的生產力均提升。 結論：實體工作環境雖與生產力無顯著相關，但仍是影響生產力的因素之一。
三	大規模訪談實驗（3年，訪談2萬名員工）	結論：社會心理因素會影響員工生產力，基層管理員應該更重視人的因素，了解員工生產力低落的原因，以求解決之道。
四	群體觀察實驗（4個月，10名男工）	組織存在非正式群體，非正式群體對員工的生產力有著顯著的影響力。
結論： 霍桑效應（Hawthorne effect） 1.觀眾效應／社會助長效應：員工了解自己行爲被觀察時，會產生與過往不同的行爲。 2.新的工作環境會使員工因新奇而提高工作效率。 3.非正式群體對生產力有顯著影響力。		

【觀念】幼獅效應（Pygmalion Effect）

又稱自我預言效應（Self-Fulfilling Prophecy），意指管理者對自己或部屬的期望會與績效成正比。

㈡管理科學學派

管理科學學派又稱爲計量管理學派、數學管理學派、決策理論應用學派。主張利用統計、模型理論等技術與科學方法輔助解決管理決策問題，並追求最佳解。二次大戰期間，美軍情報局利用數學、統計解決軍事問題，並且將此技術運用在福特汽車公司管理中。

1.代表學者：

⑴勞勃．麥克瑪拉與查理．商頓（Robert Mcnamara & Charles Thornton）：

麥克瑪拉（Mcnamara）爲福特汽車總裁，並且擔任美國國防部部長及世界銀行總裁，利用成本效益分析解決資源分配的問題。商頓（Thornton）創辦立頓實業，把數量技術應用於企業購併，建立複合式多角化企業集團（Conglomerate）。

⑵賽門（Simon）：

提出經濟人（Economic Man）與行政人（Administrate Man）理論，認爲經濟人決策假設人是完全理性，可達到最佳解，行政人則是有限理性決策，只能求得滿意解。

2.管理科學學派六大步驟：

⑴發現問題，並了解問題。

⑵設定解決問題之目標。

⑶建立解決問題之數量模式。

⑷求得最佳解。

⑸運用於實際情況，測試是否可解決問題。

⑹執行解決方法，並做修正。

3.卡斯特與羅森威（Kast & Rosenzweig）管理科學的七大特色：

⑴著重科學方法的應用。

⑵利用電腦、計算機爲主要工具。

⑶將問題量化，建立數學模型。

(4)強調系統觀點。

(5)認為企業是一封閉系統，可求得最佳解。

(6)問題解決為規範性理論。

(7)關心技術、經濟因素，忽略人本因素。

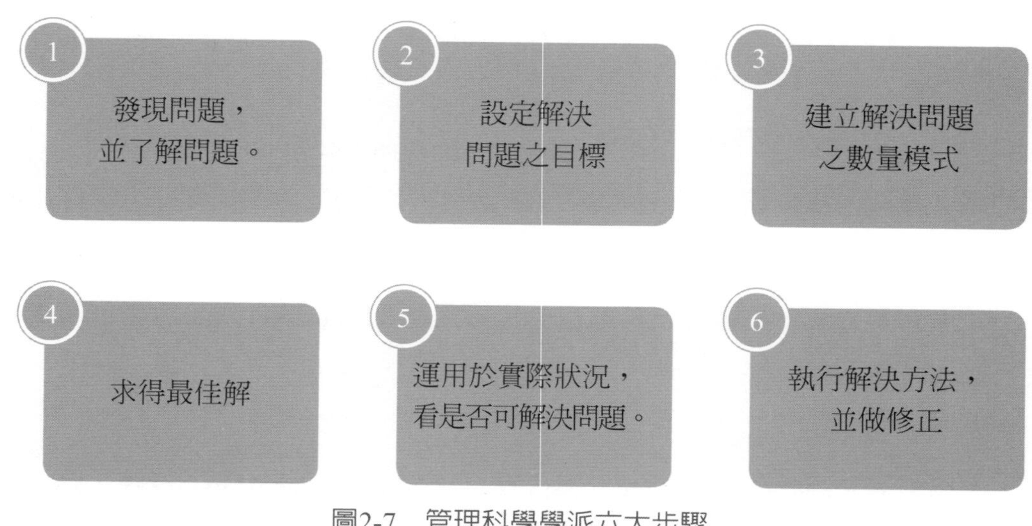

圖2-7　管理科學學派六大步驟

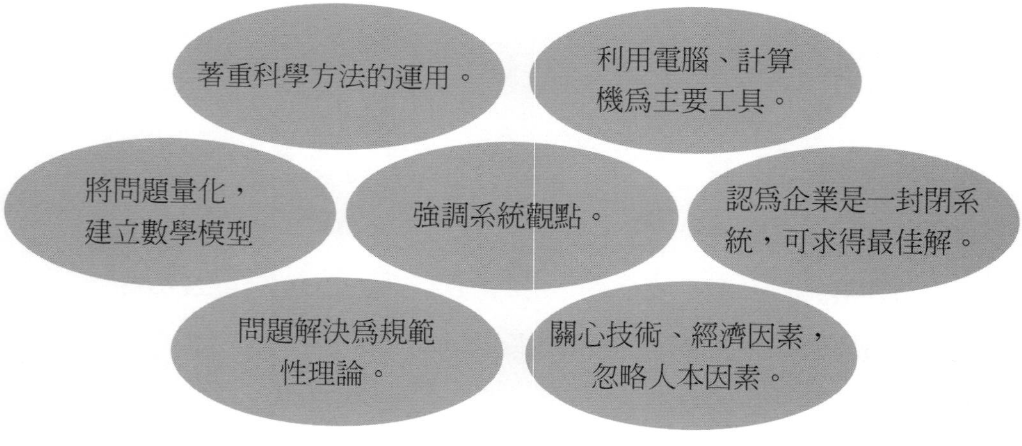

著重科學方法的運用。

利用電腦、計算機為主要工具。

將問題量化，建立數學模型

強調系統觀點。

認為企業是一封閉系統，可求得最佳解。

問題解決為規範性理論。

關心技術、經濟因素，忽略人本因素。

圖2-8　卡斯特與羅森威管理科學的七大特色

2.4 新進理論時期

㈠系統學派（System School）

強調系統（System）的觀點，一個系統含有多個子系統（Subsystem），子系統是由多個元素（Elements）組合而成，各元素高度相關，彼此互相影響。多個系統又可建立一個更大的超系統（Supersystem）。組織由投入／轉換過程／產出／回饋四個系統組成，與外界保持互動關係，並非獨立存在。管理者應由整體角度分析問題，並發展最佳行動方案。

1.代表學者：

⑴貝特蘭菲與鮑丁（Bertalanffy & Boulding）

提出一般系統理論（General System Theory；GST），認爲所有事物皆爲系統，強調所有事物與環境的互動關係，並提倡通才教育，需要學習各項事物才能與外界溝通。

⑵湯普森（Thompson）

提出封閉系統與開放系統概念，封閉系統強調系統內各元素不與外界交流，因此容易因亂度（Entropy）而使系統極不穩定而解散。開放性系統則強調系統會與外在事物保持互動，與外界做交流回饋動作，因此可避免系統封閉而趨於解散。

2.圖示

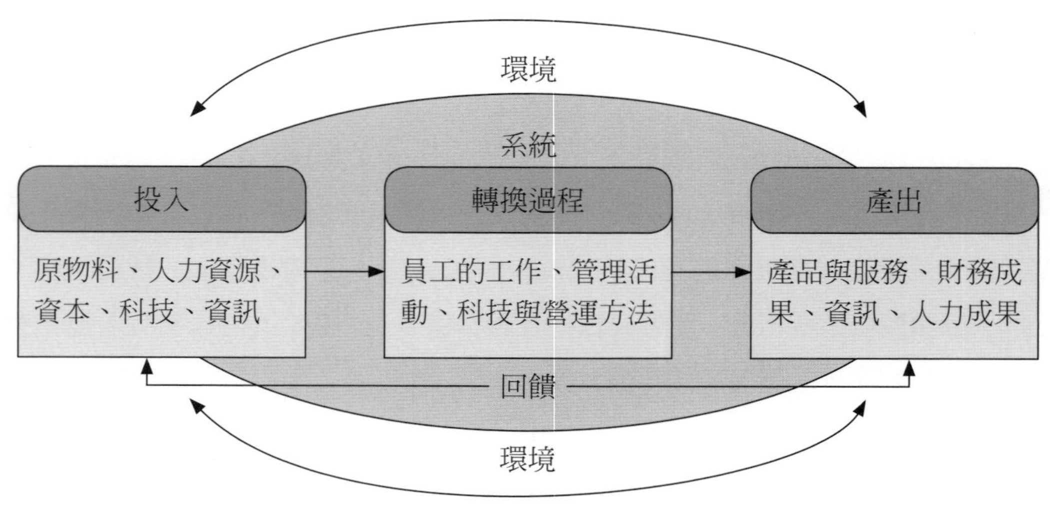

圖2-9 系統學派系統觀點

㈡權變學派(Contingency School)

權變學派又稱「情境學派」以及「超Y理論」。情境學派重視彈性,主張任何組織架構或管理方法應該要因地制宜,通權達變,沒有對錯或最好的方法,端看情境決定最適的方法。

1.代表學者

(1)摩斯與羅齊(Morse & Lorsch)

提出超Y理論,認為人性可分為X理論及Y理論,而不是只有X理論或只有Y理論的說法。主管應視不同的員工個性與情境採取不同的管理方式。

(2)弗雷德(Fiedler)

提出權變領導模式(Contingency Model),認為領導者與部屬的關係、任務結構性及領導者的權力大小會影響領導方式的有效性,若要使領導方式有效,必須改變情境以配合領導風格。

2.權變理論的三個層級

滿足權變理論的三個層級可逐漸尋找出最適合的組織結構與管理措施。

⑴最適當的管理方法或組織架構端看情境而定。

⑵視不同情境而定。

⑶在哪種情境下，最適合的組織結構與管理措施爲何？

2.5 目前管理思潮與熱門議題

由於時代變遷，資訊科技進步，使得管理者須面臨管理環境的變化，傳統管理方法已不符合現代社會使用，管理者不論知識、管理方式都應該要跟上世界潮流，目前較熱門的管理議題如下：

㈠全球化（Globalization）

由於資訊科技發達，縮短各界距離，企業超越國界限制，形成地球村。管理者也應學習接納世界不同文化的衝擊、開闊視野、學習不同的技術、知識。

㈡人力多樣化（Workforce Diversity）

由於全球化的影響，今日的組織成員特色爲多樣化的人力資源，管理者如何協調不同文化背景、語言、性別等多元化特徵的人力，是管理者所面對的問題之一。管理者應避免歧視，應了解不同員工的個別差異，給與不同激勵方法，以留住員工。

【觀念】玻璃天花板（Glass Ceiling）

過去美國社會掌權者、位居高階職位者，大多以白人男性居多，隨著知識普及、性別、種族平等等觀念興起，女性及弱勢族群也開始在社會佔有一席之地。但因既有的刻板印象存在（例如女性力氣小、種族歧視），因此職場上常常會存在阻礙女性及弱勢族群升遷的無形障礙，稱之爲玻璃天花板。

㈢學習型組織（Learning Organization）與知識管理（Knowledge Management）

學習型組織指面對快速變動的環境，能夠不斷的向外學習、發展更創新的想法以提高應變能力的組織。知識管理則為了提高組織績效，將組織內外部的重要知識做系統性的創造、記錄、分享及應用。

㈣電子商務（E-Business）

利用網際網路改進組織作業流程、強化與外界夥伴群體聯繫之管道，以提升組織績效，更快速達成組織目標。電子商務重要工具有企業資源規劃（ERP）、顧客關係管理（CRM）、供應鏈管理（SCM）及知識管理（KM）等。

㈤職場倫理（Workplace Ethics）

避免管理者不道德的行為，例如掏空公司財務、做假帳、惡性倒閉。因此學校、組織投入更多資源以積極的教育傳達倫理道德的重要性。

㈥企業家精神（Entrepreneurship）

一群人或個體擺脫資源有限的限制，不滿足現狀，把握機會，不斷努力以創造價值。企業家精神具有三種意義：願意承擔風險、追求成長、不斷創新。

【觀念】內部創業精神（Intrapreneurship）

企業為留住具有企業家精神的員工，提供財務、職位鼓勵員工在公司內部創業，使組織快速擴大而設立的內部創業制度。

㈦全面品質管理（Total Quality Management）

為兼顧成本與品質的重要性，不斷改善組織流程、提升產品品質以滿足顧客需求的管理方法。

★重點回顧★

1. 管理思想的歷史演進
   - 提出者
   - 比較表
2. 古典理論時期
   (1)科學管理學派
   - 代表學者：泰勒／吉爾伯斯夫婦／甘特
   - 主張及觀點

   (2)官僚學派
   - 代表學者：韋伯／霍爾
   - 主張及觀點：官僚組織特徵、缺點

   (3)管理程序學派
   - 代表學者：費堯／穆尼與雷利
   - 主張及觀點
3. 新古典理論時期
   (1) 行爲學派
   - 代表學者：孟斯特伯格／歐文／巴納德／瑪麗．派特．佛列特／梅堯
   - 主張及觀點

   (2) 管理科學學派
   - 代表學者：勞勃．麥克瑪拉與查理．商頓／賽門
   - 主張及觀點
4. 新進理論時期
   (1) 系統學派
   - 代表學者：貝特蘭菲與鮑丁／ 湯普森
   - 主張及觀點

(2)權變學派

- 代表學者：摩斯與羅齊／弗雷德
- 主張及觀點

5.目前管理思潮與熱門議題

(1) 全球化

(2) 人力多樣化

(3) 學習型組織與知識管理

(4) 電子商務

(5) 職場倫理

(6) 企業家精神

(7) 全面品質管理

★課後複習★

第二章　管理學派演進

1. 在古典理論時期，科學家重視提升效率，有了科學管理學派的產生。請問科學管理的四大原則有哪些？
2. 在古典理論時期，請舉出一個學者提出的概念。
3. 在官僚學派中認爲組織制度建立周全，法規可取代管理者的統治。而官僚學派的缺點有哪些？
4. 費堯是管理程序學派之父，則他提出的管理原則特性有哪些？
5. 何謂霍桑效應？
6. 請說明管理學中提到的「管理科學」對管理的貢獻。
7. 在管理概念中，提到「玻璃天花板」的概念，請說明之。
8. 新進理論時期弗雷德（Fiedler）提出權變理論的三個層級，請說明之。
9. 請舉出和管理有關最熱門的相關議題。
10. 韋伯是官僚學派的代表人物。而官僚學派的特徵有哪些？

第三章

環境管理分析

★學習目標★

◎了解管理者環境的涵義

總體環境—PEST分析

個體環境—五力分析、國家競爭優勢理論、利害關係人管理

◎了解何謂環境管理

內部策略

外部策略

新行銷組合環境

不確定矩陣

◎了解環境變動的趨勢

農業時代→工業時代→資訊時代→科技社會

新經濟時代／知識經濟時代的特色

◎了解影響交易成本的特徵為何

資產特殊性

不確定性

頻率

★本章摘要★

影響組織績效、管理決策的因素可分爲內部環境與外部環境，內部環境泛指組織文化（Organizational Culture）、組織結構、組織的核心價值、組織設計、領導者的風格、部屬特性等。

一般環境又稱總體環境（Macro Environment）、間接環境（Indirect Environment）、基本環境（Basic Environment），指的是普遍的影響全體企業運作的大環境，並不容易改變，也不會隨著企業不同而產生不同條件。主要可分爲政治法律環境（Political/Legal Environment）、經濟環境（Economic Environment）、社會文化環境（Social/Cultural Environment）及科技環境（Technology Environment）。

特殊環境又稱個體環境（Micro Environment）、產業環境（Industrial Environment）、直接環境（Direct Environment）、利害關係人（Stakeholder），特殊環境會直接影響企業運作，並因不同產業而改變，企業可運用自身力量加以改變。產業經濟理論用以討論「產業結構、廠商行爲、經營績效」（Structure-Conduct-Performance Paradigm）三者間之關係，被稱之爲SCP典範。麥可．波特（Michael Porter）於1980年提出的產業競爭分析之「五力分析架構」主要由SCP典範延伸而來，透過五力分析主要應用於產業競爭之分析，可得知整個產業獨占力以及潛在獲利力。

利害關係人泛指企業運作及決策時，直接影響到的策略選民（Strategic Constituencies），例如股東、員工、顧客、政府、其他壓力團體等。利害關係人的管理可由利害關係人的重要性與環境不確定性程度來決定其應對方式。

環境管理（Environmental Management）主要用於面對環境中的不確定因子，組織需研擬一套策略以降低這些不確定因子對組織的影響，並且更進一步的將不利於組織的不確定因子轉變成有利於組織的因素。降低不確定因素的做法分爲兩種，一爲內部策略，改變組織內部環境，二爲外部策略，降低外部環境對組織的影響。

新經濟即知識經濟，其特爲一個以知識爲基礎的經濟，同時以網路爲載體，以資訊科技爲主導，建立以全球市場爲導向的經濟。內外部環境影響企業的營運狀況甚鉅，企業管理者應隨時檢視企業所面臨的一般環境及特定環境變化情形，了解利害關係人對組織決策的影響程度，採取適當的策略。

★環境管理分析★

影響組織績效、管理決策的因素可分為內部環境與外部環境，內部環境泛指組織文化（Organizational Culture）、組織結構、組織的核心價值、組織設計、領導者的風格、部屬特性等，於爾後章節分述。本章主要介紹外部環境，可分為一般環境與個體環境，分述如下。

3.1 一般環境（General Environment）

一般環境又稱總體環境（Macro Environment）、間接環境（Indirect Environment）、基本環境（Basic Environment），指的是普遍的影響全體企業運作的大環境，並不容易改變，也不會隨著企業不同而產生不同條件。為了解外在環境變化及資訊時，可用PEST法加以分析：

㈠政治法律環境（Political/Legal Environment）

政治法律環境包括一個國家的政府機構、政策、法律規章等，不同國家的政治制度或法律規章都不相同，政府的態度也會因執政黨不同而改變，因而制定出影響企業運作的重要政策。

㈡經濟環境（Economic Environment）

經濟環境指的是一國家經濟發展的情況或影響消費者購買力、原物料價格的各種因素，例如國民生產毛額、通貨膨脹率、利率、薪資水準、景氣、儲蓄情況、就業程度等，可分析一企業目標市場的發展潛能。

㈢社會文化環境（Social/Cultural Environment）

一地之價值觀、宗教信仰、風俗習慣、文化水平等，可影響消費者之需求層次、態度、消費型態或偏好。管理者需了解當地社會風俗習慣與文化，進而提供當地居民所需的產品。

㈣科技環境（Technology Environment）

技術環境指一企業營運環境之基礎建設、資訊科技水準、該國對產品專利之保護狀況、致力科技發展重心。

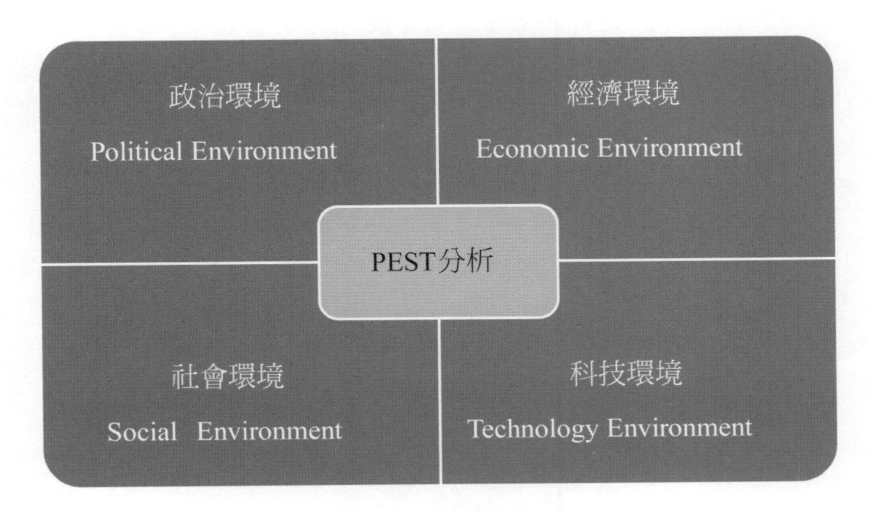

圖3-1　一般環境PEST分析

3.2 特殊環境（Specific Environment）

特殊環境又稱個體環境（Micro Environment）、產業環境（Industrial Environment）、直接環境（Direct Environment）、利害關係人（Stakeholder），特殊環境會直接影響企業運作，並因不同產業而改變，企業可運用自身力量加以改變。

㈠產業經濟理論

產業經濟理論主要討論「產業結構、廠商行為、經營績效」（Structure-

Conduct-Performance Paradigm）三者間之關係，被稱之爲SCP典範。麥可．波特於1980年提出的產業競爭分析之「五力分析架構」主要由SCP典範延伸而來，透過五力分析主要應用於產業競爭之分析，可得知整個產業獨占力以及潛在獲利力。五力分析用於分析產業資訊，並非針對企業個體。

1. 五力分析架構（Porter's 5 Forces Analysis）：

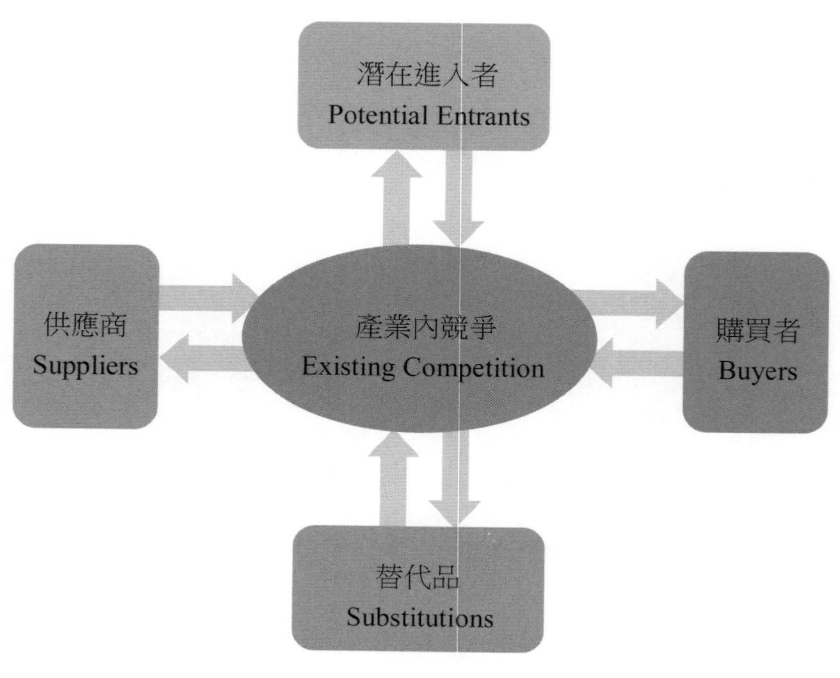

圖3-2　五力分析架構

2. 說明：

五力分析做爲產業競爭分析之用，產業獨占性越高，便可獲得超額利潤。

(1)產業內競爭：同產業內的廠商家數越少，競爭對手實力越差，則獨占度會越高。

(2)潛在進入者：尚未進入此產業，未來將有機會進入產業的廠商。若一產業的進入障礙越高，則產業獨占度也會越高。

(3)供應商：供應上游原物料的廠商家數越多，規模較小，相對於產業內的廠商，其議價能力較低，則產業獨占度也會越高。

(4)購買者：購買者家數多，規模小，相對於產業內的廠商其議價力較低，則產業獨占度也會越高。

(5)替代品：與現有產業異質，但可互相替代的產業，替代彈性越低，則產業獨占度越高。

3.缺點：

(1)與策略群組模式相同缺點，過於強調競爭，打擊競爭者，增加產業獨占力，但忽略廠商合作可能（Ex：競合、藍海策略）。

【觀念】

策略群組模式（Strategic Group）：在同一產業中，以產品或廠商條件（例如：價格、顧客）劃分不同群組，以利廠商確定主要競爭對手，並且提出因應對策以利提升利潤。策略同質性越高，代表目標顧客、產品、價格等因素越相似，則廠商間的競爭越激烈。

(2)偏重靜態分析，忽略產業動態、創新的重要性。

【觀念】

A. 創造性破壞（Creative Destruction）：熊彼得（Joseph Schumpeter）提出。認爲創新的產品可以吸引不同目標顧客群，重新打造新的產業均衡，創新的廠商可以獲得比原有廠商更優勢的地位，增加獲利。

B. 中斷均衡模式（Punctuated Equilibrium），產業週期應是在創新之後獲得一段平衡時期，一段平衡時期過後，新廠商加入或是新產品誕生等創新，又會使產業進入動盪局面（競爭廠商地位重組）。

C. 超競爭（Hypercompetitive）：理查．德達維尼（Richard D'Aveni）提出，認爲有些產業存在不斷的創新，沒有均衡時期。例如：半導體產業、顯示器產業。

(3)著重於產業環境的分析，較不重視廠商個別獨特性及差異性，但在同一個產業環境，廠商仍可因其獨特性或產品差異而獲得利潤。

4. 補充：

國家競爭優勢理論（Theory Of National Competitive Advantage）／鑽石理論。

(1)提出者：麥可・波特（Michael Porter）

(2)時間：1990年「國家競爭優勢」

(3)主題：探究特定產業在某國家或特定區域獲得競爭優勢的原因

(4)圖示：

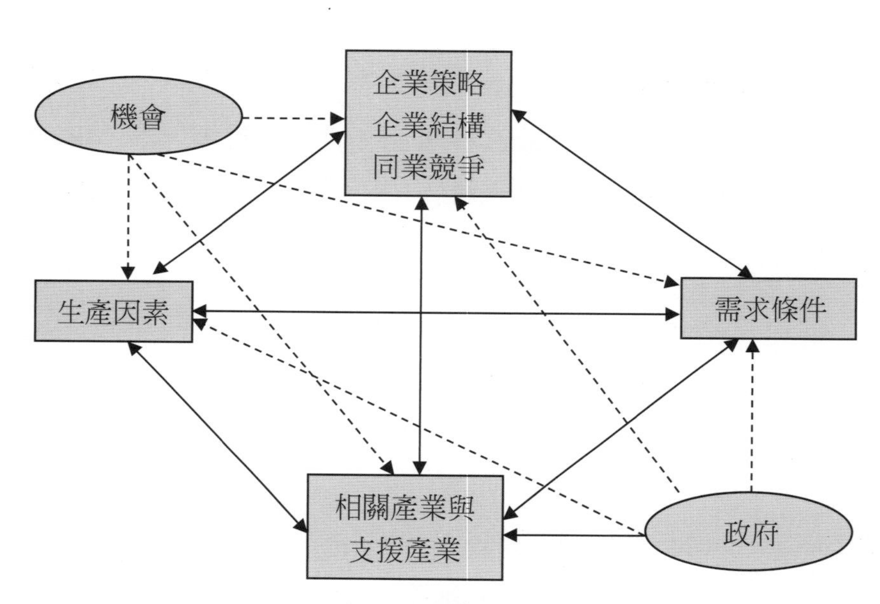

圖3-3　國家競爭優勢理論／鑽石理論

(5)說明：

A. 生產因素：即當地的氣候、環境資源、人力素質、基礎建設。

B. 需求條件：該國對此產業的產品或服務需求多寡。

C. 相關產業與支援產業：當地供應商、競爭對手在此產業是否形成產業群聚，以利創新。

D. 企業策略、企業結構、同業競爭：企業策略、結構是否符合當地文化，當地是否存在競爭對手，相互競爭求變。

E. 機會、政府：特定產業在不同國家發展，會受到機會與政府之影響。是否有適當機會進入、當地政府政策是否支持產業發展等。

㈡ 利害關係人（Stakeholder）

利害關係人泛指企業運作及決策時，直接影響到的策略選民（Strategic Constituencies），例如股東、員工、顧客、政府、其他壓力團體等。

利害關係人的管理可由利害關係人的重要性與環境不確定性程度來決定其應對方式，可由下列矩陣圖表示。

表3-1　利害關係人矩陣表

		利害關係人的重要性	
		高	低
環境不確定性	高	利害關係人合夥 具體方法：策略聯盟、合夥關係	邊界搭建（Boundary Spanning） 藉由與利害關係人的互動，建立更密切的關係
	低	利害關係人管理 具體方法：市場研究、尋找其他合夥供應商	偵測、監控環境 注意環境變動、利害關係人行爲發展

3.3 環境管理

㈠ 環境管理（Environmental Management）

1. 定義：

面對環境中的不確定因子，組織需研擬一套策略以降低這些不確定因子對組織的影響，並且更進一步的將不利於組織的不確定因子轉變成有利於組織的因素。降低不確定因素的做法分爲兩種，一爲內部策略，改變組織內部環境，二爲外部策略，降低外部環境對組織的影響。

2.內部策略：

羅賓斯（Robbins）提出組織內部做自我調整，以不改變外部環境做法來減少組織損失，共可分爲五種策略。

(1)定額分配（Rationing）：使用於供不應求、產量縮減情形，將產品或服務分配給顧客。例如：石油危機限量購買、米酒漲價限量購買。

(2)逃避（Avoidance）：忽略不確定因子或是移轉到其他不受影響的市場。

(3)平穩（Smoothing）：當需求變動時，採取策略以降低需求變動。例如：尖離峰定價策略、換季折扣。

(4)緩衝（Buffering）：降低不確定因子所造成的影響，例如原物料庫存、產品庫存。

(5)預測（Forecasting）：預測環境改變對組織的影響。例如：市場調查、預測技術。

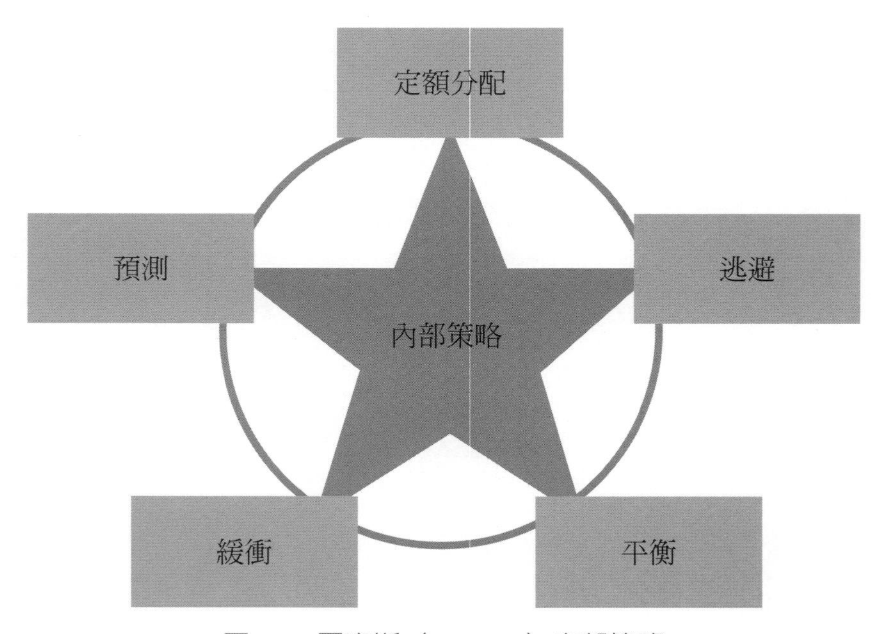

圖3-4　羅賓斯（Robbins）內部策略

3.外部策略：

羅賓斯（Robbins）提出改變外部環境中不利於組織運作的不確定因子，以減少損失，共可分爲五種策略。

⑴收編成員（Cooptation）：吸收有利於組織運作的新成員，減少組織威脅，維持組織安定的手段。例如：改變顧客消費習慣、官商勾結。

⑵廣告（Advertising）：利用廣告增加知名度及刺激需求，減少不確定性的影響。例如：汽車廣告、明星代言。

⑶訂約（Contracting）：簽定長期契約以減少原物料或產品的不確定。例如：家樂福與農委會合作，促銷台灣水果。

⑷第三者訴求（Third Party Soliciting）：利用組織外的個人或團體進行活動，爭取機會。例如：環保團體抗爭、產業工會抗爭，抵制進口商品。

⑸聯合（Coalescing）：與影響組織的其他組織結合。例如：購併、策略聯盟。

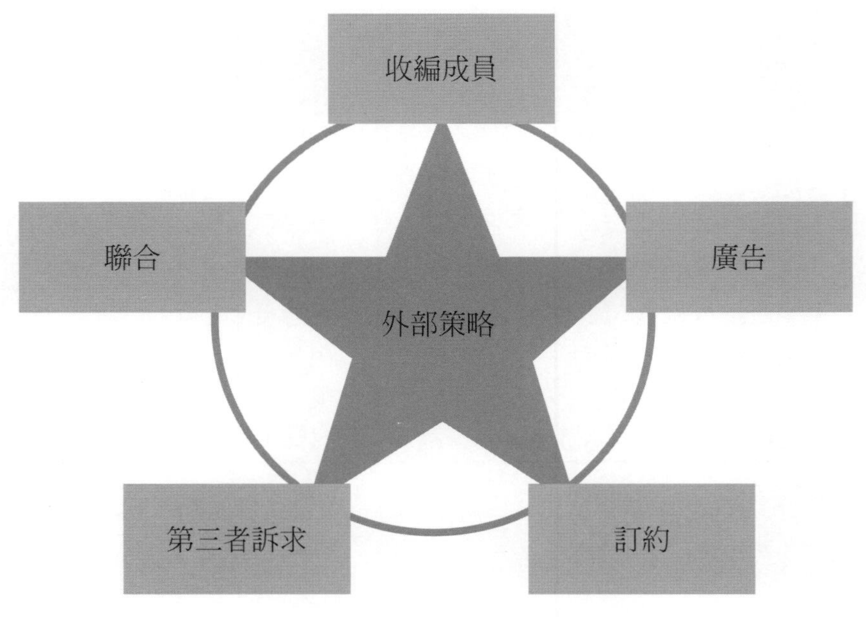

圖3-5　羅賓斯（Robbins）外部策略

4.新行銷組合（6P策略）

新行銷組合（6P）＝原4P + 新2P【權力（Power）、公共關係（Public Relation）】

科特勒（Kotler）提出強力行銷（Mega-Marketing），認爲一企業在行銷產品時，除了考慮原有4P行銷組合之外，應將政治層面納入考慮，並與之維持良好的關係，例如政府機關、工會、社會團體等，才能減少企業行銷時的阻力。

㈡環境影響管理者

羅賓斯（Robbins）提出環境不確定性是由環境變化與其複雜程度決定之，環境不確定性會影響組織運作，因此會影響管理者的決策，將組織影響降至最低。下表爲環境不確定性矩陣。

表3-2　羅賓斯（Robbins）環境不確定性矩陣表

		變化程度	
		穩定	動態
複雜程度	單純	1.穩定且可預測的環境。 2.環境構成因素少且相似，變化少。 3.對構成因素不需太深入了解。	1.動態且不可預期環境。 2.環境構成因素少且相似，但變化多。 3.對構成因素不需太深入了解。
	複雜	1.穩定且可預測的環境。 2.環境構成因素多且不相似，變化少。 3.對構成因素需深入了解。	1.動態且不可預期環境。 2.環境構成因素多且不相似，變化多。 3.對構成因素需深入了解。

3.4 環境變動的趨勢

(一)環境變動的趨勢

1. 觀念

(1)穩定的環境下，應先追求效率（Ex：工業社會）。

(2)不穩定的環境下，優先追求彈性。

(3)21世紀以後，由於消費意識抬頭、資訊科技的進步，彈性與效率應並重。

2. 環境變動的趨勢

表3-3　環境變動趨勢表

	1900年以前	1900~1970年	1970~2000年	21世紀
社會型態	農業時代	工業時代	資訊時代	科技社會
顧客需求	很低	低	高	隨時變化
需求重點	成本	成本	品質／彈性	時效
生產型態	少量生產	大量少樣生產	少量多樣生產	大量顧客化
生產組織	農舍	大型工廠	大小型工廠並存	網路型組織
彈性／效率	無	效率	彈性	彈性+效率

(二)新經濟時代／知識經濟時代

1. 定義

新經濟即知識經濟，最早由經濟合作暨發展組織（Organization For Economy Cooperation And Development，簡稱OECD）於1996年提出，其定義為：一個以擁有、分配、生產和使用「知識」為重心的經濟型態，與農業經濟、工業經濟並列的新經濟型態；此一經濟型態又稱為「新經濟」，主要係泛指運用新的技術、員工的創新、企業家的毅力與冒險精神，作為經濟發展原動力的經濟。

2.特色

(1)以知識為基礎的經濟

(2)以網路為載體的經濟

(3)以資訊科技為主導的經濟

(4)以全球市場為導向的經濟

3.新經濟的管理核心（KPIS公式）

勤業管理顧問公司（Arther Anderson Business Consulting）KPIS公式：

$K = (P + I)^S$

K = Knowledge（知識）

P = People（人力資源）

I = Information（資訊）

S = Sharing（分享擴散）

知識等於人力資源加上資訊並給予分享、流通、擴散及運用，讓整個組織得以創新變化。

4.補充

(1)網際網路特性：

A.中介性：網際網路為交易、溝通的媒介。

B.全球性：網際網路可縮短距離，無國界之分，下訂單、取貨可分屬不同地點。Ex：台積電利用網際網路實現虛擬工廠的狀況，客戶皆可透過網路監看生產流程，利用網路下訂單。

C.減少交易成本（Transaction Cost）：由威廉森（Williamson）於1975年提出。透過網際網路的使用、傳遞訊息，可減少買賣雙方在交易前後所需付出的相關成本。交易成本又可因交易前、交易時、交易完成後，分為下列六種成本：

(A)搜尋成本：搜集產品、交易對象資訊所需耗費的成本。

(B)資訊成本：與交易對象交換資訊、取得相關資訊所耗費的成本。

(C)議價成本：交易時，與交易對象針對契約、價格、品質討論的成本。

(D) 決策成本：簽署契約或相關決策時所耗費的內部成本。

(E) 監督交易進行的成本：監督交易對象、產品製做等所需耗費的成本，例如追蹤產品、監督、驗貨等。

(F) 違約成本：違約時所需付出的事後成本。

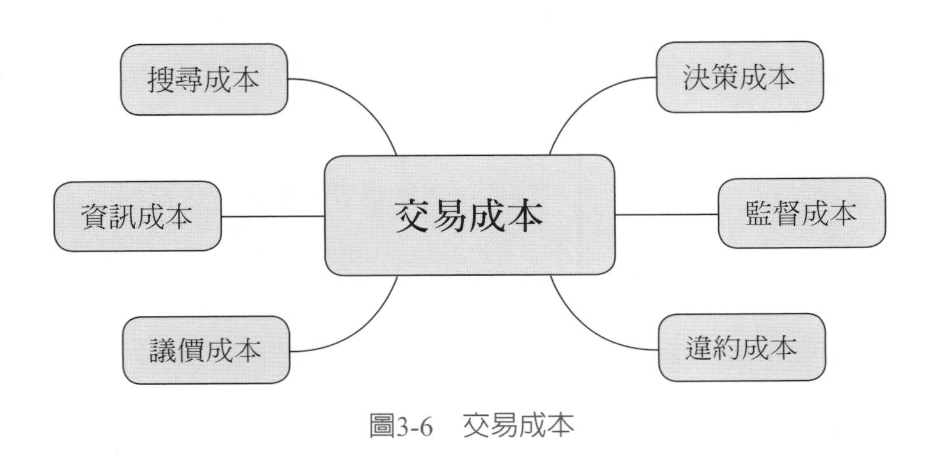

圖3-6　交易成本

【觀念】

影響交易成本的三項特徵：

表3-4　影響交易成本特徵

特徵	說明
資產特殊性 Asset Specificity	即固定成本、沉沒成本，交易所投資的資產其成本難以回收或轉換使用用途。
不確定性 Uncertainty	交易過程中無法掌握的特殊狀況，須依靠契約訂定來減少損失。不確定性越高，監督、議價成本越高等交易成本越高。
頻率 Frequency Of Transaction	交易的頻率越高，相對的管理成本與議價成本越高。

D. 降低資訊不對稱（Asymmetric Infomation）：網際網路普及化可使人人接觸資訊的機會平等，可上網搜尋相關資訊，以減少資訊不充足而使權益

受損的情況。

E. 外部性（Externality）

- 正向網路外部性（Positive Network Externality）：使用者越多，消費者消費意願越高。
- 負向網路外部性（Negative Network Externality）：消費者因擁有此產品的人數增加，而減少消費此產品的意願。
- 網路效應：生產第一份資訊產品的成本很高，但是複製成本卻很低。

F. 鎖住性：網路交流、資訊科技運用，使用者對網路產生依賴度。

G. 毀滅性—殺手級應用（Killer's Application）：科技的改變是非連貫的躍進，某項產品的發明，使整個產業起歷史性的變化，或是壟斷產業，先進入市場的廠商獲得優勢。Ex：隨身聽的出現，取代傳統手提音響體積較大的不便。

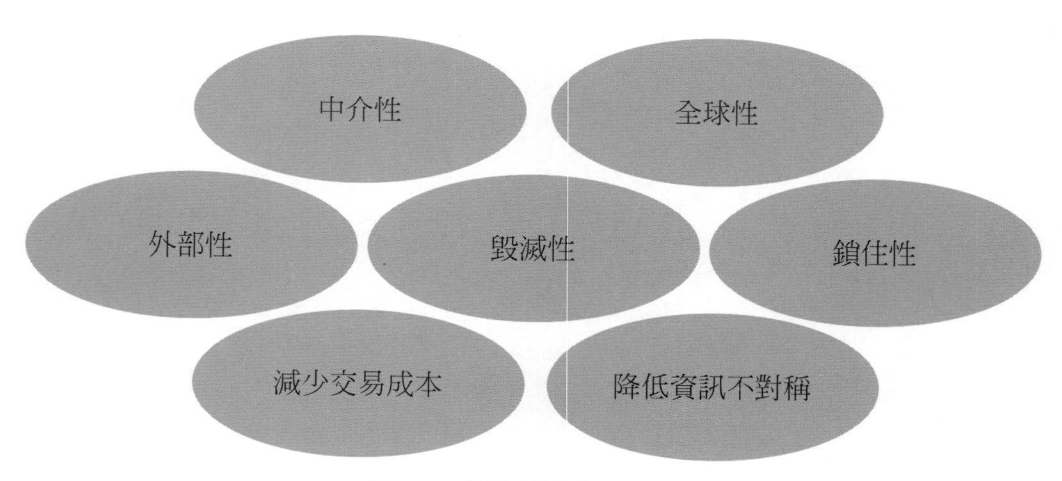

圖3-7　網際網路七大特性

⑵摩爾定律（Moore Law）：英特爾創辦人高登．摩爾（Gordon Moore）提出，「同樣大小的積體電路可容納的電晶體數目，約每隔18個月就增加1倍，性能也提升1倍，價格則下降50%。」數位科技產品不斷變小、變快、變便宜。

(3)梅特卡夫方程式（Metecalfe Equation）：梅特卡夫（Metecalfe）是 3COM 公司的創辦人，提出網路的實用性會與使用者數目的平方成正比的概念。說明大者恆大的觀念。

(4)數位落差（Digital Divide）：因性別、居住地、經濟等條件不同而使接觸資訊科技、運用知識、利用技術的機會不平等而使貧富差距持續擴大的一種資訊社會不平等現象。例如：城市學童使用電腦的頻率較鄉村學童多，因此可獲得較多資訊。

(5)技術融合（Technology Convergence）：讓原先不相關的技術融合在一起，例如手機結合上網功能。伴隨而至是產業融合（Industry Convergence）。例如：手機業與相機業結合，使手機具有相機功能。

3.5 結語

內外部環境影響企業的營運狀況甚鉅，企業管理者應隨時檢視企業所面臨的一般環境及特定環境變化情形，了解利害關係人對組織決策的影響程度，採取適當的策略。但在關注環境變化、減低環境不確定性對組織的影響，同時也需注意企業自身獨特性，創造同一產業內不同的競爭優勢，創造另一片藍海。

★重點回顧★

1.管理的涵義

- 總體環境—PEST分析
- 個體環境—產業經濟理論（五力分析）、國家競爭優勢理論、利害關係人管理。

2.環境管理

- 內部策略（Robbins）
- 外部策略（Robbins）
- 新行銷組合（Kotler）
- 環境不確定矩陣（Robbins）：複雜程度／變化程度

3.環境變動的趨勢

- 農業時代→工業時代→資訊時代→科技社會
- 新經濟時代／知識經濟時代的特色
  (1)以知識爲基礎的經濟
  (2)以網路爲載體的經濟
  (3)以資訊科技爲主導的經濟
  (4)以全球市場爲導向的經濟
- 新經濟的管理核心（KPIS公式）
- 影響交易成本的三項特徵
  (1)資產特殊性（Asset Specificity）
  (2)不確定性（Uncertainty）
  (3)頻率（Frequency Of Transaction）
- 網際網路特性
- 摩爾定律
- 梅特卡夫方程式

- 數位落差
- 技術融合

★課後複習★

第三章　環境管理分析

1. 在總體環境中，可以用PEST來分析，請說明之。
2. 請簡述五力分析。
3. 何謂環境不確定性矩陣？
4. 創造性破壞的定義。
5. 在新經濟時代影響交易成本的特徵，請說明之？
6. 請簡述鑽石理論。
7. 請舉出兩個以網路爲載體的經濟特性。
8. 請描述環境管理中內部策略。
9. 請描述環境管理中外部策略。
10. 請描述環境變動趨勢。

第四章

社會責任和企業倫理

★學習目標★

◎了解企業倫理的定義

對外企業倫理／對內企業倫理

企業倫理的來源

◎了解管理道德的定義

五種不同道德觀點

影響管理道德的因素

改善企業的道德行為

◎了解社會責任的定義

社會責任的對立觀點：利潤倫理觀點vs.社會經濟觀點

社會的參與程度與範圍

價值基礎管理

綠色管理及行銷

★本章摘要★

企業社會責任是一種企業自發性的行爲，以願意爲社會付出的心態，本著「取之於社會，用之於社會」的精神，提升社會福祉。企業倫理也屬於社會責任的基礎，企業存在倫理道德規範，才可能進一步的爲社會大衆付出。「倫理」是指人與人之間的相處符合現行社會規範的行爲標準。「企業倫理」是指企業對其利害關係人的一種負責任並且符合道德標準的核心價值。

於對外企業倫理，主要應有經濟責任、法律責任、倫理責任及自發責任。於對內企業倫理上，則包括了股東及管理者對員工的態度、管理者對股東的態度及員工個人工作倫理。企業倫理主要包含三個部分，有依循社會規範、風俗習慣產生的社會倫理、企業內部共同產生的職業倫理以及工作者個人存在的是非判斷標準。

管理道德指管理者用來判斷是非對錯的準則，並以此用來做爲制定決策的依據。主要有五種不同的道德觀點，分別爲權利觀、正義觀、功利觀、整合的社會契約觀點及利己主義觀點。而影響管理者做出道德或不道德的管理行爲除了管理者本身的道德觀外，尙充斥著許多中介變數，包括個人特質、結構變數、組織文化及事件的強度等。

社會責任指組織在享用社會資源同時，也應該對社會做出正面貢獻，提升社會福利、減少社會成本。古典觀點認爲組織應追求最大利潤，到了社會經濟觀點，則主張企業在追求利潤之餘，更包含促進全體社會最大福祉。

價值基礎管理認爲，管理者建立價值觀並且推行組織共享的一種管理方式，主要目的在創造利害關係人具有的價值，並且藉由價值觀導入管理制度中，形成企業核心，創造外界對企業的知覺。其目的在於創造價值、爲組織帶來極大利潤，形成企業核心價值觀。而隨著環保意識的抬頭，企業的經營、管理者的決策會對自然環境造成衝擊，管理者面對環境問題的態度，持正面觀點並設法改善，稱爲管理的綠化，以追求組織的永續發展。

★社會責任和企業倫理★

企業社會責任是一種企業自發性的行爲，以願意爲社會付出的心態，本著「取之於社會，用之於社會」的精神，提升社會福祉。企業倫理也屬於社會責任的基礎，企業存在倫理道德規範，才可能進一步的爲社會大衆付出。

4.1 企業倫理（Business Ethics）

㈠定義

「倫理」是指人與人之間的相處符合現行社會規範的行爲標準。「企業倫理」是指企業對其利害關係人的一種負責任、符合道德標準的核心價值。

㈡內容

1. 對外企業倫理：

   對外的企業倫理主要指面對組織外部利害關係人所採取的態度，主要可分爲四種層級，由最基礎的經濟責任到最高的自發責任。

   A. 經濟責任：企業存在目的爲追求利潤。

   B. 法律責任：企業遵守法律規範。

   C. 倫理責任：企業對於社會大衆期待或要求而承擔責任。

   D. 自發責任：企業自動自發的爲大衆謀求利益而舉辦的活動。

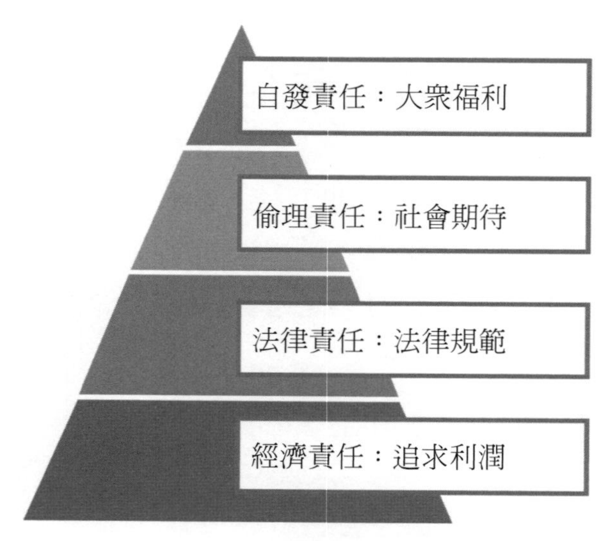

圖4-1　對外企業倫理四種層級

2. 對內企業倫理

對內的企業倫理主要指企業內部的利害關係人，例如股東、員工及管理者相互對待的態度。

A. 股東及管理者對員工的態度。

B. 管理者對股東的態度。

C. 員工個人工作倫理。

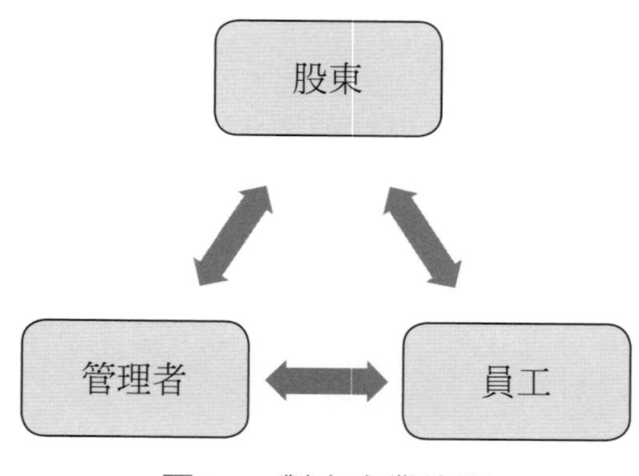

圖4-2　對內企業倫理

㈢ 企業倫理的來源

企業倫理主要包含三個部分，有依循社會規範、風俗習慣產生的社會倫理、企業內部共同產生的職業倫理以及工作者個人存在的是非判斷標準。

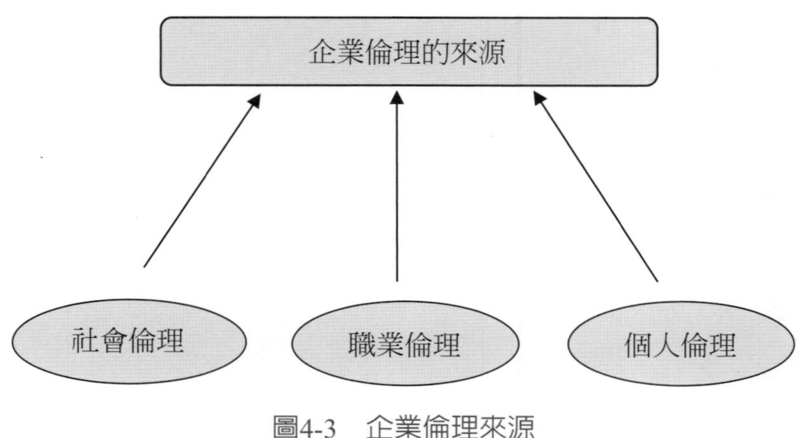

圖4-3　企業倫理來源

1. 社會倫理：遵循社會規範、法律制度、風俗習慣而產生的企業倫理。
2. 職業倫理：管理者與員工共同凝聚的一種價值觀及共識。
3. 個人倫理：受生活環境、同事、家人所影響，個人判斷是非的標準。

4.2 管理道德

㈠ 定義

管理者用來判斷是非對錯的準則，並以此用來做爲制定決策的依據。

㈡ 五種不同的道德觀點

1. 權利觀（Right View Of Ethics）：

   管理者的決策主要以尊重與保護個人權益爲主，如隱私權、言論自由權。

2. 正義觀（Justice View Of Ethics）：

管理者依法行事，公平公正的執行管理行爲。Ex：不因性別、人種而給予不同薪資待遇。

3. 功利觀（Utilitarian View Of Ethics）：

管理者決策主要以多數人利益爲主要考量。Ex：裁撤少數員工，保障其餘員工工作。

4. 整合的社會契約觀點（Integrative Social Contracts Theory）：

管理者在做決策時，會考量公司現行價值觀和外界規範。Ex：員工給薪是參考業界薪資水準以及公司現行的薪資結構。

5. 利己主義觀點（Individualism）：

管理者制定決策時，以能否爲自身帶來利益爲主要考量。

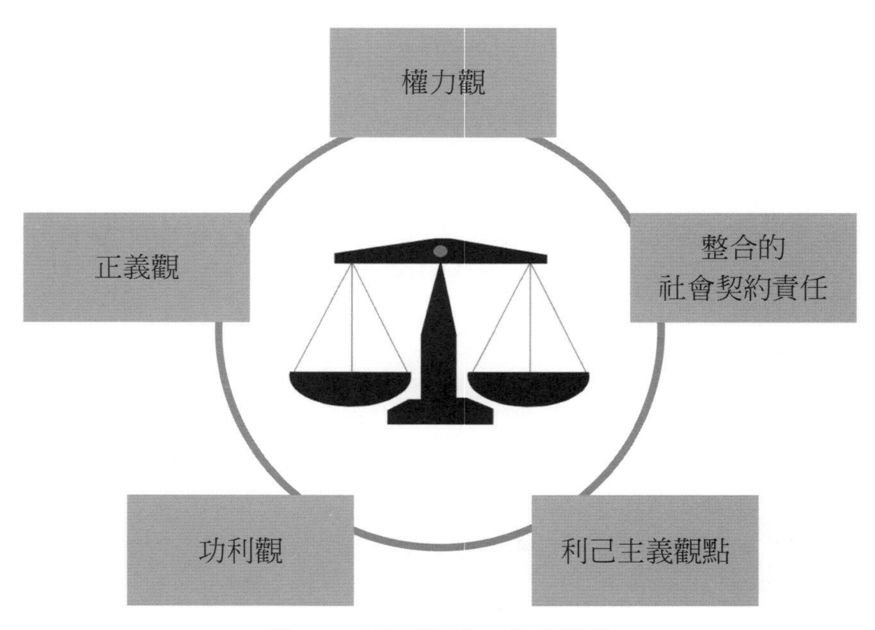

圖4-4　五種不同的道德觀點

【觀念】道德困境（Ethics Dilemma）／道德兩難

管理者爲顧及管理道德及公司利潤的情況下，而陷入左右爲難的困境。解決之道爲「兩利相權取其重，兩害相權取其輕」。

㈢影響管理道德的因素

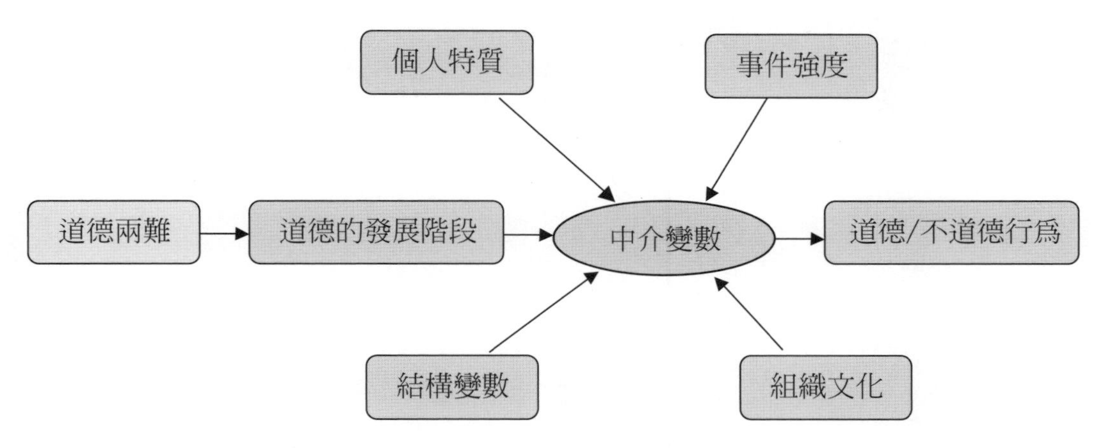

圖4-5　影響管理道德的因素

影響管理者做出道德或不道德的管理行為除了管理者本身的道德觀以外，尚充斥著許多中介變數，以下介紹影響管理道德的因素。

1.道德的發展階段（Stage Of Moral Development）

⑴提出者：勞倫斯・柯爾伯格（Lawrence Kohlberg）研究描述個人道德發展所經歷的階段。

⑵三階段：前習慣的→習慣的→原則的。

A.前習慣的（Preconventional）：

在此階段中，個人對是非對錯是由行為會帶來的結果而定，例如懲處、獎賞等，若會帶來懲罰，就避免這種行為。

B.習慣的（Conventional）：

此階段的道德是依據他人的期望，若大家認為是對的，則去做。

C.原則的（Principled）：

管理者發展自己的道德標準，不受他人限制。

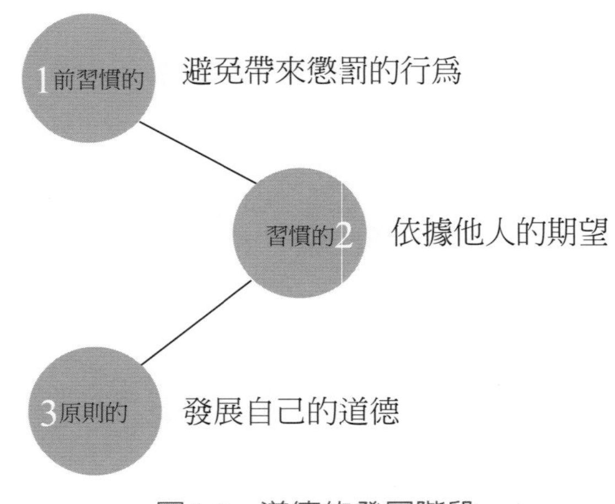

圖4-6　道德的發展階段

2. 個人特質（Individual Characteristics）：

兩種人格變數可影響個體的道德行為。

(1) 自我意識強度（Ego Strength）：

為一人信念的強度，信念越強，越不易受外界因素影響，能拒絕衝動、保持信念，具有較一致的道德行為。

(2) 內外控（Locus Of Control）：

相信自己能夠掌控未來、以努力獲得期望結果的程度。外控者認為成事在天，未來無法掌握，決定於機會跟運氣。內控者認為成事在人，命運可以經由個人努力而改變。因此內控者較易為自己負責，道德標準也較不易受外人影響。

圖4-7　影響個體道德行為的兩種人格變數

3. 結構變數（Structural Variable）：

組織結構的設計會影響管理者的道德行爲，以下三方法可以鼓勵管理者擁有道德行爲。

(1)訂定法規，時時提醒管理者道德信念。

(2)上行下效的模式發展道德行爲。

(3)避免以結果爲導向的績效評估，因管理者容易爲了成功的結果而使用不道德的手段達成。

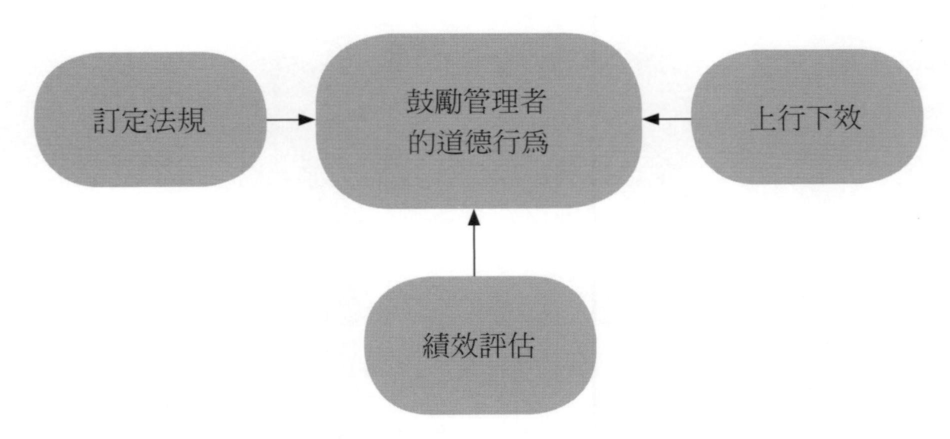

圖4-8　影響管理者道德行為的結構變數

4. 組織文化（Organizational Culture）：

組織文化與風氣也會影響管理者的道德行爲。例如高風險容忍度的組織文化可鼓勵員工創新、冒險、揭發弊端；高衝突容忍度的組織文化可鼓勵員工發表不同的意見，相互激勵；高外控程度的組織文化則是利用規章制度對員工行爲產生約束作用，三種方法皆可提升道德行爲。再者，若支持高道德標準的組織文化爲強勢文化，則可比弱勢文化更能影響管理者從事道德行爲。

5. 事件強度（Issue Intensity）：

六種事件特性可決定事件的強度。若行動對利害關係人的影響越大，代表事件強度越強，越不易產生不道德行爲。

(1)損害大小性：一事件對利害關係人傷害的程度。

⑵立即性：一行動的發生是否會立刻產生結果。

⑶集中性：牽涉的人多寡。

⑷共識性：對事件對錯判斷的共識。

⑸機率性：事件發生確實會造成傷害的機率。

⑹接近性：與受害者的關係是否親近。

【觀念】普遍主義（Universalism）vs. 文化相對主義（Cultural Relativism）

1. 普遍主義：認爲某些眞理可以放諸四海皆準。Ex：尊重人權，禁用童工。
2. 文化相對主義：認爲沒有絕對的是非對錯，完全視當地價值觀和文化背景而定。Ex：回教一夫多妻制。

推論：跨國企業在面對不同國家、文化背景相異的地區，某些眞理與道德標準是可以保留的，但仍要尊重當地文化價值觀。

㈣改善企業的道德行為

1. 推行道德行爲：

公司內部對不道德行爲進行盤查，避免不道德行爲的擴散。

⑴採取道德稽核委員會（Ethics Committee）來評斷是否發生不道德行爲

⑵在組織內部設立道德監察人員（Ethics Ombudsperson），以獨立的管理人員觀察公司是否有不道德行爲發生。

⑶揭發弊端功能（Whistle Blowing）：鼓勵員工檢舉他人不道德行爲。

2. 建立道德規範：

公司將道德標準與以制度化，明確列出，以供員工了解。

3. 員工甄選：

甄選人才時，觀察應試者是否符合公司內部道德標準，將道德納入考量。

4. 高階管理階層示範：

高階管理階層以身作則的塑立道德行爲，讓員工仿效。

5. 道德訓練：

企業定期舉辦座談會、講習會來鼓勵員工道德行爲。

6. 工作目標與績效評估：

提供員工清楚的目標以及以過程爲導向的績效評估，讓員工清楚了解目的，避免以不道德的手段達成。

7. 獨立的社會稽核：

利用獨立的稽查，例如聘用外部人士或專員評估公司的社會政策執行效，公正的描繪公司從事社會活動的作爲。

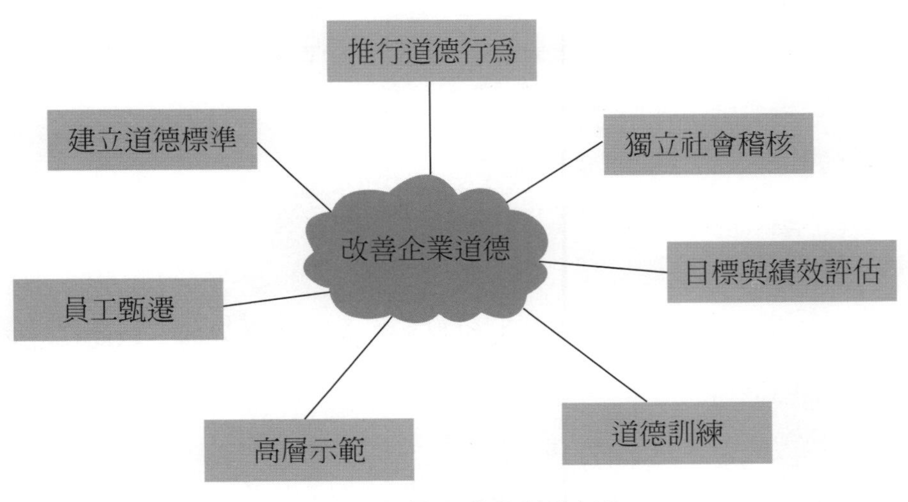

圖4-9　改善企業的道德行為

4.3 社會責任

㈠ 定義

組織在享用社會資源同時，也應該對社會做出正面貢獻，提升社會福利、減少社會成本。

㈡社會責任的對立觀點

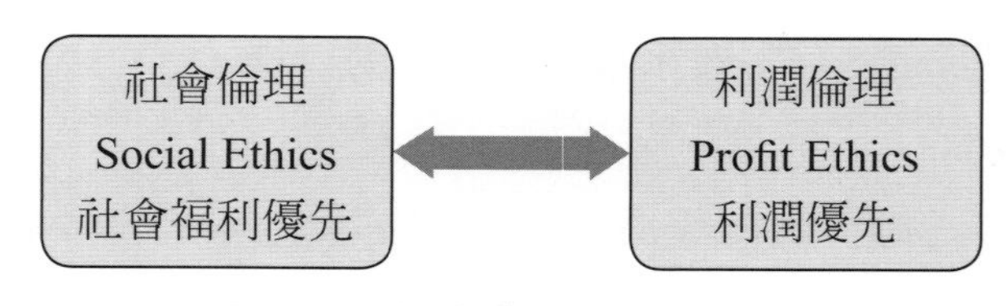

圖4-10 社會責任的對立觀點

1. 古典觀點（The Classical View）／利潤倫理觀點

 ⑴代表學者：彌爾頓．傅利曼（Milton Friedman）

 ⑵精神：追求最大利潤

 ⑶釋義：企業所需負擔的社會責任僅是遵守法律規範，並且爲股東追求最大利潤。企業不應該承擔法律規範以外的社會責任。

 ⑷企業僅需追求最大利潤的理由爲：

  A. 管理者並非擁有企業，僅是代理人，因此沒有資格替股東決定是否從事社會公益。

  B. 企業經營主要目的爲獲取最大利潤，若從事社會公益，會使核心競爭力分散而降低利潤。

  C.「市場機能」導致優勝劣敗的局。

  負擔社會責任→成本提升→被市場淘汰

  不負擔社會責任→成本下降→繼續生存

2. 社會經濟觀點（The Socioeconomic View）／社會倫理觀點

 ⑴代表學者：基思．戴維斯（Keith Davis）

 ⑵精神：企業在追求利潤之餘，更包含促進全體社會最大福祉。

 ⑶釋義：企業並非一獨立個體，而是與社會息息相關的共同生命體，在社會期望下，也鼓勵企業應該積極參與環境中有關社會、政治、環保等議題的運作，以提升社會福祉。

【觀念】基思．戴維斯（Keith Davis）提出「責任鐵律（Iron Law Of Responsibility）」

企業本來就需承擔社會責任，但可視自身力量而爲。Ex：大企業擁有較多社會資源→承擔較多責任；小企業資源能力有限→承擔有限的社會責任。

(4)企業應承擔社會責任的理由：

A.企業存在於社會，從社會大衆獲利，也應對社會大衆付出。企業第一個目標應是求生存→提升社會責任→社會福利提高，民衆更有能力消費→企業獲利。

B.長期財務報酬極大化。

短期：承擔社會責任→利潤下降

長期：承擔社會責任→利潤提升

C.企業活動的改善效率優於一般社會的機構改善問題的效率，因此一般社會問題可藉由企業更具效率的方法改善，因此企業應適度參與社會責任。

3.比較兩種觀點

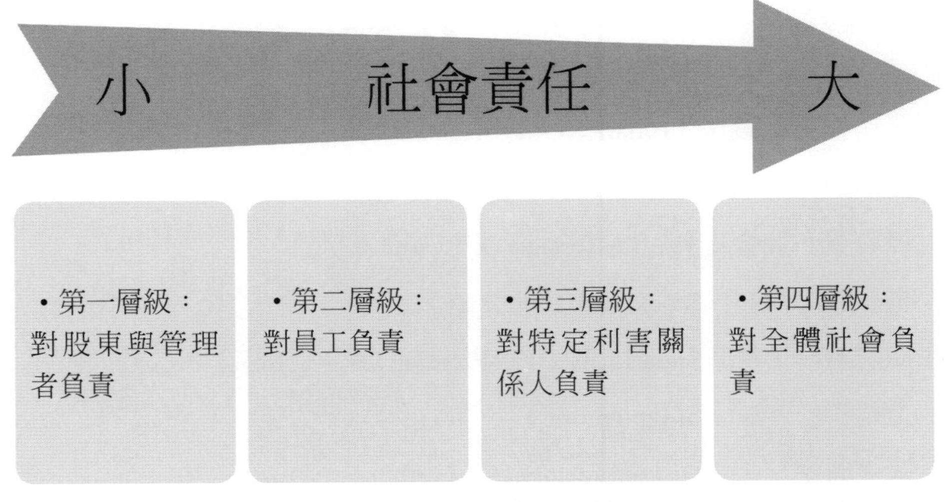

圖4-11　社會責任比較

利潤倫理觀點認爲企業應遵守法令規範，爲股東創造最大利潤，社會倫理觀點則認爲管理者須對所有利害關係人負責，促進全民福祉。因此由兩個對立觀點可將負擔社會責任多少略分爲四種層級。

第一層級的管理者，以古典理論（利潤倫理觀點）爲主。在法令規範下追求股東最大利潤。

第二層級的管理者，則是將負責的對象擴大至員工，改善員工工作環境、保障員工工作安全等做法。

第三層級的管理者則是將負責的對象擴展至利害關係人，例如顧客、供應商、通路等，認爲與所有利害關係人保持良好關係，才能使企業利潤極大化。

第四層級則是將負責的對象擴展至整個社會，認爲企業不只與利害關係人保持良好關係，更應進一步增進全民福祉，社會福利提升，企業才能擁有良好的環境，獲得適當的利潤。

企業社會責任管理系統的建立流程如圖4-12

4.贊成／反對社會責任的論點

(1)贊成論點

A.創造更好的經營環境（Better Environment）

B.符合公衆的期望（Public Expectation）

C.建立良好的公衆形象（Public Image）

D.平衡權力與義務（Balance Of Power And Responsibility）

E.獲取長期利潤（Long Run Profits）

F.擁有更多社會資源（Possession Of Resources）

G.提升股東權益（Stockholder Interests）

H.預防重於治療（Superiority Of Prevention Over Cures）

I.道德責任（Ethical Obligation）

J.減少法規管制（Discouragement Of Further Government Regulation）

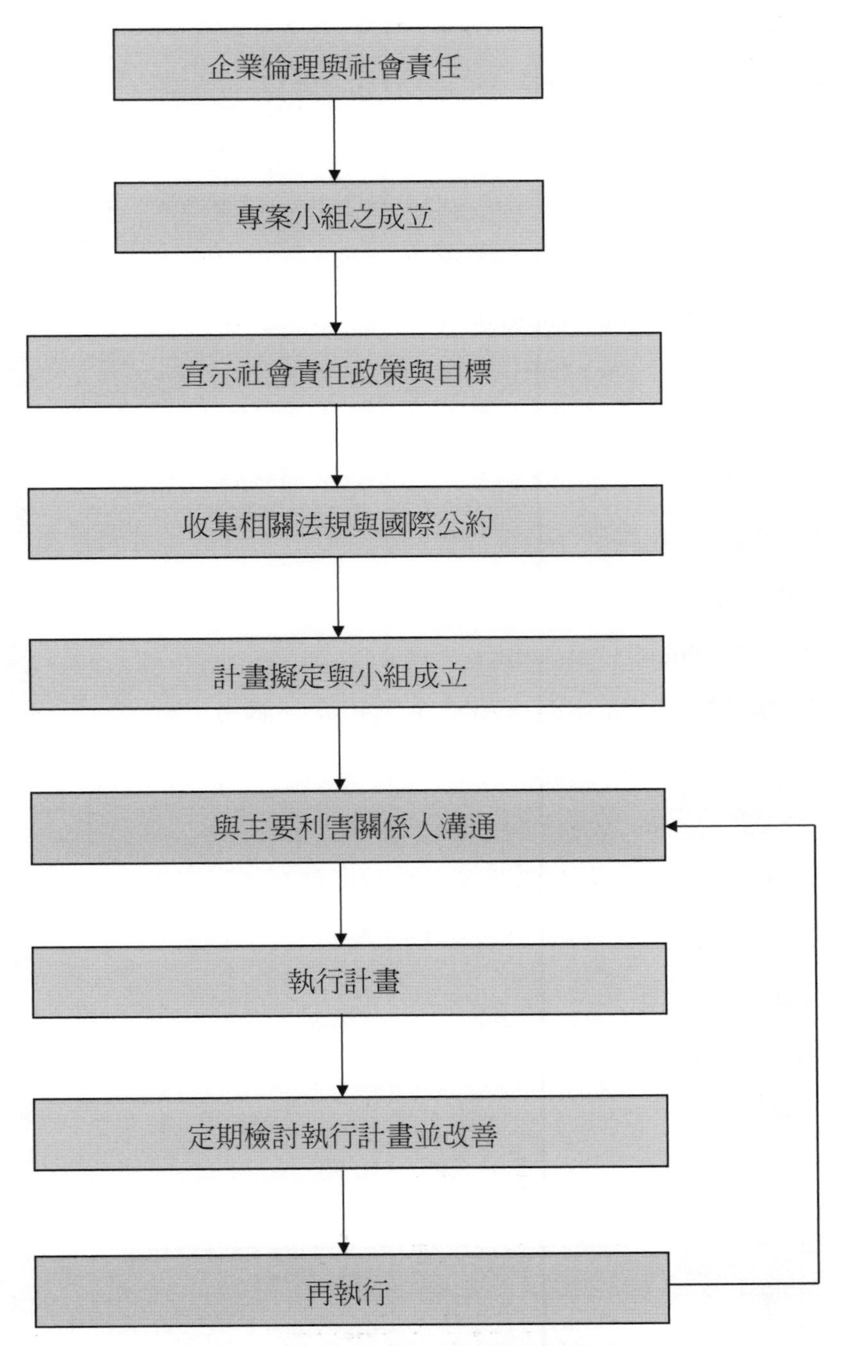

圖4-12　企業社會責任管理系統的建立

(2)反對論點

A.缺乏承擔社會責任的資格（Lack Of Qualifications）

B.缺乏分配社會資源、解決社會問題的能力（Lack Of Skills）

C.違反企業利潤極大化原則（Violation Of Profit Maximization）

D.導致成本（Cost）提高，利潤減少

E.混淆目的（Dilution Of Purpose）

F.缺乏社會支持（Lack Of Broad Public Support）

5.名人代表

(1)利潤倫理觀點→王永慶（不賺錢的企業是不道德的）

(2)社會倫理觀點→施振榮（企業價值高低決定於對社會貢獻的多寡）

6.社會的參與程度與範圍

(1)社會義務論（Social Obligation）：

企業被動的遵守法律規範，追求企業利潤，滿足「經濟」、「法律」責任。

(2)社會反應論（Social Responsiveness）：

面對社會狀況、社會大衆的要求，而承擔社會責任，滿足「經濟」、「法律」、「倫理」責任

(3)社會責任論（Social Responsibility）：

除了滿足「經濟」、「法律」責任外，超越社會大衆期待，自動自發的承擔社會責任。

表4-1 社會的參與程度與範圍

	社會義務論	社會反應論	社會責任論
考量觀點	法律要求	社會要求	道德觀點
意願	被動	消極	積極
焦點	企業本身	企業與社會	企業與社會
社會要求	未能滿足社會要求	符合社會要求	超越社會要求
時間幅度	短期	中長期	極長期

【觀念】緣由行銷（Cause-Related Marketing）

許多公司的公益廣告是基於利潤考量，將公司的產品或服務與相關的社會公益理由結合，以尋求兩者利潤。Ex：公司創造更好的形象，社會公益則獲得更多民眾關注。

【觀念】企業公益的競爭優勢

1. 提出者：麥可．波特（Michael Porter）
2. 觀點：
   強調公益行銷主要目的在於行銷，而非公益。「策略性公益」 指的是在加強企業競爭力的同時也能提升社會福祉。
3. 圖示：

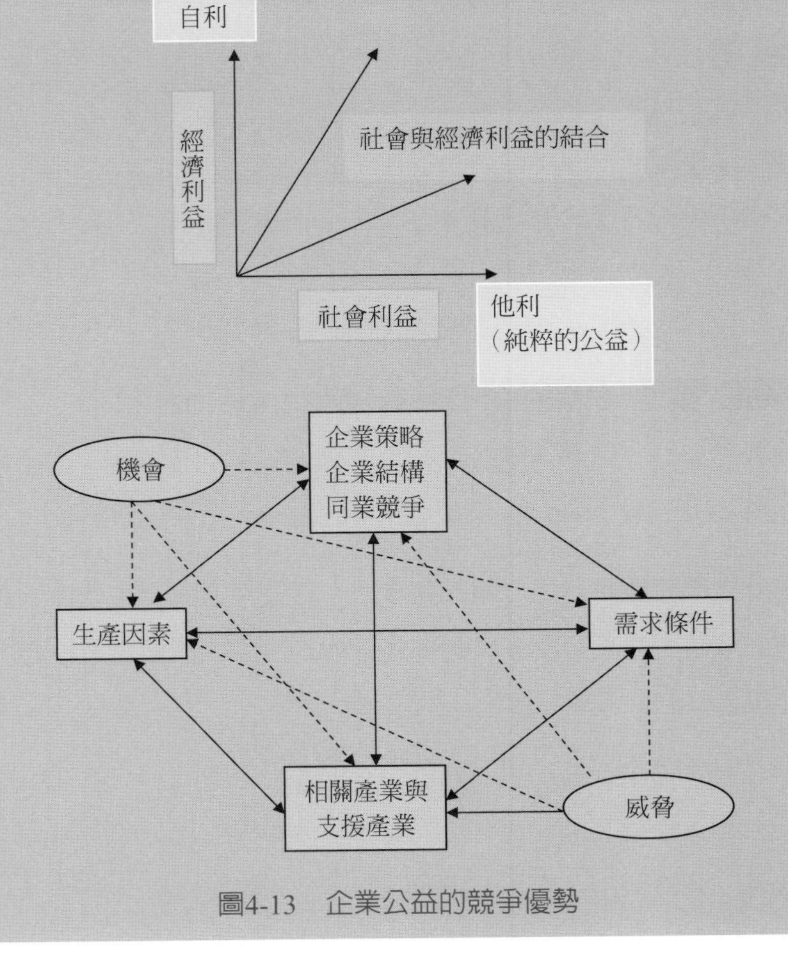

圖4-13　企業公益的競爭優勢

4.說明：以分析競爭力的「鑽石結構」爲基礎，幫助企業尋求制定公益策略的方法。在社會利益與經濟利益之間尋求雙贏的「有效區間」。

(1)企業策略：可導入公司治理，健全企業運作，以保障社會大衆權益。

(2)生產因素：可導入科技技術，加強當地生產條件；以企業興學方式，提升當地人才素質。

(3)需求條件：改善當地居民生活品質，提供物美價廉的產品，使消費者能力提升，市場規模擴大。

(4)相關產業的支援：與上下游夥伴廠商共同承擔社會責任，改善投資環境，使廠商發揮群聚效應。

5.建議：

(1)廠商應檢視所處之競爭環境，找出可介入並改善的構面。

(2)檢視企業自身所掌握之資源及專長，以選擇最有效、增進社會福祉最大的項目投入資源。

(3)可尋找夥伴廠商一同承擔社會責任。

(4)不斷檢視投入是否具有成效。

4.4 價值基礎管理（Values-Based Management）

(一)解釋

管理者建立價值觀並且推行組織共享的一種管理方式，主要目的在創造利害關係人具有的價值，並且藉由價值觀導入管理制度中，形成企業核心，創造外界對企業的知覺。

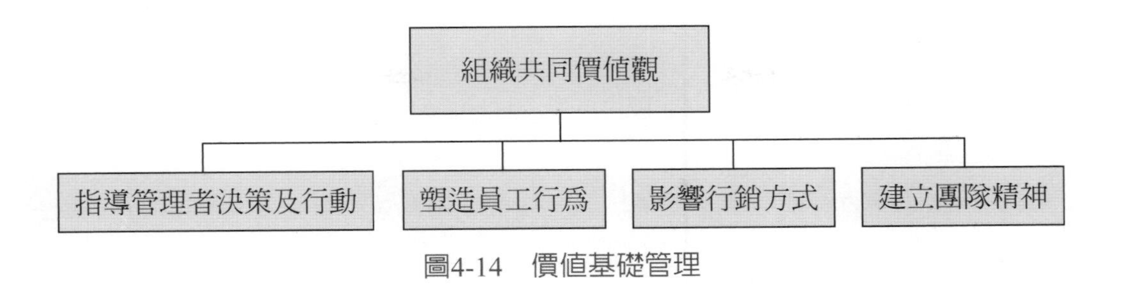

圖4-14　價值基礎管理

(二)目的

創造價值、為組織帶來極大利潤，形成企業核心價值觀。

4.5 綠色管理（The Greening Of Management）

(一)說明

企業的經營、管理者的決策會對自然環境造成衝擊，管理者面對環境問題的態度，持正面觀點並設法改善，稱為管理的綠化。

(二)綠化的途徑

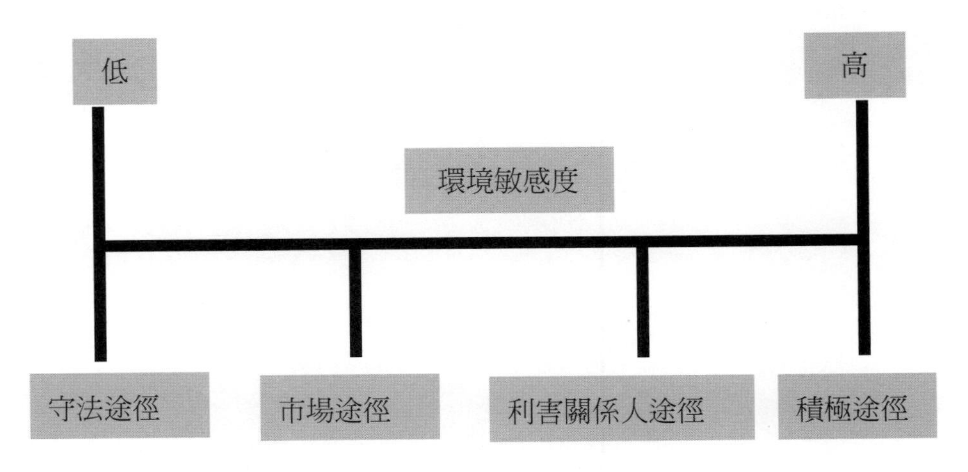

圖4-15　綠化的途徑

1. 守法途徑：

遵守法律規範，滿足法律對環保的要求。屬於社會義務論的層級。

2. 市場途徑：

組織對環保議題有進一步的了解，滿足顧客對環保的要求。屬於社會回應論的層級。

3. 利害關係人途徑：

組織願意滿足員工、供應商、顧客等利害關係人的要求，採取環保行動。屬於社會回應論的層級。

4. 積極途徑：

組織尊重地球及環境，深具環保意識，並且願意花心力投入環保。屬於社會責任論的層級。

4.6 綠色行銷（Green Marketing）

企業本身深具環保理念，從產品設計、製造、包裝、回收等流程都避免浪費資源及危害環境的精神，奉行3R與3E的理念。

1. 3R：Reduction（減少浪費）、Reuse（重複使用）、Recycle（資源回收）
2. 3E：Economic（低能源消耗）、Ecological（保護生態環境）、Equitable（尊重人權）。

★重點回顧★

1.企業倫理

(1)定義

(2)內容：對外企業倫理／對內企業倫理

(3)企業倫理的來源

2.管理道德

(1)定義

(2)五種不同道德觀點：權利觀、正義觀、功利觀、整合的社會契約觀點、利己主義觀點

(3)影響管理道德的因素：道德的發展階段、個人特質、結構變數、組織文化、事件強度

(4)改善企業的道德行爲

3.社會責任

(1)定義

(2)社會責任的對立觀點：利潤倫理觀點vs.社會經濟觀點

(3)社會的參與程度與範圍

4.價值基礎管理

5.管理的綠化

6.綠色行銷

★課後複習★

第四章　社會責任和企業倫理

1.請簡述對外企業的倫理應該有哪些？

2.管理道德是管理者來判斷是非對錯的準則，則請指出兩種不同的道德觀。

3.請說明企業如何來改善不道德的行為？

4.請說明社會責任中古典觀點的概念為何？

5.請說明社會責任中社會經濟觀點的概念為何？

6.企業需要承擔社會責任的理由則有哪些？

7.何謂綠色管理？而在綠化的途徑中，請說明積極途徑的意義？

8.何謂價值基礎管理？

9.贊成社會責任的觀點有哪些？

10.綠色行銷中提到的3R與3E分別是何者？

第五章

決策與分析

★學習目標★

◎了解決策的定義

基本特性

決策程序

決策的類型

◎了解問題分析

結構化的問題

非結構化的問題

◎了解決策的相關議題

了解決策風格

管理者有哪些易犯的決策錯誤

個人決策與群體決策的比較

改善群體決策的方法

決策有哪些情況

★本章摘要★

所有政策的制定都是為了解決現有問題，分析問題發生的原因以擬定正確的解決之道，才能兼具效率效果及不浪費資源。惟無法掌握所有資訊及發展所有行動方案，因此決策的過程大多為有限理性的狀態。

決策指為解決某一問題，決策者先擬定多個替代方案後，再從中選出最理想的方案之程序。決策的類型可分為理性決策（Rationality Decision-Making）、有限理性決策（Bounded Rationality Decision-Making）、直覺決策（Intuition Decision-Making）。於實際決策時，決策者仍會加入直覺來輔助行動方案的選擇，因此實際決策時，仍為有限理性。

決策所遇到的問題，可分為結構化的問題（Structured Problem）及非結構化的問題（Unstructured Problem），前者指目標明確，問題發生頻率高，後者則為問題的出現並非遵循一定慣例，也不會重複發生。

決策風格大致可以風險容忍度及思考方式劃分為四種類型的決策風格。分別為分析型、引導型、概念型及行為型。而決策時主要可分為個人決策與群體的決策，前者決策速度快，但資訊蒐集有限且相關人員接受程度低，後者決策速度慢，但資訊蒐集較充足，且相關人員接受度較高。而為了改善群體決策的缺失，首先要避免個體相互干擾的因素，主要方法有辯證質難法、名目群體法、設置批判者、腦力激盪法、德菲法及電子會議等。

決策時可能面對三種情況：確定情況、風險情況及不確定情況，決策者掌握的資源越多，則可處於確定情況，選擇最有利的行動方案；反之，掌握的資源越少，則無法確定未來的情況，處於不確定狀況中，選擇損失最少的行動方案。風險狀況則是決策者可掌握部分資訊，以經驗或蒐集資訊的能力預估所有方案的可行性，從中選擇最有利的行動方案。

輔助決策的方法，主要可藉由諸如證據、經驗、直覺及推理等質性方法，亦或是採用線性規劃、損益平衡點分析、決策樹（Decision Tree）等量化方法來進行，應視實務上之需要，而採用最適宜的相對應方法。

★決策與分析★

所有政策的制定都是爲了解決現有問題，分析問題發生的原因以擬定正確的解決之道，才能兼具效率效果及不浪費資源。惟無法掌握所有資訊及發展所有行動方案，因此決策的過程大多爲有限理性的狀態。

5.1 決策

㈠定義

決策指爲解決某一問題，決策者先擬定多個替代方案後，再從中選出最理想的方案之程序。

㈡決策的基本特性

1. 普遍性：管理者經常需要做決策，且沒有時間或地點的限制。
2. 未來性：決策是未來的行動。

㈢決策程序（理性分析的過程）

理性分析包含了以下八個步驟，但實際決策時，決策者仍會加入直覺來輔助行動方案的選擇，因此實際決策時，仍爲有限理性。

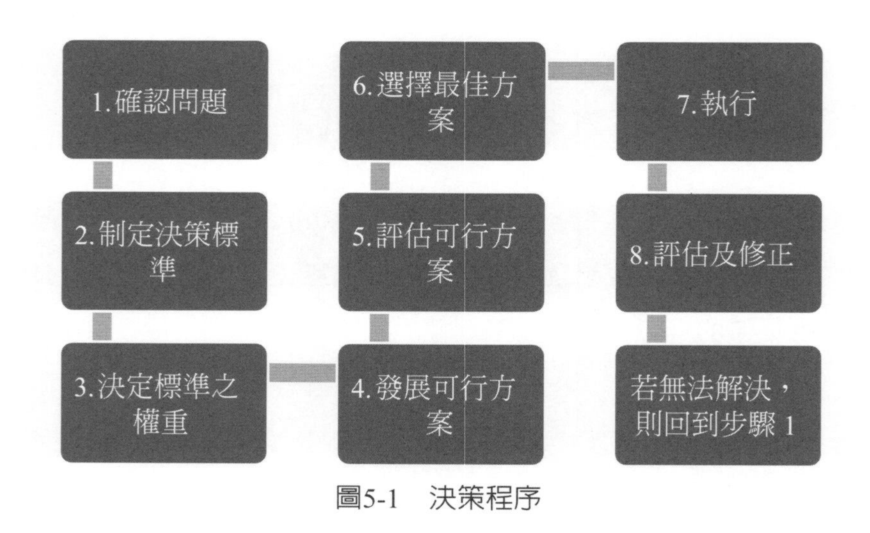

圖5-1　決策程序

5.2 決策的類型

㈠理性決策（Rationality Decision-Making）

1. 定義：

指決策者爲完全理性的情況下，追求最佳的解決方案。

2. 假設：

完全理性決策須包含下列三個假設。

A. 完全理性的決策者：決策者客觀、且完全了解欲追求之目標。

B. 符合決策程序理性：實際決策時，能夠完全符合理性分析的八個步驟。

C. 決策資訊充分且正確：正確的決策資訊才能幫助決策者選擇最佳方案。

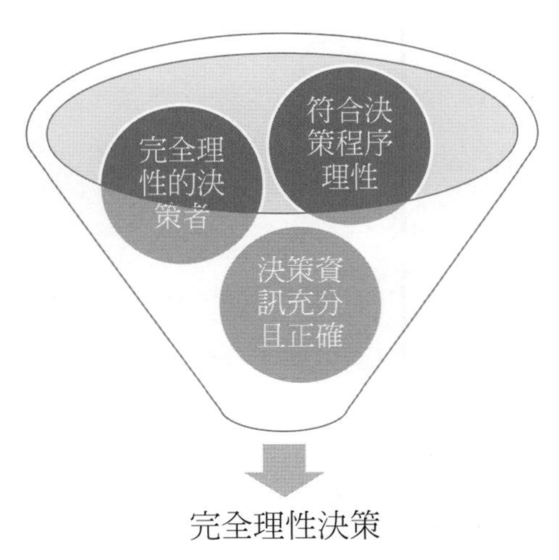

圖5-2　完全理性決策的三個假設

㈡有限理性決策（Bounded Rationality Decision-Making）

1. 提出者：

赫伯特・賽門（Herbert Simon，中文名：司馬賀）提出行政人模式（Administrative Model）。

2. 定義：

由於決策者無法掌握所有資訊、分析所有方案並選擇最佳方案，因此大部分的決策都不是完全理性的，意即決策只能選擇滿意解，而非最佳解。

3. 無法達到完全理性的因素：

⑴組織因素：

A. 過去歷史的經驗（Historical Experience）：

延續過去的經驗，不求改變。

B. 組織文化（Organization Culture）：

公司既有的規章制度、文化，使員工行爲越來越相近。

C. 時間限制（Time Constraints）：

決策的時效性，倉促決策容易發生錯誤。

D.績效評估（Performance Evaluation）：

受限於平時交情，績效評估時，容易受到其他因素影響。

E. 獎酬制度（Reward System）：

維持組織現狀，不鼓勵員工創新。

F. 部門的本位主義（Departmental Selfishness）：

部門間缺乏溝通，各自爲重。

G.政治決策模式（Incrementalism）：

以協商爲主的小部分政策修正。

(2)個體因素：

A.立場、知覺差異（Position/Perception Difference）：

各司其職，無法了解他人立場。

B.承諾升高（Escalation Of Commitment）：

決策者爲了掩飾過去決策錯誤，而持續投入更多資源，不願面對錯誤。

C.過早判斷（Timing Of Decision）／時間落差：

決策具有時效性，決策至實際行動仍有一段時間，外在條件的改變使決策無法達到原先的預期結果。

D.問題框飾（Framing Of Problem）：

問題的形式影響問題的答案。

E. 有限的資訊處理能力（Capacity Of Data-Processing）：

個人無法蒐集到所有資訊。

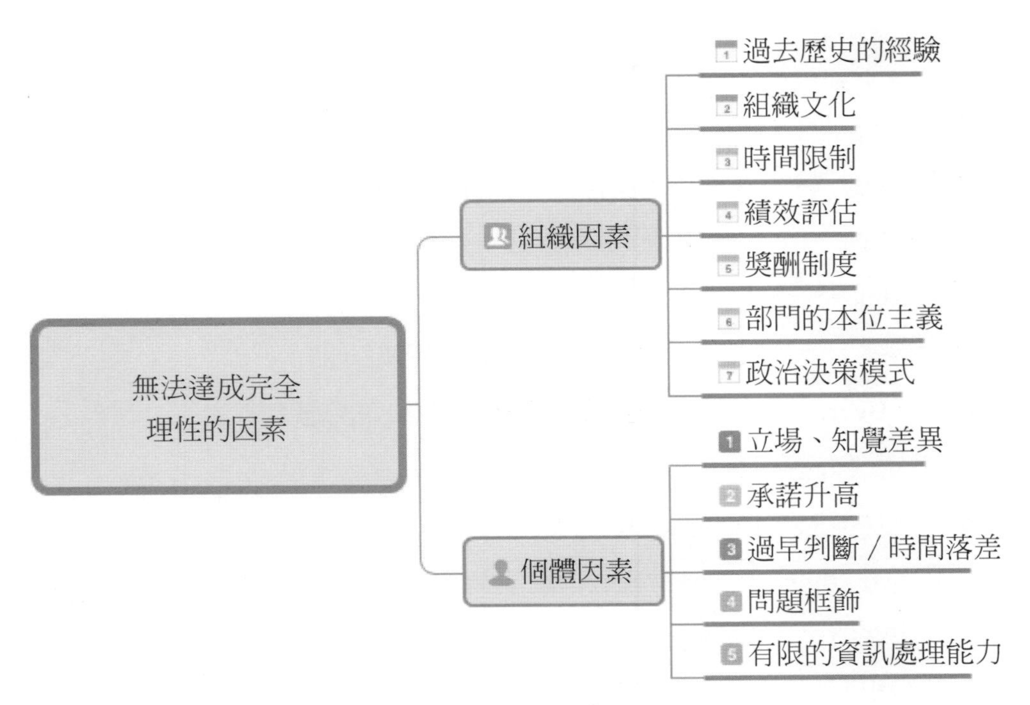

圖5-3　無法達到完全理性的因素

【比較】完全理性vs.有限理性

表5-1　完全理性與有限理性

	完全理性	有限理性
人性假定	經濟人	行政人
確認問題	重要的問題	管理者注意到的問題
決策準則	考量所有決策準則	僅列出有限的決策準則
發展方案	發展所有可行方案	發展有限方案
評估方案	掌握所有資源評估方案	以有限資源評估方案
選擇方案	最佳解	滿意解

㈢直覺決策（Intuition Decision-Making）

1.定義：

以決策者的經驗或直覺驟下結論，某些情況下可改善決策品質，與理性決策爲互補性質。

2.直覺決策的兩種模式

⑴社會模式：衝動式的、未經審愼思考的直覺決策。

⑵捷思（Heuristic）：利用過去的經驗來幫助決策的思考方式。

捷思的三種決策偏差：

A.鮮明性捷思（The Availability Heuristic）：

基於最近的印象、最常見的情況或最容易得到的資訊來做決策。

B.代表性捷思（The Representativeness Heuristic）：

歸納相似狀況，以判斷事情發生的機率。

C.定錨與調整性捷思（The Anchoring And Adjustment Heuristic）：

決策者以一個基點開始，逐步調整成最後決策。

5.3 問題與決策的類型

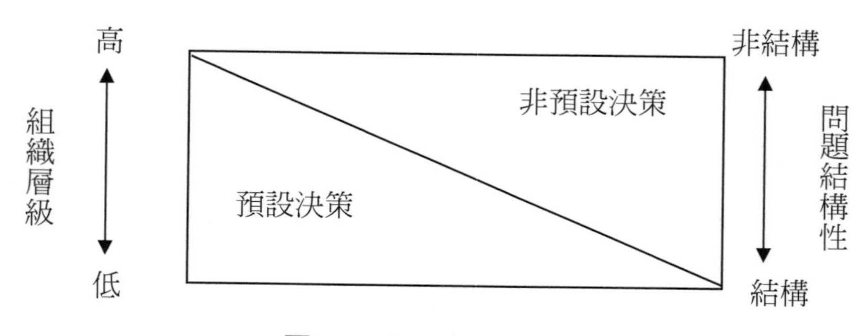

圖5-4 問題與決策的類型

㈠結構化的問題（Structured Problem）

1. 定義：目標明確，問題發生頻率高，問題發生情境一致，且掌握問題相關資訊時。
2. 決策方式：預設的決策（Programmed Decision），利用一套規則或標準化的動作解決問題。

㈡非結構化的問題（Unstructured Problem）

1. 定義：問題的出現並非遵循一定慣例，也不會重複發生。
2. 決策方式：非預設的決策（Nonprogrammed Decision），無法用標準化的方法解決問題，而是由決策者根據問題發展決策。

【觀念】決策權變理論

決策者應該視不同問題採取不同處理方式，影響問題的權變因素可能有問題形式、決策模式以及組織層級。

【觀念】經驗式決策

決策者從過去經驗或是他人意見中尋找決策者認為最好的答案，介於預設決策及非預設決策中間。

5.4 組織決策的類型

組織決策的類型以問題解決技巧及問題不確定性的高低程度分為四種類型，以下詳述四種類型之定義及不同特性。

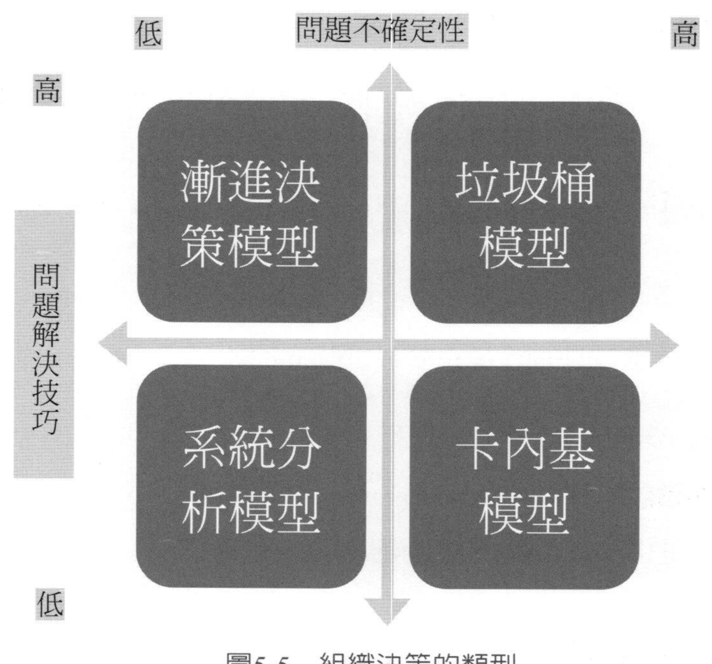

圖5-5 組織決策的類型

㈠卡內基模型（The Carnegie Model）

1. 定義：又稱政治決策模式，指組織內的各種利益群體爲了各自利益而進行協商、妥協的決策方式。
2. 決策結果：
   只能得到滿意解，而非最佳解。
3. 適用時機：
   決策者想以快速的行動方案解決急迫的問題。

㈡系統分析模型（System Analysis Model）

1. 定義：面對可分析、問題不確定性較低的問題以系統化的科學工具解決。
2. 決策結果：
   若可掌握所有資訊，分析所有行動方案，可得到最佳解。

3.適用時機：

有充足的時間可以系統分析問題時。

㈢垃圾桶模型（Garbage Can Model）

1.定義：組織處在混亂時期，問題不確定性高，組織目標不明確時，此時的決策是任意且無計畫的執行。

2.決策結果：將組織當成垃圾桶，決策參與人員將問題及解決方案提出後，再選擇適合的方案並產生共識以制定決策。

3.適用時機：不確定的問題、不明確的解決方案、決策參與人員流動率高。

㈣漸進決策模型（Incrementalism）

1.定義：林布隆（Lindblom）認爲在科層組織（政府）中，由於牽涉過多利害關係人，因此做決策時無法大幅度的改變或提出創新的想法，只能漸進式地做修正。

2.決策結果：只能產生滿意解。

3.適用時機：問題明確，但所需的問題解決技巧高，糾結許多利害關係人的權益時。

5.5 決策風格

決策風格大致可以風險容忍度及思考方式劃分爲四種類型的決策風格。

㈠分析型（Analytic Style）

分析型決策者對風險有較高的容忍度，以理性方式思考，蒐集完善的資訊，仔細考量各種方案後決策。

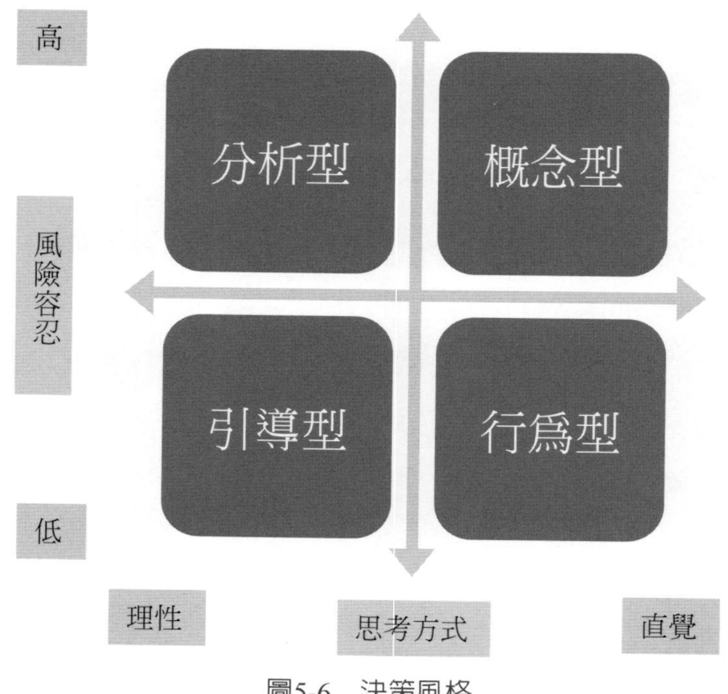

圖5-6　決策風格

㈡引導型（Directive Style）

引導型決策者對風險容忍度較低，以理性方式思考，注重短期目標，並且就較少的資訊快速決策。

㈢概念型（Conceptual Style）

概念型決策者對風險容忍度高，以直覺方式思考，較注重長期目標，以直覺或創造力解決問題。

㈣行為型（Behavioral）

行爲型決策者對風險容忍度低，偏向直覺思考，避免與他人衝突，因此常與他人溝通，達成共識，做出決策。

5.6 管理者易犯的決策錯誤

㈠先入為主（Anchoring Effect）

管理者以既有的印象來判斷事情，無法接受後來的任何訊息。

㈡選擇性認知（Selective Perception）

只願意選擇對自己有利的訊息，而忽視對自己不利的訊息。

㈢沉沒成本（Sunk Cost）

爲避免浪費過去投資的時間或金錢，仍選擇維持原有的方案。

㈣代表事件（Representation Bias）

以少數事件或極爲類似的情況來判斷事情，陷入框架中。

㈤自我中心（Self-Serving Bias）

決策者不切實際的幻想，以自身利益爲主，屬於外控型的人格特質。

㈥近期效應（Availability Bias）

決策者容易因爲最近發生的事情而影響處理事情的態度及方法。

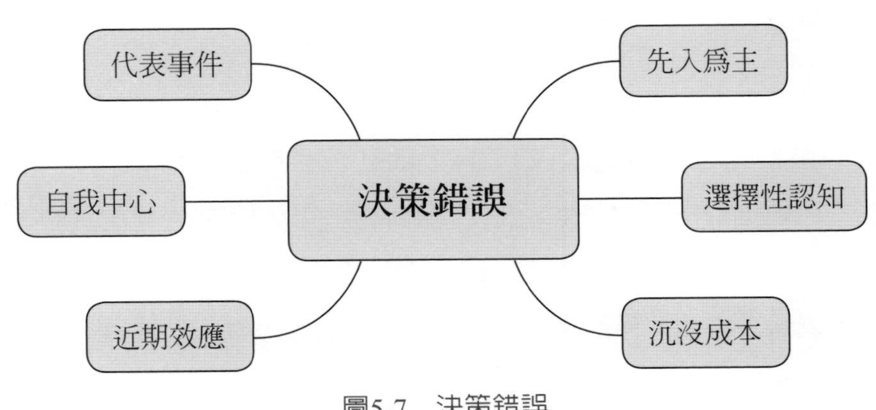

圖5-7　決策錯誤

5.7 個人決策與群體決策的比較

決策的過程是在組織內進行，它受到來自各個方面的影響，包含了內部同事、監督人員、檢查人員、上司及部屬，外部的競爭者以及顧客等。如果決策過程中僅有一人下達命令，而其他人遵守而執行之，此決策爲個人決策；若是決策時二人以上共同討論後所下的決策，爲群體決策。無論是個人決策或是群體決策，兩者之間各有優缺點，因此決策之討論，可視應在不同條件下選擇不同的決策方式，群體決策共分爲腦力激盪法、名義群體法、德爾菲法及集體磋商法。

㈠腦力激盪法

腦力激盪法是一種群體解決問題的方式，這種方法通常爲群體決策時使用，人數約在5～15人之間，集合眾人舉行一個非正式的會議，會議地點可以在咖啡館或是其他地方。其進行程序通常爲由一位管理者對小組需要討論的問題進行大致上的描述，接著由小組所有成員開始針對此項議題進行腦力激盪，並將個人之想法或是建議記錄於小卡中，爾後進行想法之分享，分享期間，其他人員不得對於任何人提出批評，最後將各意見紀錄。

在此階段的討論過程中，鼓勵組員發揮創意的想法，並且多多益善，當所有提案已確認好之後，組員接下來便對於各項提案進行討論優缺點，並進行可行性分析，以找出最佳的方案。

㈡名義群體法

名義群體法之術語來自於社會心理學，指的是每個成員不允許進行任何口頭語言交流的群體，這個群體使用的工具是紙與筆。名義群體法程序： 由管理者將要討論的問題進行簡單的介紹，在安靜的環境中，利用30分鐘的時間，所有成員在一張簡單圖表上用簡單的用語，寫入於圖表內，最後小組成員將各種想法進行投票及透過數學方法，得出決策方案，該方案也是鼓勵所有成員盡情發揮創新的建議。

㈢德爾菲法

德爾菲法是一種預測的方法，其基本流程首先是召集一個由專家組成的小組，成員之間不能直接往來。把要解決的問題讓每個成員進行不記名預測，然後再進行統計分析，再把結果回饋給每個成員，要求他們再做一次預測，接著再進行一次統計方法。如此反覆預測，直到彙整完成結果與專家們意見相差不遠時，則可停止德爾菲法。許多大型公司喜歡使用德爾菲法，主要認爲它是一種行之有效的決策方法，尤其應用在新技術或是新產品開發時的決策最有效。

㈣集體磋商法

集體磋商法是針對不同想法與意見的人，彼此之間面對面溝通，雙方針對問題逐一討論，找到共同的基礎，避免產生磋商失敗，影響整個團隊，而在磋商過程中，個人目標或是績效必須先放在一邊，以創造組織最大效益爲目標。

圖5-8　群體決策

下表爲個人決策與群體決策時優缺點的比較。

表5-2　個人決策與群體決策的比較

	群體決策	個人決策
定義	多數人決策	依個人想法決策
決策結果	滿意解	有機會達到最佳解

	群體決策	個人決策
相關人員接受度	高	低
風險承擔	較高	較低
決策速度	慢	快
責任歸屬	無清楚的責任歸屬	個人責任
資訊來源	較多	個人蒐集資訊有限
缺點	1.意見領袖：群體決策過程中，常形成少數人掌權，其他人附屬的決策結果。 2.群體迷思（Group-Think Syndrome）：又稱Arch效應，在多數者的壓力下，會阻礙少數創新觀點或想法的產生。 3.社會賦閒效應（Social Loafing Effect）：因個人的貢獻在組織中較不易受矚目，因此會有少數人混水摸魚的現象。	同管理者易犯的決策錯誤。

5.8 改善群體決策的方法

避免群體決策的缺失，首先要避免個體相互干擾的因素，有下列幾項改善方式：

(一) 辯證質難法（Dialectical Inquiry）

將組織分爲兩群體對某一議題辯論，提出不同想法，最後再由高階主管了解後做決定。

(二) 名目群體法（Nominal Group Technique）

直接由個人依序報告想法，最後再匯總討論。

㈢ 設置批判者（Devil's Advocate）

由某些異議份子提出不同批判性觀點，增進組織創意發想。

㈣ 腦力激盪法（Brain Storming）

五至十二人組成小團體，鼓勵成員發揮創意、天馬行空的說出想法，至多不超過一小時爲佳。

㈤ 德菲法（Delphi Method）

設計一套問卷請專家回答，將答案結果統計後寄發給各專家，請專家看完彙整好之答案後，再做一次問卷，持續進行直到取得共識。

㈥ 電子會議（Electric Conference）

參與者使用鍵盤將想法輸入電腦，利用網路匿名性且無距離的優點，讓參與者可盡情發揮，同時可有多人提出想法。

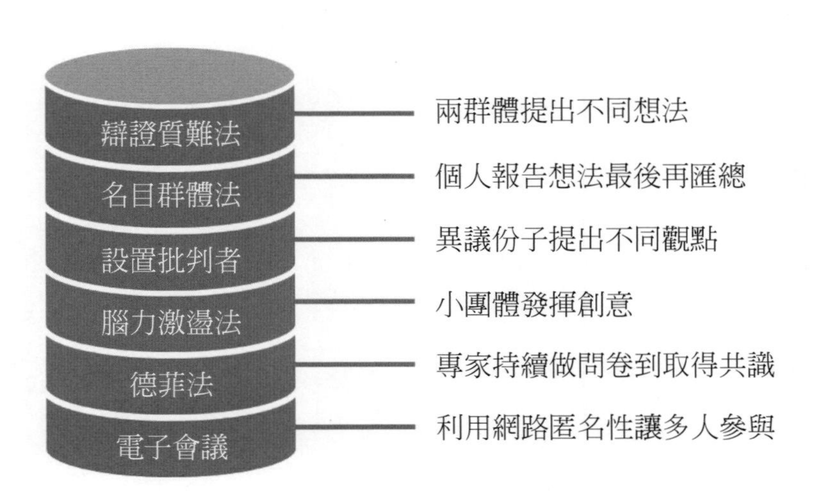

圖5-9　改善群體決策的方法

5.9 決策情況（Decision-Making Conditions）

決策時可能面對三種情況：確定情況、風險情況及不確定情況，決策者掌握的資源越多，則可處於確定情況，選擇最有利的行動方案；反之，掌握的資源越少，則無法確定未來的情況，處於不確定狀況中，選擇損失最少的行動方案。風險狀況則是決策者可掌握部分資訊，以經驗或蒐集資訊的能力預估所有方案的可行性，從中選擇最有利的行動方案。

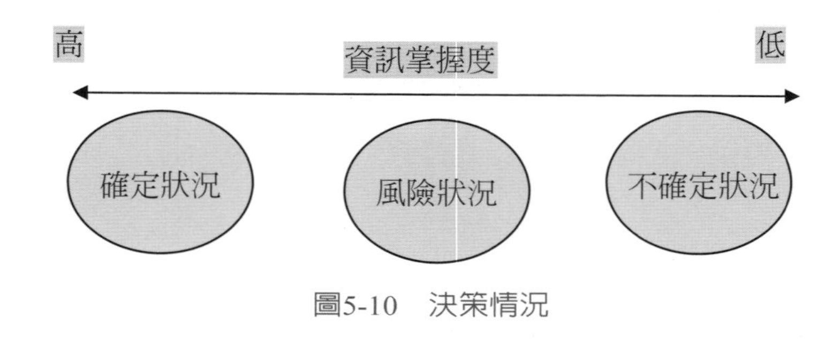

圖5-10　決策情況

㈠ 確定狀況下的決策方式

已知所有資訊、所有方案的執行結果，選擇最有利的行動方案。

㈡ 風險狀況下的決策方式

決策者可預知所有可能發生的情況以及機率，並由過去的經驗或蒐集的資訊來判斷、選擇最佳的行動方案。

Ex：假設某啤酒進口商預測國內需求可能為A：3萬箱；B：4萬箱；C：5萬箱啤酒；每箱啤酒販售100美金，依照不同需求量可能發生的機率求得期望值：

表5-3　啤酒機率期望值

行動方案	期望收益	機率	期望值
A（3萬箱）	300萬元	0.3	90萬元

行動方案	期望收益	機率	期望值
B（4萬箱）	400萬元	0.4	160萬元
C（5萬箱）	500萬元	0.3	150萬元

在不同行動方案可得知期望值高低，可從中選擇獲益最高的方案執行。

㈢不確定狀況下做決策

1. 大中取大準則（Maximax）：

   樂觀的決策者會選擇預期最大報酬中的最大值。

2. 小中取大準則（Maximin）：

   悲觀決策者會選擇預期最小可能報酬中的最大值。

3. 大中取小準則（Minimax）：

   也可稱爲最大遺憾準則，先將預期最大報酬減去每種情況下的可能報酬（將償付矩陣轉換成遺憾值矩陣），再從中選擇遺憾最少的方案執行。

4. 拉普拉斯準則（Laplace）：

   假設每種情況發生的機率是相同的，從中選擇最有利的行動方案。

5.10 輔助決策的方法

㈠質性方法

1. 證據：以證據或事實來佐證行動方案。
2. 經驗：以過去發生類似的事件來判斷哪個行動方案最佳。
3. 直覺：以決策者的情感、想法爲主。
4. 推理：推論可能的結果以選擇最有利的行動方案。

㈡量化方法

1.線性規劃（Linear Programming）：

利用線性代數的數學公式計算，將有限的資源做最佳的分配。

線性規劃之六大特性：

⑴確定狀況

⑵聚焦單一目標

⑶因資源有限，因此存在限制式

⑷存在相關變數

⑸變數不可爲負

⑹變數與變數間的關係可利用線性代數換算

2.損益平衡點分析（Break-Even Point Analysis）：

廠商可分析產品在某一銷售數量或某一售價時，可以使成本與收益相同，達成平衡，無虧損也無利潤，以此做爲最低的出貨量或售價。

TR = P*Q

TC = TFC + TVC

利潤 = TR – TC

3.決策樹（Decision Tree）

在風險狀況下制定決策，利用樹狀的圖型來分析可能方案，可先列出各種可能方案、每一種方案發生機率、結果、可能報酬，計算每種方案的期望值以做爲決策依據。

Ex：擴廠成本3，當景氣好時，收益爲12；當景氣差時，收益爲6。

如果維持現狀則成本爲0，當景氣好時，收益爲8；當景氣差時，收益爲3。

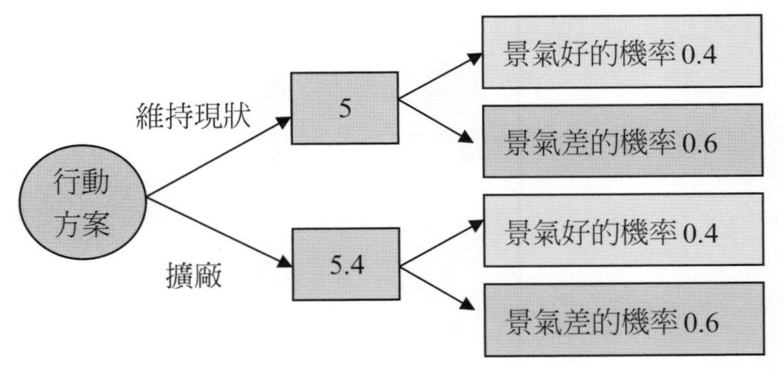

圖5-11　決策樹圖

方案1：維持現狀

期望值 = 8*0.4（景氣好）+ 3*0.6（景氣差）= 5

方案2：擴廠

期望值 =（12-3）*0.4（景氣好）+（6-3）*0.6（景氣差）= 5.4

應選擇方案2：擴廠爲最佳行動方案。

★重點回顧★

1.決策

⑴定義

⑵基本特性

⑶決策程序

2.決策的類型

⑴理性決策

⑵有限理性決策

A.定義／提出者

B.無法達到完全理性的因素

C.比較

⑶直覺決策

A.定義

B.直覺決策的兩種模式：社會模式／捷思

3.問題與決策的類型

⑴結構化的問題

⑵非結構化的問題

4.組織決策的類型

⑴卡內基模型

⑵系統分析模型

⑶垃圾桶模型

⑷漸進決策模型

5.決策風格：分析型／引導型／概念型／行為型

6.管理者易犯的決策錯誤：先入為主／選擇性認知／沉沒成本／代表事件／自我中心／近期效應

7.個人決策與群體決策的比較

8.改善群體決策的方法：辯證質難法／名目群體法／設置批判者／腦力激盪法／德菲法／電子會議

9.決策情況

⑴確定狀況

⑵風險狀況

⑶不確定狀況

10.輔助決策的方法

⑴質性方法

⑵量化方法

★課後複習★

第五章　決策與分析

1. 請說明決策的基本特性。
2. 請比較完全理性與有限理性。
3. 何謂經驗式決策？
4. 在組織決策類型中，請描述垃圾桶模型的概念。
5. 請提出2個改善群體決策缺失的方法。
6. 完全理性決策包含哪些假設？
7. 請提出2個管理者容易犯下的決策錯誤。
8. 在輔助決策的方法中，質性的方法有哪些？
9. 何謂拉普拉斯準則（Laplace）？
10. 何謂有限理性？

第六章 規劃

★學習目標★

◎了解規劃的定義

規劃的目標層次

規劃的類型

◎了解規劃的層級

策略性規劃

操作性規劃

◎了解規劃的七大步驟

◎了解目標管理法

目標管理的規劃步驟

★本章摘要★

一個好的規劃，將能爲未來的管理活動帶來良好的指標與過程。而主要的管理活動，可包含定義組織的目標、建立整體策略達成目標，並發展全面性的規劃體系，以整合並協調組織的管理活動。規劃提供了組織一個明確的方向，讓組織能夠減少因環境變化所帶來的衝擊。同時，規劃的過程將能建立起組織的目標，以提供組織成員能進入協調與合作，並協助管理者掌握狀況擬定對策。

規劃的類型可分爲正式與非正式。正式即指：使用書面、內容具體、期限爲長期、與共有的組織目標有關；非正式即指：非書面、注重短期成效，僅限於一個機構化的單位。而規劃的目的是期望能指出方向、降低不確定性、減少資源的浪費與提供組織控制的標準。

管理者在組織的階層中，策略性規劃位於較高層級，因爲組織層級高的管理者所要進行的規劃工作爲分析、偵測、應付環境的變動，這類管理者的規劃對象是整體組織。而操作性規劃是屬於較低層級，其規劃工作爲帶動部屬與執行主要工作，其規劃範圍最小，對象可能只是一個業務或專案而已。

規劃的步驟可分爲幾個步驟，由確認目標開始，並制訂前提條件及可供選擇的方案、並對方案進行評估及選擇，再配套計畫制定及提出預算，以供決策者進行規劃。

規劃是實現組織目標的必須程序。然而在現實環境中，無數的變數都將可能影響我們的規劃，使我們不知不覺中離開預期目標，或是迫使我們改變原先目標。然而，若一個組織沒有了目標，沒有了規劃，將成爲一個走一步算一步，看不到未來的井底之蛙。而目標管理法是指由管理者與員工共同訂出明確的目標，定期檢視目標的進度，並根據進度的進行給予獎勵。

在現代社會的大環境中，規劃必須更具有彈性，且非一成不變。有效規劃於動態環境中可藉由扁平化組織，發展出特定又具彈性的規劃，同時培養管理者設立目標及擬定計畫的技巧。

★規劃★

6.1 規劃的定義

規劃爲第一個要面對的管理活動，也是管理程序的基礎。一個好的規劃，將能爲未來的管理活動帶來良好的指標與過程。而主要的管理活動，可包含定義組織的目標、建立整體策略達成目標，並發展全面性的規劃體系，以整合並協調組織的管理活動。

一般在考核規劃工作是否完善時，主要可從以下幾點指標來觀察：

㈠規劃對於組織目標的貢獻度

㈡規劃工作於管理任務中的優先次序

㈢規劃工作之普遍性

㈣規劃工作之效率等來進行評估。

目標乃個人或組織所期望達到的結果，也同時提供組織管理者作績效衡量的重要指標。計畫則是更清楚說明規劃工作的細節，包含了組織資源如何分配、時程安排及其它相關行動等。如何作好一個優質的規劃？規劃的元素包含了組織的目標與計畫，一般認爲，於規劃初期應先確認組織的目標，並擬定出計畫於規劃中所應扮演的角色。

於管理學的範疇中，規劃具有以下幾點重要性及功能，首先，規劃提供了組織一個明確的方向，讓組織能夠減少因環境變化所帶來的衝擊。第二，規劃的過程將能建立起組織的目標，以提供組織成員能進入協調與合作，並協助管理者掌握狀況擬定對策。而由於規劃也包括了組織資源的分配，因此能夠確保營運狀況，以降低成本及浪費。同時提供了一個績效的評量標準及組織運用資源的依據，以協助組織有效的運用資源、掌握機會並達成目標。

6.2 規劃的目標層次

在進行規劃的過程中，目標的建立被視為首要工作。傳統的目標建立是由組織最高層的高階管理者開始進行較大方向的目標設定，並針對此一目標分散到其它分公司或部門，以確認此一目標可被完成。而當低階層管理者希望能夠藉由自己職責及標準來定義目標時，往往容易使目標失去原先的明確性與整合性。整體而言，我們可將目標的層次分為以下四階層：

(一)高階管理者的目標：屬於最高層次組織目標，其最終目標是希望能夠提供組織整體的績效。

(二)分公司管理者的目標：分公司對於總公司有業績上的直接壓力，其目標往往放在希望能使公司利潤有明顯的改善。

(三)部門管理者的目標：部門管理者相較於高階管理者，較無法綜觀目標的全貌，僅能將重心放在部門的利潤上，因此所採取的手段有時反而對於整體目標是不利的。

(四)個別員工的目標：個別員工的目標往往更狹隘，只著重於眼前手邊的工作，因此往往著重於自己工作的進度，而忽略了品質，因此，如何結合個別員工及部門管理者的目標，就成為了規劃過程的重要課題。

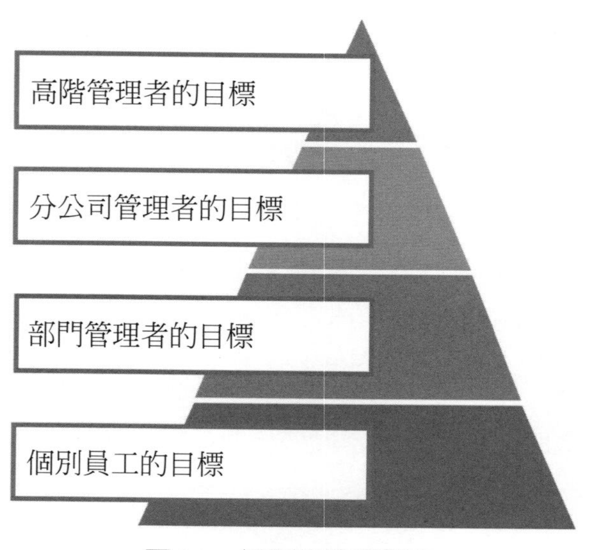

圖6-1 規劃的目標層次

6.3 規劃的類型

規劃的類型可分爲正式（Formal）與非正式（Informal）。正式即指：使用書面、內容具體、期限爲長期、與共有的組織目標有關；非正式即指：非書面、注重短期成效，僅限於一個機構化的單位。

規劃的目的是期望能指出方向、降低不確定性、減少資源的浪費與提供組織控制的標準。

規劃的類型則如下圖：

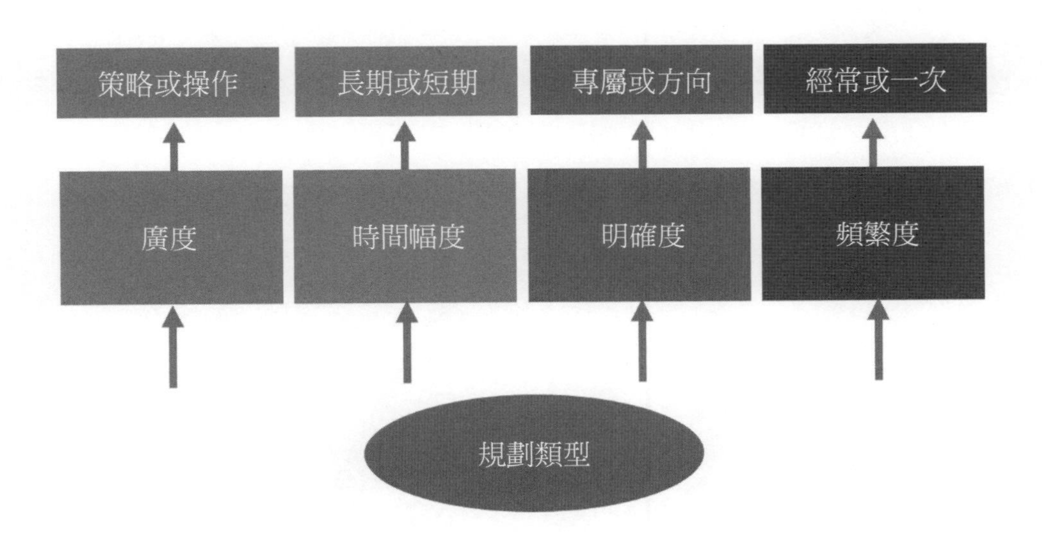

圖6-2　規劃的類型

6.4 策略性規劃及操作性計畫

管理者在組織的階層中，策略性規劃位於較高層級，因爲組織層級高的管理者所要進行的規劃工作爲分析、偵測、應付環境的變動，這類管理者的規劃對象是整體組織。策略性規劃是一種過程，其目標是用來找出一個組織所欲採用的策略，爲了能夠達到組織的目標，必須有相對應的策略。當策略無法達成時，需檢討其原因，是策略與部門政策或是與部門組織出了問題，還是因爲宣導不足，導致沒有共識？都須仔細去探究其原因。組織必須先有了策略，才能夠有所行動，才能夠知道爲何而成功，我們才可以確定，策略是能夠被採用的，以累積經驗有效的進步。當策略失敗時，則可以有系統地去找出，究竟是那一個環節出了錯誤，進而累積教訓以尋求改進。

而操作性計畫是屬於較低層級，其規劃工作爲帶動部屬與執行主要工作，其規劃範圍最小，對象可能只是一個業務或專案而已；而介於中間的中階層級管理者，其規劃工作是協調企業功能的運作，他們的規劃對象爲某一個部門，如預算的規劃，範圍較小。在環境的不確定性上，若處在穩定環境中時，應提出具體計畫；若處在動態環境中，應提出具體但動態的計畫。在投入的時間方面，影響未來表現的計畫必須是長期的，以便達成目標。以下是階層分明的組織規劃的示意圖：

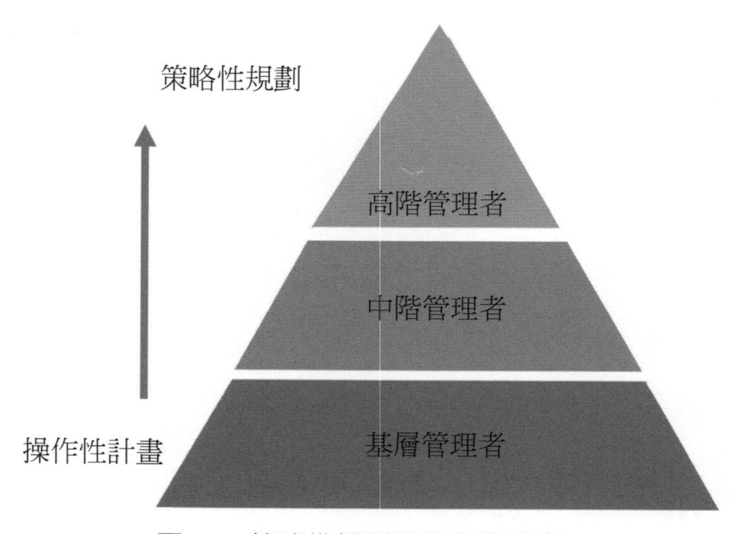

圖6-3　策略性規劃及操作性計畫

6.5 規劃的步驟

編製規劃爲一種繁複且多元的步驟，以下將提出主要的七大步驟，應可適用於多數的管理及規劃活動中：

㈠ 確認目標

於進行規劃時，確認企業的目標是首要工作。並對於每個組織成員的工作單位制訂出相關的部門目標，以確保組織的長期與短期目標能夠被實現。

㈡ 制訂前提條件

規劃的第二個步驟，便是利用編制規劃的前提條件，以取得一些一致性的意見。最基本的原則是參與規劃的每個人必須徹底清楚規劃的前提條件爲何，若此一步驟愈確實，規劃的工作也就能夠愈協調。

㈢ 制定可供選擇的方案

規劃的第三個步驟，便是去尋找並研擬出可被選擇的方案，以提供組織能有所選擇與方向。

㈣ 評估方案

規劃的第四個步驟，組織必須針對可供選擇的方案，進行分析及評估，並給予權重，以找出各方案的優劣。

㈤ 選擇方案

規劃的第五個步驟，當我們完成了方案的評估後，即可針對評估的結果進行選擇，找出最適合組織的方案。

㈥配套計畫制定

規劃的過程中，必須有相關配套的支持，此一配套必須能針對所選擇出的方案制定。同時亦需配合組織的資源，找出可行，且確實具有效能效率的配套。

㈦提出預算

於規劃步驟的最後階段，我們將把所擬定的規劃進行「數字化」，以預算的方式提供組織進行衡量，以配合並清楚整個規劃的過程可被完成。

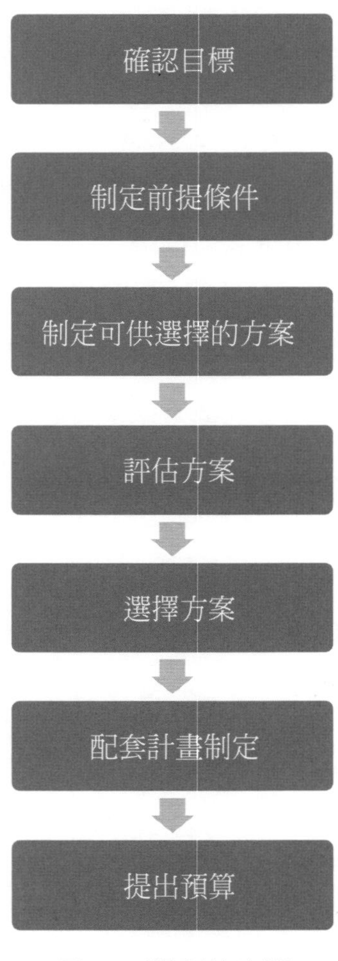

圖6-4　規劃的步驟

6.6 目標管理

目標管理法（Management By Objectives，MBO）是指，先由管理者與員工共同定出明確的目標，定期檢視目標的進度，並根據進度的進行給予獎勵。員工，即執行目標的人，在開始階段，就能夠明確知道組織對他的期望，透過親自參與制定目標，並與管理者充份溝通與協調之後，對於所期望的工作成果也能更有共識，因此才能更有效率去執行工作。此方法主要是希望透過團隊精神，期望能使績效提高。欲達成目標，必須全體員工集思廣益，貢獻力量。目標管理法包含四項元素：清楚的目標、明確的期限、參與式的決策制定及成果的回饋。

目標管理的規劃步驟：

㈠訂定組織目標與執行策略。

㈡將共同制定的目標賦予各分公司及部門。

㈢各部門管理者與更上層的管理者合作，共同制定該層級明確的目標。

㈣與所有部門成員一起制定明確目標。

㈤經理人和員工共同決定達成目標的執行策略。

㈥執行策略方案。

㈦定期檢視進度，並回報過程中遇到的問題。

㈧對達成目標者給予獎賞。

透過上述八個步驟，達到滿足員工需求及激勵員工潛能，並達到組織追求生存與發展的目的。

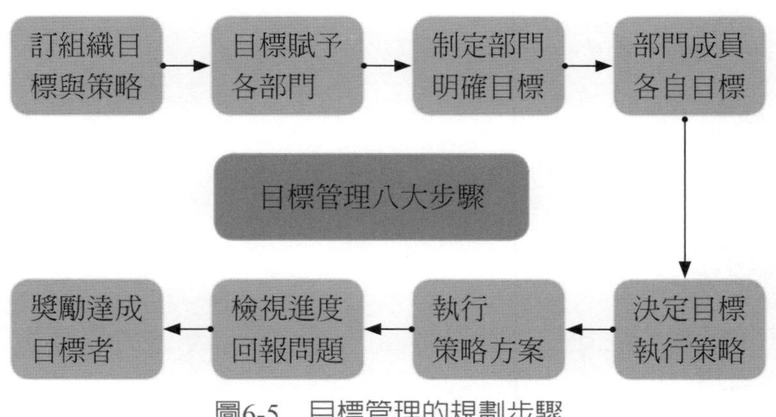

圖6-5　目標管理的規劃步驟

6.7 規劃與目標的實現

規劃是實現組織目標的必須程序。然而在現實環境中，無數的變數都將可能影響我們的規劃，使我們不知不覺中離開預期目標，或是迫使我們改變原先目標。然而，若一個組織沒有了目標，沒有了規劃，將成爲一個走一步算一步，看不到未來的井底之蛙。

當代對於規劃的議題，不少學者多有批判，他們認爲，規劃行爲將容易造成組織的僵化，而無法在多變的大環境中形成一個動態的規劃模式，同時，正式性的規劃亦無法取代管理者的直覺判斷，而可能扼殺了創造力，規劃有可能使得管理者過度專注於規劃本身，而忽略了更多重要的資訊。然而，若管理者能夠認清規劃的過程事實上即是一個動態且持續性進行的過程，規劃是可隨著環境的變動而改變的，並持續的規劃直到成功爲止。

於現代的大環境中，規劃必須更具有彈性，並認清規劃並非一成不變，而是應隨變化而變。有效規劃於動態環境中亦說明，藉由扁平化組織層級以發展出特定又具彈性的規劃，同時培養管理者設立目標及擬定計畫的技巧。若組織管理者能夠確保這些，組織目標將得以藉由規劃而實現。

6.8 規劃與目標的重要性

經由規劃流程形成的目標，具有以下的效益：

㈠ 正當性

以使命目標爲例，對外部利害關係人而言，流程規劃可讓員工了解目標之訴求，進而可以提升員工對公司的認同感。

㈡ 工作不確定性降低

規劃與目標除了提升員工對組織的認同，更可以幫助員工清楚了解工作職掌，並降低員工的不確定因素，激勵員工努力完成工作。目標的確認並使員工了解組織存在的意義，而計畫的規劃可讓員工有效率的達成目標。

㈢目標指引

規劃目標方向，提供了一個清楚的流程，引導員工朝向目標努力，如果沒有明確的目標作爲導航，則員工將失去行動的依據，甚至導致了毫無程序的團隊，造成了多頭馬車狀態，損害了公司利益，相反的，明確的目標指引，可帶動員工信心產生一致性的行動力。以餐飲業爲例，當公司目標下達2022年全台展店20家，並且鼓勵員工內部創業，這樣的規劃與目標設定，增加了員工對公司的認同感和努力動機，員工知道組織的未來在哪裡，便會產生目標指引達到公司的最終目標。

㈣決策的依歸

透過了規劃與目標的設定，管理者可以清楚知道組織該採取哪些行動。中高階主管的決策便會確保內部政策、角色、績效、結構、產品與支出便會朝向公司的最終目標，皆以符合目標爲決策的準則之一。

㈤績效標準

標準界定組織所需達到的效果時，常會伴隨著組織內績效之設定。設定績效目標的過程中對組織而言相當重要，一方面是衡量員工績效的標準；另一方面組織也可以利用每個部門所賦予之績效目標達成後，轉換成公司整體目標，換句話說，當每個部門都達到績效目標，公司最終目標當然有隨之達成。

圖6-6　規劃效益

★重點回顧★

1. 規劃即為定義組織的目標、建立整體策略達成目標，並發展全面性的規劃體系，以整合並協調組織的管理活動。
2. 規劃的目標層次可分為四個階層：高階管理者、分公司管理者、部門管理者與個別員工的目標。
3. 在組織的階層中，策略性規劃位於較高層級，主要進行的規劃工作為分析、偵測、應付環境的變動；而操作性規劃是屬於較低層級，其規劃工作為帶動部屬與執行主要工作。
4. 規劃的七大步驟：確認目標、制訂前提條件、制定可供選擇的方案、評估方案、選擇方案、配套計畫制定與提出預算。
5. 目標管理法是指，先由管理者與員工共同訂出明確的目標，定期檢視目標的進度，並根據進度的進行給予獎勵。其四項重要元素：清楚的目標、明確的期限、參與式的決策制定及成果的回饋。
6. 在現代社會的大環境中，規劃必須更具有彈性，且非一成不變。有效規劃於動態環境中可藉由扁平化組織，發展出特定又具彈性的規劃，同時培養管理者設立目標及擬定計畫的技巧。

★課後複習★

第六章　規劃

1. 何謂規劃的定義。
2. 請說明規劃的重要性與功能。
3. 在進行規劃的過程中，目標建立是首要的工作。而目標的層次可分成四階層，請描述之。
4. 請描述規劃的步驟。
5. 何謂目標管理法。
6. 藉由目標管理的步驟，能達到滿足員工需求及激勵員工潛能。因此，請描述目標管理的步驟爲何？
7. 策略性規劃用途爲何？
8. 規劃的工作是否完善，則能藉由哪些指標來觀察。
9. 規劃可能會常生的問題則有哪些？
10. 在現代環境中，如何制訂良好的規劃？

第七章 組織

★學習目標★

◎了解組織的定義

組織行為

組織結構

◎組織結構設計考量要素

工作專業化

部門化

指揮鏈

控制幅度

正式化

◎了解組織結構相關理論

◎了解組織的設計與應用

新形式的組織設計應用

影響組織設計的因素

★本章摘要★

組織爲一種分工及劃分權威層級的動作，經由有計畫地協調企業成員的一種團體活動，以求達到企業認定的明確目標。而組織行爲則指組織內個人、團體的行爲，以及其可能造成對組織的影響，並應用這些行爲來增進並改進組織的效能與效率。組織結構，則用來說明於正式的組織領域中，爲了讓組織系統能夠有效率運作的架構。

管理者於設計組織結構時，必須考量的要素很多，諸如工作專業化、部門化、正式化、指揮鏈的設計以及控制幅度的應用等。而組織的結構主要具有三項主要功能，分別是用以穩定組織、發展組織以及進行組織內的協調。組織結構理論認爲，組織可說一種由權責與階層所構成的結構。主要有順從理論、科層體制理論及不證自明理論等。

職權與職責密不可分。職責指是爲組織成員對於自己的工作，應盡力且有其一定責任完成，屬一種分工的學問。職權指一種爲完成工作所衍生的權力，主要可分爲三種不同形式的職權關係，分別爲直線職權（Line Authority）、幕僚職權（Staff Authority）、功能職權（Functional Authority）。

機械式組織爲一種高度正式化的組織結構，類似於官僚組織，常用於相對穩定的環境中。而有機式組織則是一種具有高彈性與非正式化的組織結構，常用於較不穩定及不可預測的動態環境中。一般在區分組織設計時，常常以此兩者作爲區分。此外，依據結構的類型，又可分爲簡單型結構、功能別結構、分部型結構、矩陣式結構及任務編組結構。

隨著環境的變遷，企業管理爲了因應則致力於發展出最適宜的組織設計的應用，最常見的諸如團隊型組織、學習型組織、教導型組織、虛擬組織及無疆界組織。有許多的因素皆會影響到組織的設計，最主要可分爲策略、組織規模、技術及外在環境四種。

★組織★

7.1 組織的定義

組織為一種分工及劃分權威層級的動作，經由有計畫地協調企業成員的一種團體活動，以求達到企業認定的明確目標。而組織行為則指組織內個人、團體的行為，以及其可能造成對組織的影響，並應用這些行為來增進並改進組織的效能與效率。

而所謂的組織結構，則用來說明於正式的組織領域中，為了讓組織系統能夠有效率運作的架構。依據組織結構的不同，往往能夠反應出每一個群體如何去分配、競爭資源，並可看出組織中的訊息是如何進行傳遞，以及如何進行決策的執行等。

建構並設計一個組織結構，是經營一個事業的必要條件，以用來構成組織的各種活動。組織結構與設計（Organizational Structure And Design）是指管理一個組織時的架構要素，以及這些架構要素彼此所呈現的關係。企業組織乃一個群體，為了達成組織的目標往往需要組織成員的分工與合作。許多學者對於組織結構皆有其定義，費堯（Fayol）指出組織結構的形成，往往是基於權威和功能之間的交互作用所產生的關係。羅賓斯（Robbins）則認為組織結構可被用以定義工作如何被劃分、歸類及協調。

組織結構一般被認為是一種階層體系，它可由授權而來，也經由組織中責任的下達而形成。同時，組織結構亦是功能不同的各個單位所構成。可以說，組織結構乃一個因工作所形成的體系。為了完成組織的目標，藉著各部門的分工與協調，以及組織成員彼此的相互關係，以形成的組織的結構與風格。

7.2 組織結構設計考量要素

組織就像是個有機體，會經歷誕生、成長、發展到老化的過程，若能在這些過程中，經由持續革新的手段，將組織做適當的調整，那麼組織便能永續經營。以下是針對管理者於設計組織結構時，所要考慮的要素，並加以說明。

㈠工作專業化（Job Specialization）

1. 將組織的整體任務細分成較小部分的程度。
2. 將工作分為若干步驟，每個步驟由一個人負責完成。故每個人只須專注做好被指派的部分即可。
3. 來自於分工（Division Of Labor）的概念。每個人負責專精於某一部分的生產活動，可以降低成本和提高產量。
4. 每個人執行小件的、簡單的任務時，可對該項任務非常地熟練，進而減少任務間轉換的時間。若工作分得越細，則越容易發展出專門化的技巧來執行。
5. 工作專業化並非一定能提升效率，當達到某一種程度的分工時，其所產生諸如無聊、疲勞及壓力等情況，往往會降低其優勢，如下圖所示。

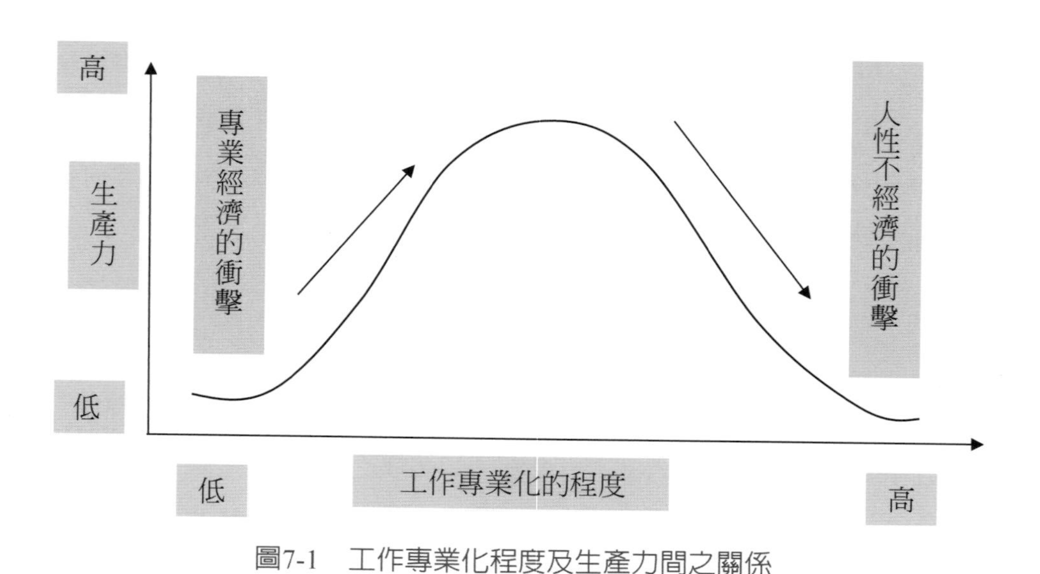

圖7-1　工作專業化程度及生產力間之關係

㈡部門化（Departmentalization）

分工之後，將各項工作任務加以整合與歸納，這種方式即爲部門化。常用的部門化方法，主要包括依功能別、產品別、顧客別及地區別等。

1. 功能別部門化（Functional Departmentalization）：
如下圖所示，此方法是將相似的工作類別結合在一起。其優點爲，將專業人才擺在同一部門中一起工作，除了可培養專才、提高效率，更可使人力達到規模經濟的效果；但缺點即爲，最高階層的管理者，須協調各部門間的工作，於是在決策過程中會產生組織僵化等問題。

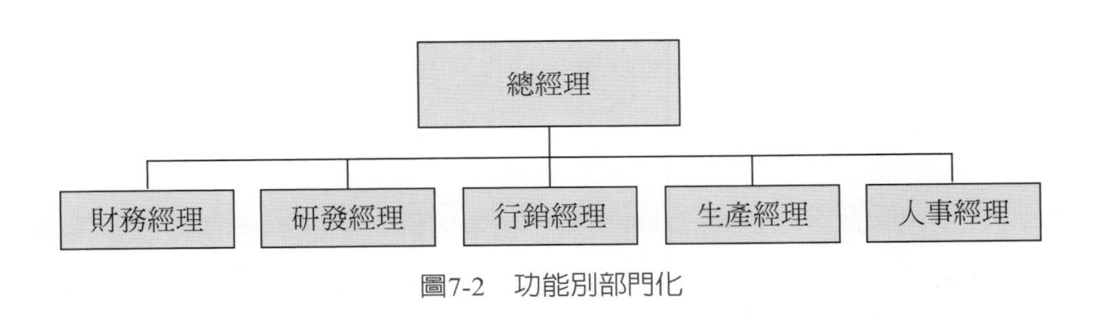

圖7-2　功能別部門化

2. 產品別部門化（Product Departmentalization）：
如下圖所示，此方法是將產品或產品群集合起來的方式。其優點爲有專門人員負責特定的產品績效；而缺點即是個產品部門的經理人只專注發展其產品或產品群，忽略其他部門的發展。

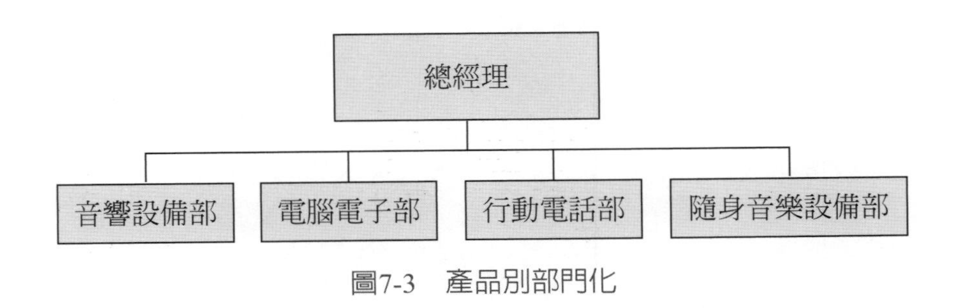

圖7-3　產品別部門化

3. 顧客別部門化（Customer Departmentalization）：

如下圖所示，此方法主要用於回應特定顧客，並與顧客進行互動。其優點爲，具備特殊專才的組織成員可以充分發揮其技能；缺點則爲，需要大量的行政人員於進行整合的工作。

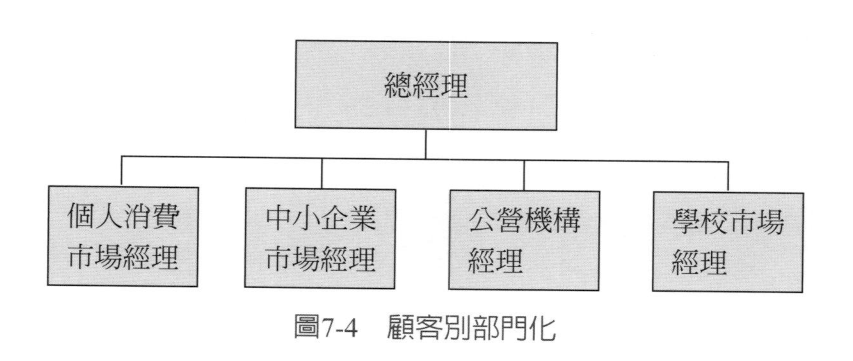

圖7-4 顧客別部門化

4. 地區別部門化（Location Departmentalization）：

如下圖所示，此方法是依照地理位置區域來進行工作的分類。其優點爲組織能夠迅速的回應各區域各環境特徵的變動與顧客的需求；缺點則爲組織需要大量的行政人員去維持散布在各地單位間的聯繫。

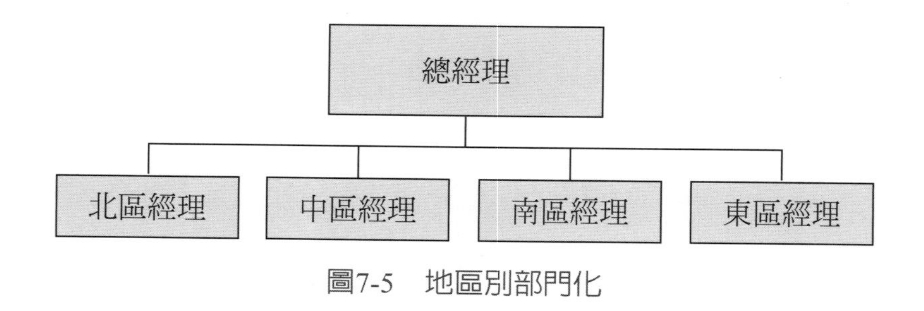

圖7-5 地區別部門化

㈢ 指揮鏈（Chain Of Command）

指揮鏈是費堯（Fayol）十四項管理原則中的一項重要原則。此主張認爲，每一個下屬都應該只對一位且就只有一位上司負責，因爲兩個以上的主管一旦對政策下達不同的命令時，將使部屬無所適從，此即指揮統一（Unity Of Command）的原則。

㈣ 控制幅度（Span Of Control）

指組織管理者所能直接管轄與監督的的範圍。組織的階層數目與控制幅度的大小爲負相關。當上級的控制幅度越大時，組織的階層數將會減少，即爲扁平式組織（Flat Organization）；相反情形則爲高架式組織（Tall Organization）。

㈤ 正式化（Formalization）

正式化是指組織中，工作的流程標準化程度的高低。當組織正式化的程度越高，則員工須遵守一定的規定去完成工作；反之，組織正式化程度越低時，員工能有較大的空間去處理自己的工作。同一組織中，對於不同部門或不同職務，其正式化程度也有所不同。

7.3 組織結構功能

組織結構能完整發揮組織功能，其也會影響到組織成員的行爲態度，而組織結構有三項主要功能：

㈠ 穩定的功能

爲了使員工在工作時有一標準的準則可遵循，組織需建立一套組織結構，使員工能遵循此準則，不受外在因素干擾以影響工作，進而使組織能穩定的發展。

㈡ 發展的功能

組織在使其結構更健全的目標上，須不斷的革新與成長進步，讓組織中的員工能充分發揮其潛能，讓組織績效能提高。

㈢協調的功能

組織爲了要使各單位間，橫向與縱向的聯繫能更協調，須仰賴組織結構的完善建立，進而使各單位間相互合作，達到組織的目標。

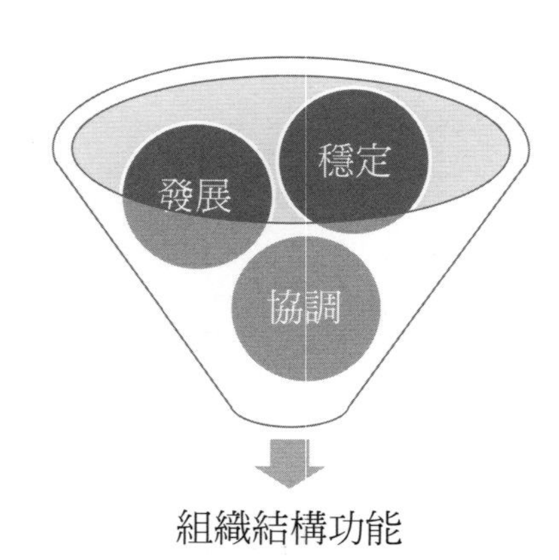

圖7-6　組織結構功能

7.4 組織結構相關理論

組織結構理論認爲，組織可說一種由權責與階層所構成的結構。以下將分別介紹相關之理論。

㈠順從理論（Theory Of Compliance）

艾齊厄尼（Etzioni）所提出的順從理論中，主要意涵爲組織中權力運用的類型，與組織成員對權力的接受程度，進而組織的運作能更有效掌握。也就是說，順從理論中兩個重要的概念即爲權力與參與。所謂權力，是指一個體影響其他個體的能力，可區分爲強制型權力（Coercive Power）、利酬型權力（Remunerative Power）及規範型權力（Normative Power）。此一理論的另一個重要概念即爲參與，依參與程度的高低，可區分成疏遠型、計利型及道德型三種參與類型：

㈡科層體制理論（Theory Of Bureaucracy）

由韋伯（Weber）所提出，認爲權威（Authority）是其核心的概念。並藉著領導者精神感召（Charismatic）的權威、組織傳統（Traditional）的權威及法理（Legal）的權威來確認權威的構成。科層體制應具有某些的特性，保持專業的分工、層級的節制及一切依法依規定而行。

由於科層組織講求權威的階層及專業的分工，因此在運作上，溝通上較不易流暢，也由於其不重視人際關係及人情，易使組織成員間顯得冷淡，更可能直接影響到組織成員的工作士氣及滿意度。

㈢不證自明理論（The Axiomatic Theory）

不證自明理論由哈格（Hage）所提，旨在說結構與功能之間的關係，於此一理論中，結構爲手段，功能爲目的。有關人際關係的部分即爲結構，可分爲複雜化、集中化、正式化及階層化四種類型。

順從理論	順從理論中兩個重要的概念即爲權力與參與。權力可區分爲強制型權力、利酬型權力、規範型權力。參與程度依高低可區分成疏遠型、計利型及道德型。
科層體制理論	認爲權威是其核心的概念。並藉著領導者精神感召的權威、組織傳統的權威及法理的權威來確認權威的構成。
不證自明理論	旨在說結構與功能之間的關係，結構爲手段，功能爲目的。有關人際關係的部分即爲結構，可分爲複雜化、集中化、正式化及階層化四種類型。

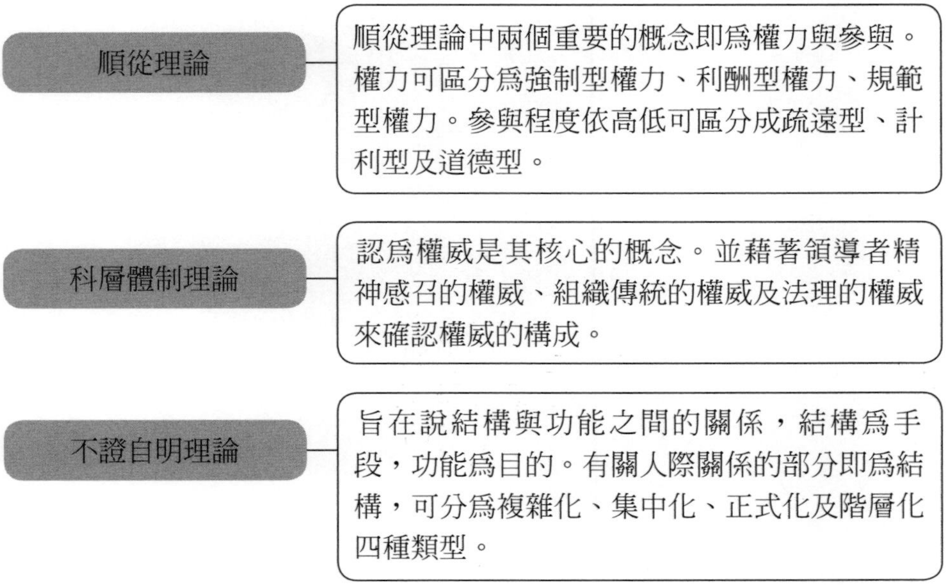

圖7-7　組織結構理論

7.5 職權與職責（Authority And Job Responsibilities）

職權與職責密不可分。職責指是爲組織成員對於自己的工作，應盡力且有其一定責任完成，屬一種分工的學問。然而於實務上，當組織成員被賦予了一項職責，爲了達成這些職責，必須有相對應的權力產生，才能夠有效的利用資源來完成各項所被分配的工作，因此，職權的概念就因此而衍生。

職權指一種爲完成工作所衍生的權力，主要可分爲三種不同形式的職權關係，分別爲直線職權（Line Authority）、幕僚職權（Staff Authority）與功能職權（Functional Authority）。直線職權通常是對於組織有直接的貢獻者，然當組織隨著規模的擴大及複雜度的增加，對於獨立完成工作的難度也會劇增。此時，便需要幕僚的職權來進行支援。協助諸如人力資源、研發或財務管理等工作。幕僚有其建議權，可對直線人員提出具有影響力之建議。而這種特殊的幕僚職權則被稱爲功能性職權，當管理者將指揮權交給人事及財務等幕僚單位時，幕僚單位即具有建議的功能性權力。

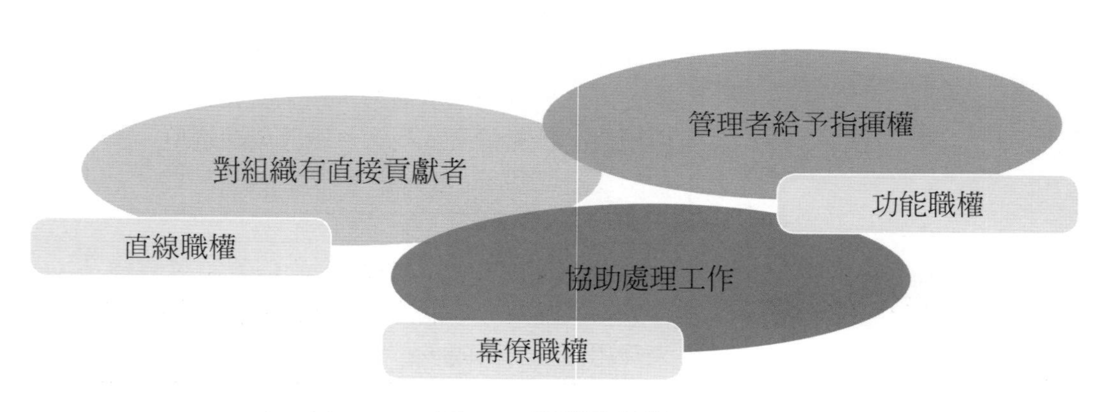

圖7-8　職權的分類

7.6 組織的設計與應用

機械式組織爲一種高度正式化的組織結構，類似於官僚組織，常用於相對穩定的環境中。而有機式組織則是一種具有高彈性與非正式化的組織結構，常用於較不穩定及不可預測的動態環境中。一般在區分組織設計時，常常以此兩者作爲區分。此外，依據結構的類型，又可分爲簡單型結構（Simple Structure）、功能別結構（Functional Structure）、分部型結構（Divisional Structure）、矩陣式結構（Matrix Structure）及任務編組結構（Task-Force Structure），以下將分別說明：

㈠簡單型結構（Simple Structure）

常被運用於小型企業，可說就是沒有結構的結構。老闆就是管理者，低複雜化及低正式化是其特性。此一結構屬於一種扁平式的組織，最大的優點在於沒有過多的層級，具有高彈性，且責任劃分清楚。缺點則僅適用於小型組織，當組織隨著發展規模變大時，即不適用。

㈡功能別結構（Functional Structure）

功能別結構與簡單型結構相反，屬於一種機械式結構。功能別結構較適用於大型組織，建立於部分功能別的劃分。此的結構的優點在於專業化高，易創造高經濟效益。主要的缺點則可能爲了追求部門目標而忽略了整體組織的目標。

㈢分部型結構（Divisional Structure）

爲一種自給自足型的單位，每一分部皆由經理負責並領導。其優點在於著重於結果導向，使分部能全心追求績效。缺點則在於易造成資源的重疊，造成組織成本的增加。

㈣矩陣式結構（Matrix Structure）

此一結構結合了功能別及產品別兩部門，希望能夠融合兩者優點，並降低兩者的缺點。矩陣式結構成員中有兩位主管，分別爲功能別及產品別部門，打破單一命令的觀念爲其最大的特色。其優點爲資訊的流通快速，溝通有彈性，專業人才的分配亦較有效率，缺點則易造成角色混淆，製造組織成員的壓力。

㈤ 任務編組結構（Task-Force Structure）

任務編組結構爲一有機式結構所產生的產物，屬於一暫時性或階段時的結構，乃爲了一個特定的任務而進行人員的召集所組成，此一小組直接到任務完成才解散。

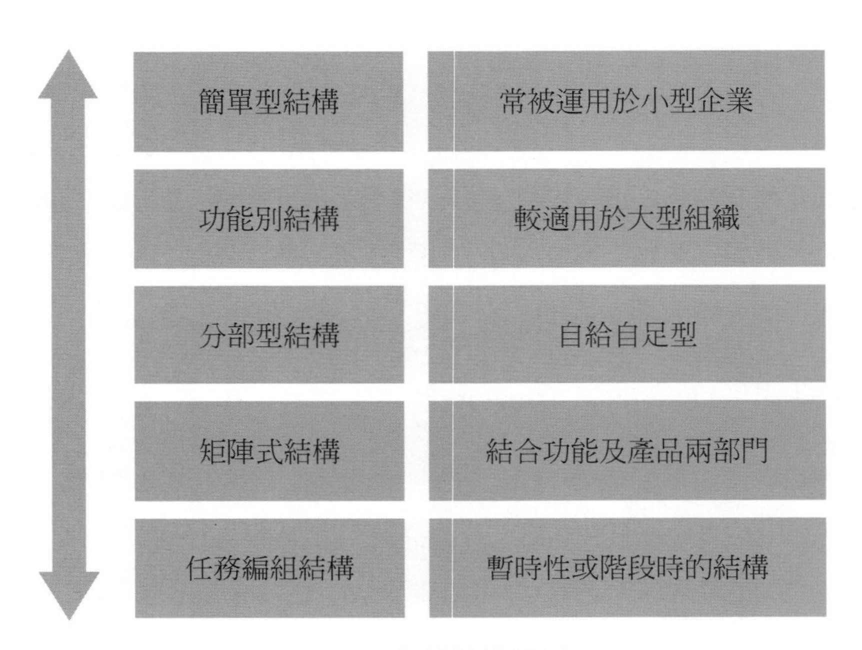

圖7-9　組織結構類型

7.7 新形式的組織設計應用

隨著環境的變遷，企業管理爲了因應則致力於發展出最適宜的組織設計的應用，最常見的諸如團隊型組織、學習型組織、教導型組織、虛擬組織及無疆界組織，分別說明如下：

㈠團隊型組織（Team-Based Organization）

以團隊爲基本單位來進行運作，透過團隊的協調整合，以達到團結合作的綜效。此一組織強調授權和參與，組織成員將公共承擔責任。此種組織的成員，需依專案的要求及其個人技能，由一個專案轉往另一專案，因此，很少或甚至沒有功能的層級存在。

㈡學習型組織（Learning Organization）

由彼得．聖吉（Peter Senge）提出，認爲組織成員惟有持續的進行學習，才能達到組織長期的競爭力。學習型組織希望透過學習，增強組織成員的經驗與知識，來強化並改革整個組織。彼得．聖吉（Peter Senge）並提出了五項修練來因應組織學習上的障礙，此五項分別爲系統性的思考（System Thinking）、自我精進（Personal Mastery）、心智模式提升（Improving Mental Models）、創造共同願景（Building Shared Vision）及團隊學習（Team Learning）。

㈢教導型組織（Teaching Organization）

由提奇與柯漢（Tichy＆Cohen）提出，認爲組織領導者應扮演教導者的角色，個人的經驗傳授給所有組織成員，讓各階層的組織成員皆能成爲領導者，以活化組織，提升組織競爭力。

㈣虛擬型組織（Virtual Organization）

虛擬組織是一種將行銷、生產及配銷等企業功能進行外包的極小型核心組織，只留下了本身最核心且具競爭優勢的部分。是一種運用科技資訊所創造出的組織。

㈤無疆界組織（Boundaryless Organization）

由傑克．威爾許（Jack Welch）提出，其希望能夠讓組織中垂直與水平疆界消滅，將控制幅度放寬，取消命令鏈，並給予團體自治權用以取代部門。欲消除組織內的垂直疆界，於決策制訂時可讓員工參與，成立360度的績效評核制度，推動跨層級、跨部門的團隊等。而欲而消除水平疆界，則可透過諸如工作上水平的輪調，使成員們成爲通才，或是以跨功能部分來取代原先的功能別部門。

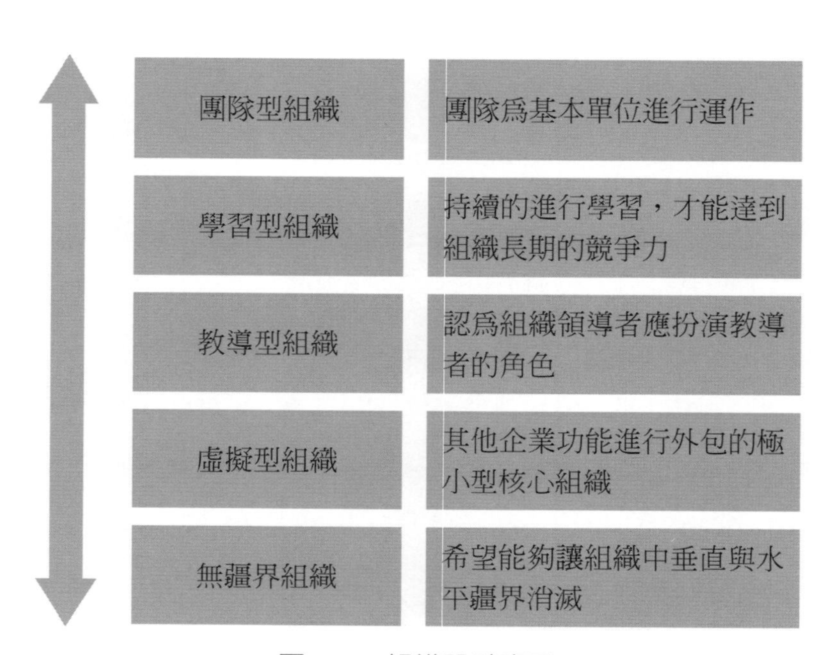

圖7-10 組織設計應用

7.8 影響組織設計的因素

影響組織設計有許多的因素，最主要可分爲策略、組織規模、技術及外在環境四種：

㈠ 策略

目標是組織的整體性策略，而組織結構則被作爲工具被用來協助管理者完成組織的目標，因此，策略與結構之間將息息相關，結構應能夠配合策略。目前最受到注意的策略包括創新策略（Innovation Strategy）、成本極小策略（Cost

Minimization Strategy）及模仿策略（Imitation Strategy）等策略模式。

1. 創新策略：此一策略主要在追求於產業界中提出獨特且具意義的創造力。
2. 成本極小化策略：指公司嚴格控制成本，減少不必要浪費，同時採低價模式來進行產品的出售。
3. 模仿策略則是在確認了市場上創新產品的利潤後，才開始大量的模仿進攻市場，可說是在追求利潤的同時，亦盡可能的壓低了創新可能帶來的風險。

㈡ 組織規模

大型組織通常具有較為精密的分工及專業化，同時具有較多的垂直層級、部門以及相關規定，小型組織則反之。組織規模大小的不同，將可能影響到組織設計的差異。

㈢ 技術

技術用來說明投入變為產出的過程效能，需投入組織的資金及人力等資源以生產出組織的產品或勞務，隨著技術的優劣，組織設計的考量亦有所不同。

㈣ 外在環境

所有可能影響組織績效的單位或勢力，皆屬於外在環境的一環，可能包括了諸如政府、供應商及顧客等。動態環境的不確定性及更高於傳統的靜態環境，因此，組織必須能夠適時的調整組織的結構。

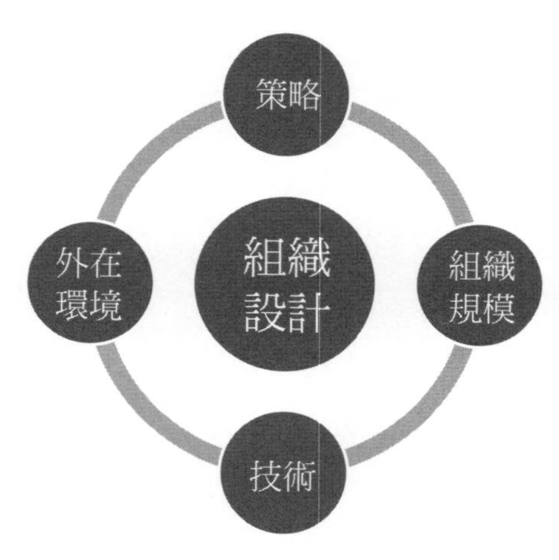

圖7-11　影響組織設計的因素

★重點回顧★

1. 組織是經由有計畫地協調企業成員的一種團體活動，同時也是一種分工及劃分權威層級的動作，以求達到企業認定的明確目標。
2. 組織結構設計包含：工作專業化、部門化、顧客別部門化與地區別部門化。
3. 組織結構有三項主要功能，包含：穩定、發展與協調的功能，其也會影響到組織成員的行爲態度。
4. 組織結構理論中包含：順從理論、科層體制理論與不證自明理論。
5. 職責指是爲組織成員對於自己的工作，應盡力且有其一定責任完成，屬一種分工的學問；職權指一種爲完成工作所衍生的權力，主要可分爲三種不同形式的職權關係，分別爲直線職權、幕僚職權與功能職權，然而職權與職責密不可分。
6. 組織設計可分爲機械式組織與有機式組織。然就結構的類型，又可分爲簡單型結構、功能別結構、分部型結構、矩陣式結構及任務編組結構。
7. 企業管理爲了因應環境的變遷，發展出新的組織設計的應用，最常見的有團隊型組織、學習型組織、教導型組織、虛擬組織及無疆界組織。

★課後複習★

第七章　組織

1. 何謂組織？
2. 組織結構設計中，請說明產品別部門化的優點與缺點。
3. 組織結構的功能有哪些？
4. 何謂直線管理者與幕僚管理者？
5. 組織結構中分別型結構的特性。
6. 何謂學習型組織？
7. 何謂無疆界組織？
8. 影響組織設計因素有哪些？
9. 何謂教導型組織？
10. 何謂機械式組織？

第八章 領導

★學習目標★

◎了解領導的定義

正式與非正式領導

◎了解領導理論的演進與類型

◎了解有效領導的條件

◎了解領導者的類型

◎了解相關領導理論

特質論與行為理論

目標途徑理論

菲德勒（Fiedler）權變領導理論

雷定（Reddin）的三層面領導理論

新領導理論—轉化領導、交易領導及非交易領導

★本章摘要★

領導的定義爲一個人能夠影響他人行爲的能力。這裡所提到的影響，即爲一種能夠改變他人的態度或行爲的過程。當一個人愈具有領導力時，即代表著他能夠影響他人的能力愈高。當組織領導者的領導力愈高時，即愈能群策群力，完成組織所賦予的目標。

領導者與管理者有何不同？一個主管可能是優秀且稱職的管理者，但並非一定能夠成爲一個優秀的領導者，反之，優秀的領導者，也不盡然就能作好一個管理者的工作。可以說，管理者的目的爲創造出穩定及秩序，追求組織效率。而領導者則需面對改變，並追求組織的效能。

隨著時代背景的不同，領導理論也有所轉變，依歷史角色對於領導的研究可略分爲四種途徑取向，分別爲特質論、行爲理論、情境理論及新領導理論。領導一般可分爲正式的領導與非正式的領導，正式的領導，通常具有正式的職位、職責及職權，而非正式領導，則通常爲問題的中心，且是團體中的領袖。

領導是管理工作重要的一環，其焦點在於領導者、跟隨者及環境情況之間的相互作用。在而事實上，領導者並不可能完全的掌握這三者，也就是說，領導工作進行時，通常僅是在針對此三者的交集作管理，如何掌握此三者中的交集，就成爲了領導工作的重要課題。

1960年代之前，學者對於領導的研究，多專注於特質論及行爲理論中，到了1960年代後，情境領導漸漸成爲了主流，研究的重心開始放在領導者、被領導者及情境之間的三種層面。1980年代則又有多位學者提出新的領導理論。這些學者將過去的觀點加以融會，爲因應未來的趨勢而發展出新的領導理論。新領導理論開始加強領導者對於組織成員的影響，以求能凝聚組織的向心力及價值觀，以提升部屬對於組織的忠誠度及信賴感，促使組織成員能爲組織共同的目標盡心盡力，關於新領導理論，主要可分爲轉化領導、交易領導及非交易領導三種。

★領導★

8.1 領導的定義

領導的定義爲何？學者巴納德（Barnard）將領導定義爲：「一個人能夠影響他人行爲的能力」。這裡所提到的影響，即爲一種能夠改變他人的態度或行爲的過程。當一個人愈具有領導力時，即代表著他能夠影響他人的能力愈高。當組織領導者的領導力愈高時，即愈能群策群力，完成組織所賦予的目標。

在每一個企業組織中，都有其特定的目標需要被完成，而爲了使組織的目標能夠有秩序且有效率的被完成，讓組織目標得以被確實實現，組織就需要有領導者，而其它組織成員就成爲了被領導者。雖然領導者與被領導者的職責與職務完全不同，然彼此卻深深互相影響彼此，當領導效能得以被發揮時，組織才能有效的完成組織目標。

領導者與管理者有何不同？一個主管可能是優秀且稱職的管理者，但並非一定能夠成爲一個優秀的領導者，反之，優秀的領導者，也不盡然就能作好一個管理者的工作。可以說，管理者的目的爲創造出穩定及秩序，追求組織效率。而領導者則需面對改變，並追求組織的效能。領導可說是創造出一個讓組織成員願意追隨的環境與願景，建立起組織的核心價值。是透過引導、激勵及授權等方式來帶動被領導者，讓組織成員都願意同心協力達成組織的目標。

8.2 領導理論的演進與類型

隨著時代背景的不同，領導理論也有所轉變，依歷史角色對於領導的研究可略分爲四種途徑取向，分別爲特質論、行爲理論、情境理論及新領導理論，其相關理論、途徑取向及研究主題如下表所示。

表8-1 領導理論與研究的主題

時期	領導理論	研究主題
1904年以前	特質論（The Traits Theory Of Leadership）	認爲領導才能是天生具有的，著重於研究成功領導者特質。
1940年代至1960年代	行爲理論（Behavior Theory）	認爲領導效能與領導行爲息息相關，著重於兩者關聯性的研究
1960年代至1980年代	權變式領導（Contingency Theories Of Leadership）	認爲領導並於視情境而定，著重於結合所有因素來探討領導模式。
1980年代後	新領導理論（New Leadership Theory）	認爲領導者應具有遠景，才能帶領組織前進。

8.3 正式與非正式領導

領導一般可分爲正式的領導與非正式的領導，以下分別說明之：

㈠正式的領導

正式的領導，通常具有以下幾種特徵。

1. 職位：正式的領導，通常亦具有正式的職位，諸如總經理、經理、主任等職位，具有這些正式職位的領導者，也將更能夠名正言順的使其職位上的職責與權力。
2. 職責：有了正式的職位，也將產生相對應的職責。有些職責通過法律的規範而更爲明確固定，諸如國家憲法規定公職人員的權力與義務等。
3. 職權：正式的領導，應具有相對應的權力，弗朗西斯與雷文（French & Raven）則將權力的類型分爲強制權、獎賞權、法制權、模範權、專家權及代表權等。

㈡非正式的領導

非正式的領導並不具有正式的頭銜，此類領導，通常具有以下兩個特色。

1. 是問題的中心：通常能成爲非正式的領導人，一般都具有過人的智慧或魅力，能位於問題的核心來處理問題並解決問題，而形成一種類似模範權或專家權的領袖權力。
2. 是團體的領袖：當一個領導者不具有正式的權力時，往往是因爲其個人的魅力所產生的領導力，而在企業中，必須要注意正式與非正式領導者間的合作，才能確實發揮領導的功能。

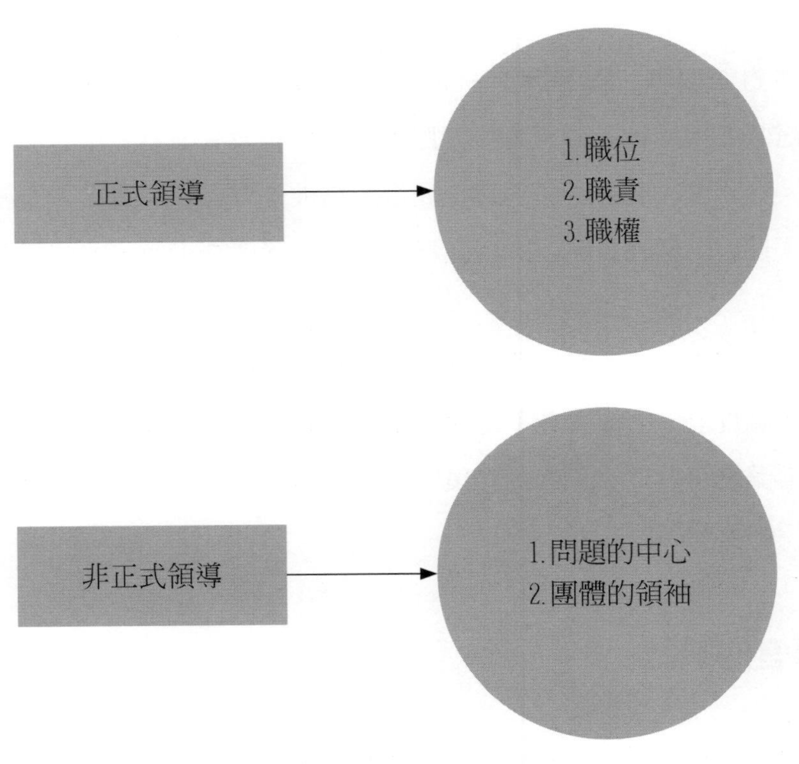

圖8-1　正式與非正式領導

8.4 有效領導的條件

領導的構成主要可分爲三個變項，分別是領導者的角色、跟隨者的角色及環境情況。身爲領導者，必須能夠勝任領導任務上所需要的條件，包括諸如判斷力、專業能力、邏輯能力及溝通能力等。領導者對於事物的判斷，往往是依據其過去的學識經驗，來決定其領導的運作方式。

環境情況亦是領導中的重要變項，領導的工作相當重視組織中的社會關係，並認爲被領導成員在此社群中的關係和互動將會影響領導效能，領導者必須能夠了解被領導者的文化特性與行爲模式，才能更容易與他們進行溝通發揮領導作用。

領導者對於領導行爲的選擇，必須要能夠配合環境的情況以及跟隨者特性後，來考慮該如何進行。領導者所採用的領導型態，必須要能夠對被領導者產生激勵效果。實務上，許多的領導者是完全忽略被領導者的反應的，僅僅自以爲是的考慮到了自己的個性及喜好，就認爲已做好了管理的工作，造成了領導無法發揮效果。

領導是管理工作重要的一環，其焦點在於領導者、跟隨者及環境情況之間的相互作用。事實上，領導者並不可能完全的掌握這三者，也就是說，領導工作進行時，通常僅是在針對此三者的交集作管理，如何掌握此三者中的交集，就成爲了領導工作的重要課題。

8.5 領導者的類型

布拉克與莫頓（Blake & Mouton）採用了兩個核心變項，分別爲「關心員工」及「關心生產或工作」，發展出管理座標的矩陣。管理座標爲一個9×9矩陣，將關心員工及關心生產設爲矩陣的兩變項，發展出81種的領導風格。而最主要可從中找出五大類領導者管理模式，分別說明如下：

㈠無為而治的管理

對於員工及工作皆採不放任式的管理方式，一般而言，屬於最不具領導效能的管理模式。

㈡鄉村俱樂部型管理

著重於關心員工而對於生產工作較不關心，此一管理型態較能產生高度的員工滿意度，但對於工作績效不一定有正面效果。

㈢權威—服從管理

著重於關心生產工作而對於員工較不關心，此一管理型態較易產生員工的不滿，且當完全著重於生產工作時，也可能因員工的滿意足低落，影響到組織生產力。

㈣組織人管理

對於員工及生產工作的關心皆屬於普通，屬於一種中庸管理。

㈤團隊管理

同時關心員工及生產工作，此為一種最理想的管理型態，將能同時達到員工的滿意度及生產工作的績效，惟此一型態的管理較為理想化，在實務上欲達成可能具一定之困難度。

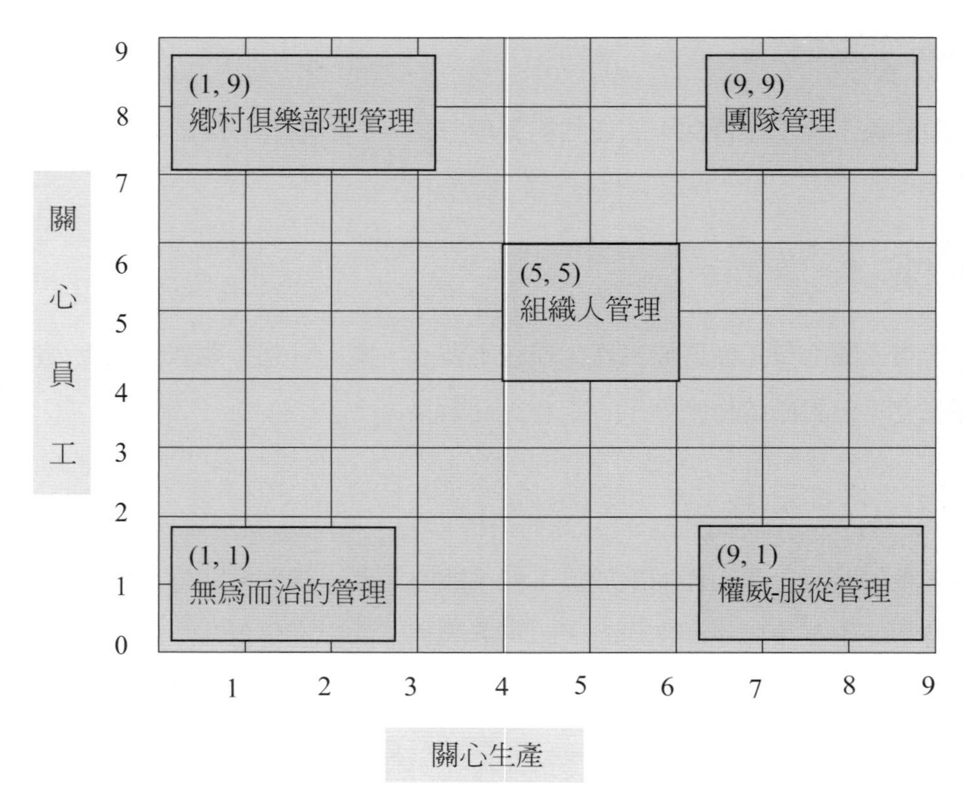

圖8-2 布拉克與莫頓（Blake & Mouton）領導矩陣

8.6 特質論與行為理論

領導者可分爲正式與非正式領導者，正式的領導者通常具有相呼應之職位、職責與職權，而非正式的領導者通常則依賴著我們的魅力，而由領導者如何進行領導效能的進行，又可分爲特質論與行爲理論：

㈠特質論

特質論是由領導者本身的個性及風格，來分析出何謂成功的領導者，也可以說，特質論主要的目標在於找出成功的領導者，究竟具有哪些特質。吳清山（1996）認爲，在研究特質論時，主要是從生理和人格特質來對領導作解釋，但尙未確認生理的特質與成功領導之間的相關程度爲何，而人格特質與有效領導之間的關係，目前的研究結果亦不太一致。

特質論用來研究哪些領導特質是能成功的領導，然而，目前卻沒有能夠通用於所有領導環境的領導特質，而在實務上，也沒有一種領導風格可適用於所有的環境。

㈡行為理論

行爲理論認爲，領導者個人的特質並不能決定領導的效能，領導效能應是由領導者所表現出的行爲來決定。行爲論認爲領導能力並非天生的，而是因經由後天的學習、訓練及培養而來。

針對於哪些領導行爲較好，亦有多位學者提出看法，美國俄亥俄州立大學（The Ohio State University）研究中指出，領導者應倡導及關懷，其研究中顯示出高度的關懷及高度倡導將能增進生產力及滿意度。美國密西根大學（University of Michigan）則針對員工及生產導向提出看法，其認爲兩者缺一不可，若能同時兼顧，將能增加生產力及滿意度。

美國愛荷華州大學（Iowa State University）研究則將領導行爲分爲權威式、民主式及放任式，其研究結果指出民主式的領導最佳，權威式的領導可能會造成組織成員間的相互攻擊、冷漠及低滿意度。而放任式的領導風格則可能會造成更加嚴重的組織成員相互攻擊。

8.7 相關領導理論

1960年代之前，學者對於領導的研究，多專注於特質論及行爲理論中，到了1960年代後，情境領導漸漸成爲了主流，研究的重心開始放在領導者、被領導者及情境之間的三種層面。

權變理論的相關研究頗多，而最具代表性的主要有三個，分別爲

㈠豪斯（House）的目標途徑理論。

㈡菲德勒（Fiedler）的權變領導理論

㈢雷定（Reddin）的三層面領導理論。

以下將分別說明之。

㈠豪斯（House）的「目標途徑」理論

目標途徑由豪斯與米切爾（House&Michell）於1974年所提出，其認爲領導行爲將能夠影響三項部屬的行爲，分別爲工作動機、工作滿足及其是否能接受領導者。此一理論主要包含了幾點概念：

1. 領導者的效能將取決於領導者行爲和情境因素之間的作用而形成。
2. 領導者行爲包括四種方式，分別爲指揮性、支持性、參與性及成就取向。
3. 情境因素主要由部屬特性（Subordinate Characteristics）及環境壓力需求（Environment Pressure And Demands）所構成。
4. 領導者的效能將取決於工作滿意、對於領導者接受程度以及部屬所具有動機等。

當組織屬於高度結構化時，由於其路徑已經很清楚，此時應著重於人際關係的加強，以避免可能造成的員工滿意度低落。相反的，若組織屬於低度結構化時，領導者應將重心放在協調工作，而非人際關係的協調。

㈡菲德勒（Fiedler）權變領導理論

菲德勒（Fiedler）認爲，沒有一種領導模式是萬靈丹，領導的效能將取決於情境之不同而定，因此一個有效能的領導，必須能夠依據情勢的不同，而採用不同的領導者模式，權變領導認爲有三種情勢因素足以影響領導效能，分別爲領導者與組織成員關係的好壞、工作結構是否夠明確以及領導者職權的強弱等。

而根據此三種相互間的關係，則可呈現出如下圖之間的關係，菲德勒（Fiedler）認爲，領導者的成員關係愈好、工作結構性愈高及職位權利愈強時，對於情境將是相對有利的。並提出依據三項變數的高低好壞，領導爲追求績效，應採取相對應之工作（Job Orientation）或關係導向（Relationship Orientation）。

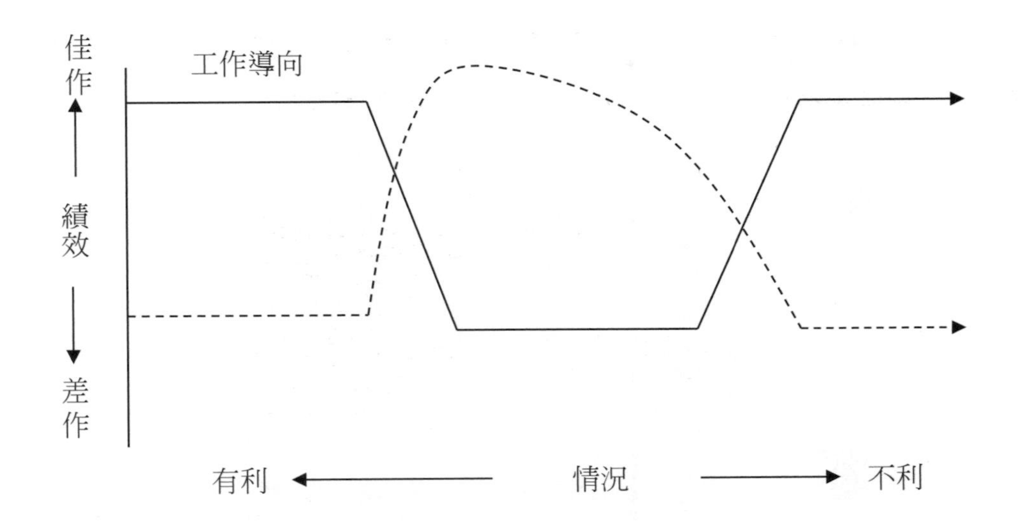

	一	二	三	四	五	六	七	八
領導者成員關係	好	好	好	好	壞	壞	壞	壞
工作結構	高	高	低	低	高	高	低	低
職位權利	強	弱	強	弱	強	弱	強	弱

圖8-3　菲德勒（Fiedler）權變領導

㈢雷定（Reddin）的三層面領導理論

雷定（Reddin）認為，領導者行為具有三個層面，分別為任務導向（Task Dimension）、關係導向（Relationship Dimension）及領導效能。並將其中的任務導向及關係導向組成四種不同的領導型態，分別可分為隔離型、奉獻型、關係型及統合型。而領導效能則可分為高效能與低效能，完全取決於領導者是否能依情勢採取正確的領導而定，四種領導型態則分別為：

1. 隔離型：低任務導向及關係導向，對於工作及人際關係皆不重視。
2. 奉獻型：高任務導向低關係導向，只重視工作而忽略了人際關係。
3. 關係型：低任務導向高關係導向，只重視人際關係而忽略了工作。
4. 統合型：高任務導向及關係導向，對於工作及人際關係同時兼顧。

由雷定（Reddin）的三種領導模式中可看出，沒有完全適用的領導型態，領導者的效能必須取決於情勢的不同，而採取相對應之領導模式。

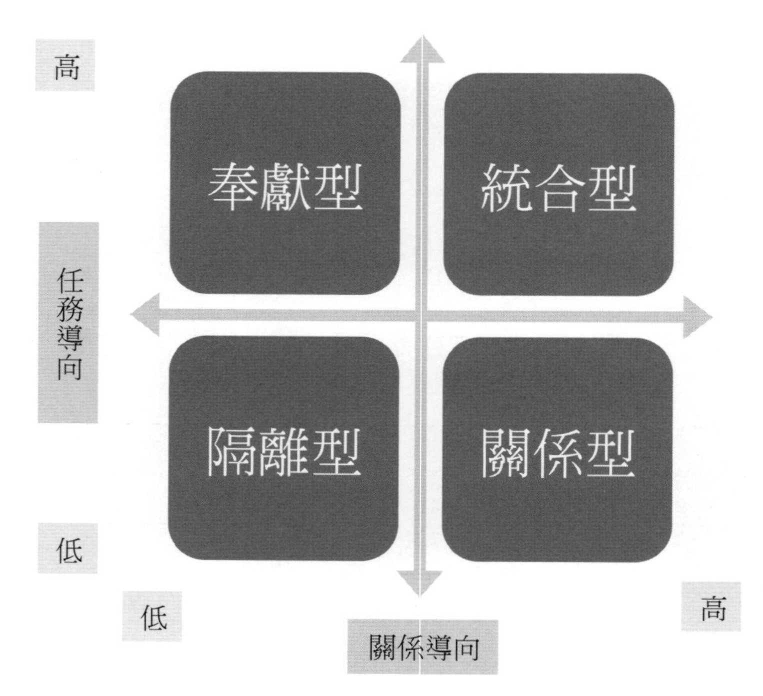

圖8-4　雷定（Reddin）領導型態

8.8 新領導理論

1960年代之前，多專注於特質論及行爲理論的研究，到了1960年代後，情境領導則漸漸成爲了主流。1980年代則又有多位學者提出新的領導理論。這些學者將過去的觀點加以融會，爲因應未來的趨勢而發展出新的領導理論。

新領導理論開始加強領導者對於組織成員的影響，以求能凝聚組織的向心力及價值觀，以提升部屬對於組織的忠誠度及信賴感，促使組織成員能爲組織共同的目標盡心盡力，關於新領導理論，主要可分爲轉化領導、交易領導及非交易領導三種。

㈠轉化領導

轉化領導最早由學者唐頓（Downton）提出，而伯恩斯（Burns）則以馬斯洛（Maslow）需求層級理論來對詮釋轉化領導。他認為領導者必須能夠了解部屬的需求為何，激發組織成員的動機及潛能，培養組織成員成為一個具領導能力的領導者，此即所謂轉化的概念。

貝斯與俄莫利（Bass & Avolio）在1994年的研究中針對轉化領導之層面與特徵分別提出魅力、激勵、智力刺激及個別關懷四個層次，以下分別說明之：

1. 魅力：指領導者的個人魅力足以吸引部屬，並激發出部屬的忠誠及參與工作的意願，魅力主要又可分為兩個層面，一為理想化特質，主要指領導者本身的特質足以成為被領導者崇拜或模仿的目標，組織成員願意去接納領導者所描述的願景與價值觀。第二為理想化行為，指藉由領導者的行為及表現，能獲得組織成員的認同，組織成員亦會相信，領導者的領導將能為團體帶來成功。
2. 激勵：指領導者能夠激勵部屬，凝聚共識並能共享願景，讓組織成員可一起完成組織的任務及目標。
3. 個別關懷：指領導者能夠給予每一位組織成員個別的對待及尊重，協助每一位組織成員能夠成長並發揮所長。
4. 智力刺激：指藉由刺激，以提升智慧及理性，並能夠解決問題的能力。領導者要求組織成員能夠有所創新及思考，以增加整個組織的創造力。

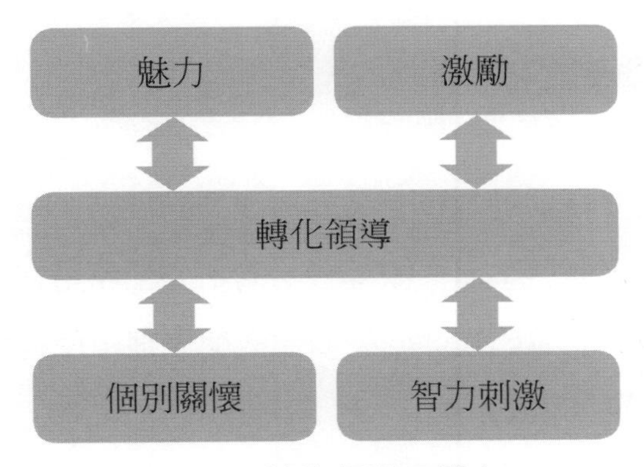

圖8-5　轉化領導四層次

㈡交易領導

交易領導指領導者能夠運用協商、溝通及獎懲的方式，並建立在目標的達成上，以激勵組織成員能夠完成任務目標的一種領導方式。交易領導具有以下三種領導層面與特徵。

1. 合宜獎懲：對於表現好的組織成員給予獎勵，讓組織成員清楚，只要能夠有所表現，即能得到相對應之獎酬。
2. 積極例外管理：指當事情的執行未達標準時，領導者可以注意並發現，並進行必要的修正。
3. 消極例外管理：指領導者將注意力放在組織成員的偏差行為及錯誤上，在不符合標準時介入進行修正。

㈢非交易領導

非交易領導主要指的為放任式的領導模式，即領導者在組織成員的領導中，盡量忽略部屬需求並避免涉入衝突，將一切交由部屬自行解決，且對於有所貢獻的部屬，亦不給予正面的回饋及滿足。

是否有最完美的領導風格？事實上，領導的效能往往取決於誰是領導人，以及當時的情境為何。無論是專制、中庸及放任，根據人、事、物的不同，都有成功及失敗的可能性。一個成功的領導必須能夠依據不同的情境採取不同的領導模式，也惟有如此，才能夠確實掌握領導效能，完成組織的目標。

8.9 管理者與領導者的區別

「管理者」的主要任務是制定企業內部運作的規則，並在既定組織運作的模式下，尋找組織的穩定發展；而「領導者」的主要任務是在創造變革，創造一種遠見或願景供眾人遵循，並建立共同的價值觀與倫理，使組織更有效益及效果。管理者與領導者的區別如表8-2。

表8-2　管理者與領導者的區別

項目比較	管理者	領導者
工作模式	腦力工作者	心力工作者
工作重點	計畫與控制	組織與激勵
追求重心	短期績效	長期使命及願景
主要職掌	現況成長	改革現況
權力來源	職位權力	個人權力
影響他人方式	藉由意見一致	藉由精神激勵
溝通模式	由上往下	由下往上
自我的意象	組織資源的分配者	組織使命的代表
能力的重心	以專業技能與人際技能爲主	以人際技能觀念技術爲主
領導心態	守成	創造
思考方式	分析	創新
行爲作風	獨斷	開明
工作內容	擬定計畫、編列預算	設定方向
	事情做好	事情做對

（資料來源：廖勇凱、楊湘怡，管理學理論與應用）

★重點回顧★

1. 巴納德（Barnard）將領導定義爲：「一個人能夠影響他人行爲的能力」。當一個人愈具有領導力且領導力愈高時，即代表著他能夠影響他人的能力愈高，且愈能群策群力，完成組織所賦予的目標。
2. 領導理論隨著時代背景也有所轉變，依歷史角色對於領導的研究可略分爲四種途徑取向，分別爲特質論、行爲理論、情境理論及新領導理論。
3. 領導一般可分爲正式與非正式的領導。正式的領導包含職位、職責與職權此三項特徵；非正式的領導並不具有正式的頭銜。
4. 領導的構成主要可分爲三個變項，分別是領導者的角色、跟隨者的角色及環境情況。
5. 布拉克與莫頓（Blake & Mouton）分別以「關心員工」及「關心生產或工作」，發展出管理座標的矩陣。管理座標爲一個9×9矩陣，發展出81種的領導風格，而可從中找出五大類領導者管理模式。
6. 1960年代後，情境領導漸漸成爲了主流，衍伸出的權變理論的相關研究頗多，而最具代表性的主要有三個，分別爲豪斯（House）的目標途徑理論、菲德勒（Fiedler）的權變領導理論以及雷定（Reddin）的三層面領導理論。
7. 1980年代有些學者將過去的觀點加以融會，以因應未來的趨勢而發展出新的領導理論，主要可分爲轉化領導、交易領導及非交易領導三種。

★課後複習★

第八章　領導

1. 請問正式領導的特徵有哪些？
2. 領導「Leadership」是管理中一個相當重要的議題。並根據特質論、行爲論對於領導此議題作進一步的說明？
3. 權變理論中，請說明菲德勒（Fiedler）領導理論的概念。
4. 在新的領導理論中，交易型領導具有哪些特徵？
5. 每個時期對領導的定義都有所不同，請描述領導理論的演進與發展類型。
6. 布拉克與莫頓（Blake & Mouton）設計出關心員工」及「關心生產或工作」，發展出管理座標的矩陣。請描述矩陣之內容。
7. 權變理論中，請說明豪斯（House）的「目標途徑」理論的概念。
8. 請描述轉化領導的概念。
9. 何謂領導？
10. 領導理論隨著時期的不同，則有不同的概念與意義。請問新領導的概念爲何？

第九章

控制

★學習目標★

◎了解控制的定義

控制的類型

◎了解控制的基本過程

如何進行有效控制

組織行為面的控制

◎了解控制的負面效果

◎了解控制的技術

財務面控制

資訊系統控制

專案管理控制

作業管理的控制

★本章摘要★

在管理的工作中，一般指控制爲對於績效的衡量與修正，以助於確保企業的目標，而爲了達到目標所制定的規劃得以實現，控制就成了不可或缺的管理功能。控制的重要性主要可分爲三點，分別爲確實完成組織的規劃目標、避免或減少錯誤的發生以及降低自身的成本。一個好的控制機制，將能有效提升組織的運作效能與效率，同時也加強了組織的競爭優勢。

控制程序主要可分爲三點。分別爲確定標準、衡量績效與修正偏差。多數學者對於控制的定義皆涉及此三大步驟。然而採取何種管理行動，需視控制過程中出現的偏差原因爲何。

在實務上，控制也並非是「百利而無一害」的管理活動，要作好控制的工作，從控制機制的設計、建立一直到實際執行控制活動，都必須付出可觀的成本，若控制所能夠產生的效益不能超過成本，則控制的行爲則可能產生負面效果。許士軍對於控制的負面功能，提出了五點可能原因，分別爲本位主義的形成、短期績效的追求、表面化與形式化、士氣的影響及忽略不明顯但卻重要的控制項目。

爲了進行有效的控制，必須要讓組織的各項資源的潛能可以得到發揮，同時降低組織內部功能性的障礙，使組織績效得以最大化。控制的事項必須與組織的目標有關、控制的標準應該合理且適當，且應能夠掌握重點同時控制的事項，且必須完備的兼顧到各個重要層面，才能成爲一個有效的控制。

控制的技術，主要可分爲財務面控制、資訊系統控制、專案管理控制及作業管理的控制，針對實務上的需求不同，應採用不同的控制技術，才能達到有效能及效率的控制。

★控制★

9.1 控制的定義

在管理的工作中，一般指控制爲對於績效的衡量與修正，以助於確保企業的目標，而爲了達到目標所制定的規劃得以實現，控制就成了不可或缺的管理功能。有人認爲規劃工作與控制工作密不可分，就像是一把剪刀的兩刃，缺少了任何一邊，即使另一邊刀刃再如何鋒利，也無法確實的完成目標。而沒有了目標與規劃，就不能進行控制，因爲控制的過程即在於針對績效與某些規定的標準進行比較。

控制工作主要爲管理者及每個監督人員的職能，而在實務上，部分較低層次的管理人員常疏忽了這個原則，以爲實施控制工作的職能僅僅屬於上位管理者身上，此種錯誤的產生起因於過份強調最高層和上層部門的控制。儘管管理人員所負責的控制權限與範圍有所不同，但每個層次的管理者都負有執行計畫的職責，因此，控制可說是每個層次管理部門的一項重要管理職能。

控制的重要性主要可分爲三點，分別爲確實完成組織的規劃目標、避免或減少錯誤的發生以及降低自身的成本。一個好的控制機制，將能有效提升組織的運作效能與效率，同時也加強了組織的競爭優勢。

首先，控制與規劃是一體的，當我們認同了規劃的重要性，就不應該忽略了控制制度。規劃過程中產生了目標、計畫、資源分配等事項，而控制過程則可以確保我們的各項決策、行動與成果能夠符合我們的預期。可以說規劃的過程提出了我們預期的行爲與成果，而控制過程則是使實際的行爲與成果能夠符合預期。如果缺少了控制過程，那麼規劃即如同紙上談兵，將無法落實於組織實際的運作中。

其次，控制可以避免或減少錯誤的發生，特別是同類型的錯誤，以用來確認組織不致承受重大損失。比如自動化機器所生產產品，若無法符合既定規格要求，公司的損失將難以估計。若能由控制過程去發現並修正錯誤，則可避免許多組織商譽與金錢上的雙重損失。其三，控制同時具有降低成本的特質，從而可能成爲重要的競爭利器。控制過程除了減少因錯誤產生的損失外，妥善的控制制度也有助於用最少的資源來完成最大的產出，藉由生產力的提升來降低單位的成本。

9.2 控制的基本過程

控制程序主要可分爲三點。分別爲確定標準、衡量績效與修正偏差。多數學者對於控制的定義皆涉及此三大步驟。然而採取何種管理行動，需視控制過程中出現的偏差原因爲何。若偏差原因是「員工的能力不足」，則應採取的管理行動包括調整組織結構、職務調動、實施教育訓練、重新進行工作設計甚至裁員。若差異原因是「標準訂得不合理」，則必須去調整標準的制訂。而若是「整個外部大環境的改變」，則所採取的管理行動可能必須去調整組織策略與投入的資源。

㈠確定標準

由於計畫是管理人員設計控制工作的準則，因此，在控制的過程中第一步即爲先行制定計畫。而在實務上由於各項計畫複雜度皆不一樣，且管理人員也不可能完全參與掌握，因此就必須制定較爲具體的標準。所謂標準即是用來作爲考核績效的尺度，它們是用來衡量整個計畫方案中績效如何的計算單位，用以給管理人員一個訊號，使其能夠更清楚掌握控制過程中的進展狀況。

㈡衡量績效

若我們於第一步的標準中制訂得當，又能夠確認評定下屬人員工作績效的可行性，則對於實際業績或預期業績的評價上，就較爲容易。然在實務上，有許多活動不容易去制定出其準確的標準，同時亦有許多的活動難以衡量。例如，具有標準化且大批量生產的產品，規定其標準是簡單且又易於衡量的。然後若是具客製化特質的小批量多樣式產品，不但其標準難以制定，同時其績效的評定亦較爲不易。

而有些工作的技術層次低，不但難以去制訂標準，同時也難以評價。例如，對財務副總經理或勞資關係部主任的控制工作就不易作出評價，此乃因不易制訂出明確的標準。這些管理人員的上司往往以一種含糊及印象化的標準來衡量，諸如企業財務狀況是否正常、勞工工會的態度如何、是否有罷工情形、部下的工作情形與忠誠感如何、與同業間的比較如何、以及這個部門全面的成就如何等等，使得整個衡量結果是含糊不清的。很特別的，愈是重要的職務，其控制的工作也可能愈加複雜。

㈢ 修正偏差

假如我們所確定的標準是適當的，而績效的衡量是能夠反映組織結構中各種不同職位的要求，那麼以這些標準衡量績效，便能順利地進行偏差的修正。當發生偏差時，管理者可以重新制訂計畫，或調整他們的目標，同時也可以運用組織職能重新分配職務或明確職責，以用來修正偏差，他們亦可以採用增加人手、或更加妥善地進行選拔和培訓下屬人員、更或是進行解雇人員、重新配備人員等辦法來進行偏差的修正。

圖9-1　控制的過程

9.3 控制的類型

控制的類型有多種分類法，分別可從控制層級劃分、控制發生時間點劃分及控制的內外部界定的劃分方式。

㈠按層級劃分

按層級劃分主要可分爲作業性控制、財務性控制、結構性控制及策略性控制，其中策略性控制的層級最高，結構性控制次之，作業性及財務性控制最低。

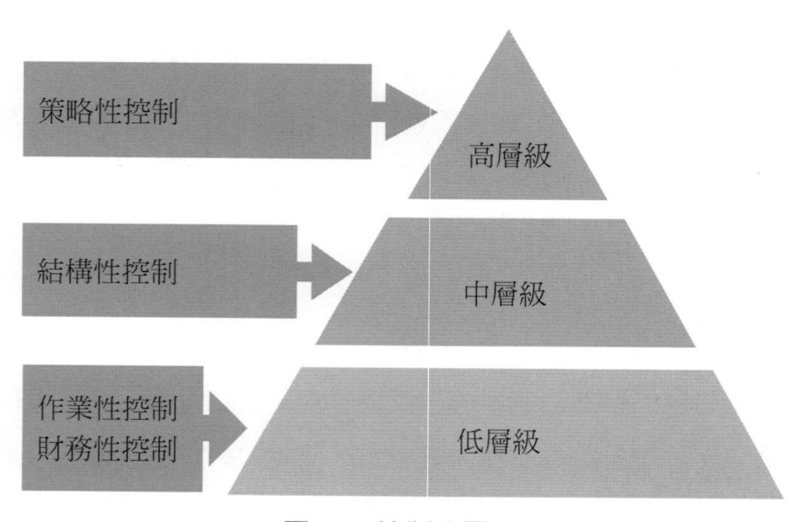

圖9-2　控制的層級

1. 作業性控制：著重於有效地將組織資源轉化爲產品或服務的流程。
2. 財務性控制：著重於對於組織財務面的控管及財報分析。
3. 結構性控制：

   結構性控制中主要可分爲官僚式與有機式，前者屬於正式化的控制、階層關係明確且階層數較多，溝通由上而下。後者則重視自我的控制及團隊的規範，屬扁平的組織結構，兩者的主要差別如下：
4. 策略性控制：

   策略性控制的目標在於讓組織和其所處的環境維持在一種同時具有效率且協調的境界，並讓組織朝其策略性目標前進。一般可分爲五個層面：結構、領導、科技、人力資源、資訊及作業控制系統。如麥當勞於廣告中主打「I'm lovin' It」使企業形象朝向年輕、熱情及新朝摩登前進，以及不斷展店的策略轉爲顧客的深耕和產品象徵的扭轉，即是策略性控制運用的一種。

表9-1　正式及非正式控制比較

構面	官僚式（正式）控制	有機式（非正式）控制
目標	員工服從	員工承諾
正式化程度	正式化的控制、階層關係明確。	團隊的規範、重視自我的控制。
對績效期望	達到績效	超越績效
報酬制度	個人績效爲評比標準	團隊績效爲評比標準
參與程序	有限且較正式化	廣泛且非正式
組織設計	階層數較多、溝通由上而下。	扁平的組織結構、分享溝通。

㈡以時間點劃分

一般以時間點劃分時，可將其分類爲「預先控制」（Preliminary Control）、「審查控制」（Screening Control）與「事後控制」（Post-Action Control），加上整個轉換過程中的「社會化控制」（Socialization Control）或「調適性控制」（Adaptive Control）。

1. 事前（預防）控制（Pre-Control）：在規劃階段就妥善且全面性的對於各種可能發生的偏差進行防範機制，屬於較好的控制類型。亦可稱爲「前饋控制」（Feedforward Control）。
2. 事中（即時）控制（Current-Control Or Real-Time Control）：事中控制指在計畫進行過程中，必須安排幾個中間關卡，來進行把關的工作。通常要搭配良好的資訊回饋系統才能達成。
3. 事後（修正）控制（Post-Control）：在計畫完成後之後，才進行的標準衡量比較。以管理成效而言，是較差的，有如亡羊補牢。亦可稱爲「回饋控制」（Feedback Control）。
4. 社會化控制（Socialization Control）：此一控制所指的爲一種透過教育訓練、

進而同化組織成員，以組織文化與核心價值觀作爲基礎所進行的內化控制模式，較能因應環境變化而作出具彈性且即時的反應。

㈢內部或外部控制機制

1. 內部控制機制（Internal Control）：

指組織本身中的控制，比如改變組織內部的獎勵制度方式或是將能力無法勝任的團隊解雇，而針對內部抵禦（Internal Entrenchment）的方式，主要有以下幾種，

A. 改變個人的評估方式，透過各種管道來解釋並提高績效的數量和品質。

B. 改變評估的情境因素，歸因於外在因素。

C. 改變績效評估方式，亦即改變績效間的因果關係。

2. 外部控制機制（External Control）：

又可稱爲市場控制，主要面對的爲大環境，應對方式如進行合併或併購策略，或是進行資產的分割與出售皆屬之。在外部抵禦的方式，主要的機制可包括進行資本的調整、特定的收購與撤資、發行大量股票債券、以及藉著資產的分割及出售皆屬之。

㈣依照控制的內涵與方法劃分（狄斯勒Dessler）

1. 傳統式控制（Traditional Control）：指依照控制的基本流程進行的控制機制，即由標準的確定、績效的衡量與偏差的修正所構成，此種控制方法常見的類型可包括：

⑴診斷式控制（Diagnostic Control System）：將重心放在組織各項活動可能產生的問題診斷與修正，以求提升組織績效。如財報分析及預算制度等。

⑵疆界型控制系統（Boundary Control System）：將重心放在如何界定組織成員的工作範圍和權責，以避免可能發生的行爲偏差。

⑶互動型控制系統（Interactive Control System）：將重心放在管理者與部屬之間面對面的溝動與互動，以找出立即的問題以便進行控制。

2. 承諾式控制（Commitment-Based）：其發揮主要透過組織成員價值觀的影響，以及組織成員對組織的承諾來進行。承諾式控制具體的作法包括「培養組織成員優先的價值觀」（Foster People-First Values）、「保證組織的公平正義」（Guarantee Organizational Justice）、「建立共享的命運與社群體認」（Build A Sense Of Shared Fate & Community）、「願景的溝通」、「以價值觀來任用」（Use Value-Based Hiring）、「運用財務上的利潤分享機制」以及「激勵員工發揮自我表現的需求」等。

9.4 控制的負面效果

控制是管理過程中不可或缺的一環，然而實際上，控制也並非是「百利而無一害」的管理活動，首先，要作好控制的工作，從控制機制的設計、建立一直到實際執行控制活動，都必須付出可觀的成本，特別是當我們對於控制制度要求愈高時，所付出的成本也將會愈高。

另一方面，控制所能夠產生的效益，往往必須在達到某種程度的控制品質後才會出現，此後才開始逐漸的提升控制的效能。而為了要達到這個目標，有時後會導致組織成員把大部分資源用在控制活動上，在規劃與執行方面的投入資源卻反而被犧牲了，最終的結果可能是控制的效益反而減少了。此種情形即稱為過度控制，不但可能導致資源錯置，更可能使得員工出現綁手綁腳而產生了士氣上的打擊及情緒的反彈問題。

許士軍對於控制的負面功能，提出了五點可能原因，分別為本位主義的形成、短期績效的追求、表面化與形式化、士氣的影響及忽略不明顯但卻重要的控制項目，以下分別說明之：

㈠本位主義的形成

主要在於控制的標準欠缺整體考量，可能導致各部門間存在自私自利的觀點。

㈡短期績效的追求

由於許多控制的目標與標準多為短期指標，容易忽略了組織的長期目標。

㈢表面化與形式化

實務上常常不易發揮控制的眞正精神，而成為書面上或形式上的表現。

㈣士氣的影響

起因於控制的過程中，可能會導致組織成員有被監控的感覺，因此影響到組織成員的士氣，特別是控制的機制是來自於員工個人的外在，而不是員工個人自我的內在控制。

㈤忽略雖不明顯但重要控制項目

起因於控制項目的選擇上不夠全面。

狄斯勒（Dessler）則認為控制可能的負面效應包括「行為的替代」（Behavioral Displacement）、「使用花招」（Gamesmanship）、「業務的延遲」（Operating Delays）以及「負面的態度」（Negative Attitude）等，可分別由管理者與員工行為兩方面，進一步探討如下：

表9-2 狄斯勒（Dessler）控制的負面效應

管理者的負面反應	員工行為的負面反應
1.預算的壓力。 2.本位主義，忽略了整體目標 3.著重於短期目標。 4.忽略重要但不易衡量的目標。 5.重要資訊的隱瞞或扭曲。 6.內部衝突的引發。	1.僵固的官僚行為。 2.策略性行為，指員工可能為了凸顯自己，所刻意表現出來的行為傾向。 3.不實資訊的提供。

9.5 如何進行有效控制

有效控制的定義主要指讓組織的各項資源的潛能可以得到發揮，這裡所指的資源應包括了人力及其它各項的資源。同時降低組織內部功能性的障礙，使組織績效得以最大化。針對如何有效的進行控制，雖然專家學者的主張及意見不一，然而卻有其準則可尋，而這些準則大致上都沒有反對的理由，問題的核心只在於是否能夠客觀正確的加以衡量評估而已。

㈠ 有效控制的準則

第一個準則：

控制的事項必須與組織的目標有關，無論是希望藉控制去保護組織資源、提升組織競爭力或是改善資源運用的效率，這些皆於達成組織的目標息息相關。

第二個準則：

控制的事項必須完備的兼顧到各個重要層面，不能有過度偏誤，更不能因此造成衝突。比如說業務單位若完全依賴銷售額來評估其績效，很可能造成業務人員採強迫式促銷，而造成了退貨率及呆帳率的提升，卻使得顧客的滿意度及忠誠度下降了。

㈡ 有效控制主要具有以下六點權變因素

1. 組織規模的大小：

大組織分工較為詳細，成員較多，因此多採用「非個人化」的正式化控制系統。反之，小組織則多採用「個人化」的控制系統，而正式化的程度也會較大組織低。

2. 授權程度的大小：

當授權愈充分，也代表著管理者將權力下放給部屬。而從部屬的角度來看，也意味著部屬所需了解及控制的項目將愈多。反之，若組織為集權模式，則部屬的控制項目也就會較少。

3.組織文化的內涵：

非正式化的自我控制機制設計，多半出現於民主、開放的組織文化中。反之，正式化的控制機制多半會出現在保守與專制的組織文化中。

4.事件重要性程度：

指當事件的重要性愈高時，其控制將更爲嚴謹。

5.個別管理者差異：

指不同功能別管理者由於專業性的特性不同，而應有相因應的不同控制機制。

6.管理階層的差異：

高階管理者傾向較多的控制指標，反對基層管理者則是較少且易衡量的控制指標。

㈢有效控制的原則

有效控制具有幾個重要原則，首先，控制的標準應該合理且適當，且應能夠掌握重點，此外提供正確資訊且採用多重標準，可避免產生主觀偏差，同時應具有相對應的配套建議修正措施等。

要讓控制更具效率，亦可試著強調例外管理以有效提升管理者的效能，且控制的系統不能過於僵化，應保有適當的彈性。而控制機制與方法應能夠讓組織成員更容易的了解與親近。

9.6 組織行為面的控制

羅賓斯（Robbins）針對組織行爲面的控制程序，提出了建議，將先前提到的設定績效標準及衡量實際績效進行實際的比較後，首先必須去衡量是否達到標準，若已達到了標準，我們就可以直接提供相對應的報酬與獎勵。反之若未達到組織目標，則應試著去思考是否員工能力不夠，組織是否應該去提供教育訓練來提升員工能力。當確認員工能力是足以勝任卻又無法完成組織目標時，則該去衡量是否組織給予的激勵效果不夠，若是的話則應該進行調整。若這些所有的問題都不存在時，則可能就是員工個人的問題，羅賓斯（Robbins）認爲，此時應對員工進行懲罰。相關流程如下：

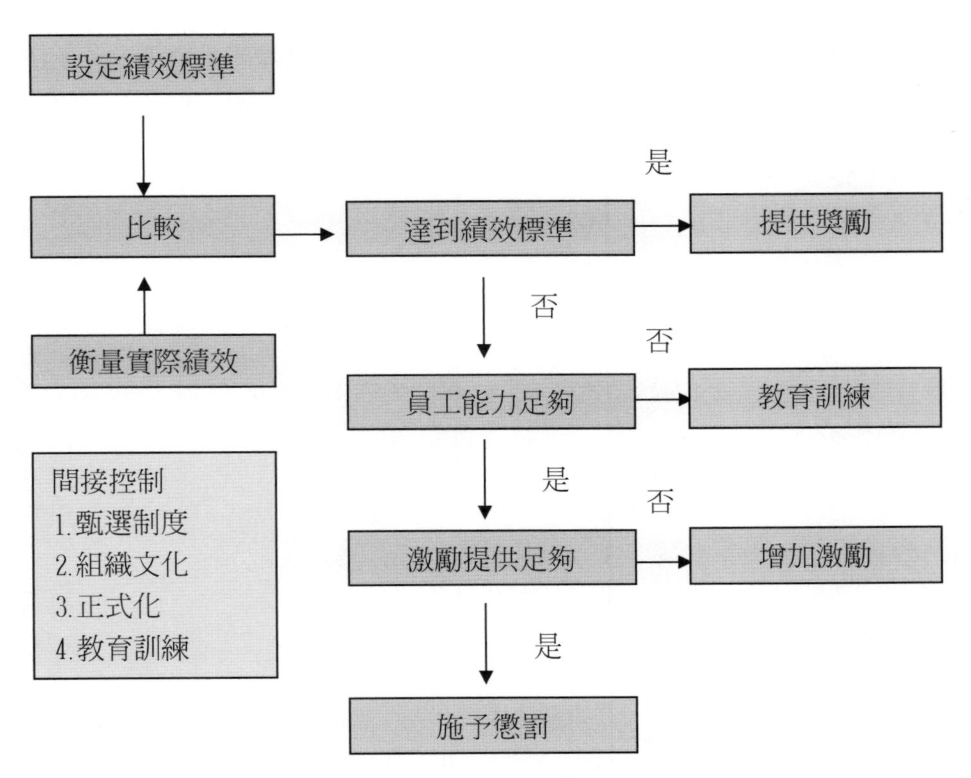

圖9-3　組織行為面控制流程

9.7 控制的技術

對於控制的技術，主要可分爲財務面控制、資訊系統控制、專案管理控制及作業管理的控制，其常被企業使用的方法如下：

㈠財務控制

包括責任中心制度，可分爲費用中心、收益中心、利潤中心及投資中心。應建立起預算制度，並藉著財務報表的分析，由標準成本與差異成本來進行分析，建立起內部稽核制度與外部的審計制度。

㈡資訊系統控制

常用的資訊系統控制包括交易處理系統（TPS）、管理資訊系統（MIS）、決策支援系統（DSS）、群體決策支援系統（GDSS）、專家系統（ES）、高階主管支援系統（EIS）及企業資源規劃（ERP），依據不同的目標與功能，所適用的資訊系統控制方式將有所不同。

㈢作業管理控制

旨在提升生產力，包括諸如採購與存貨的控制，主要常用的工具包括ABC存貨制度、即時生產系統（JIT）、經濟訂購量（EOQ）等。在生產流程控制與品質面的控制上，常用的工具包括全面品質管理（TQM）以及奇異公司發揚光大的六個標準差等。

㈣專案管理控制

在專案管理的控制上，最常被使用的專案管理控制爲甘特圖及計畫評核術（PERT），以下分別說明之。

㈤甘特圖（Gantt Chart）

甘特圖是甘特（Gantt）於1917年所發展出來的管理工具，其被利用來作爲規劃、控制及評估專案各項工作進度，爲計畫與實際進度之時序圖。其主要構成是將橫座標等分成時間單位（年、月、日等），以表示時間的變化，縱座標則記載專案各項工作。以提供管理者能夠清楚的知道，哪一些專案中的工作及任務，應該在何時完成。

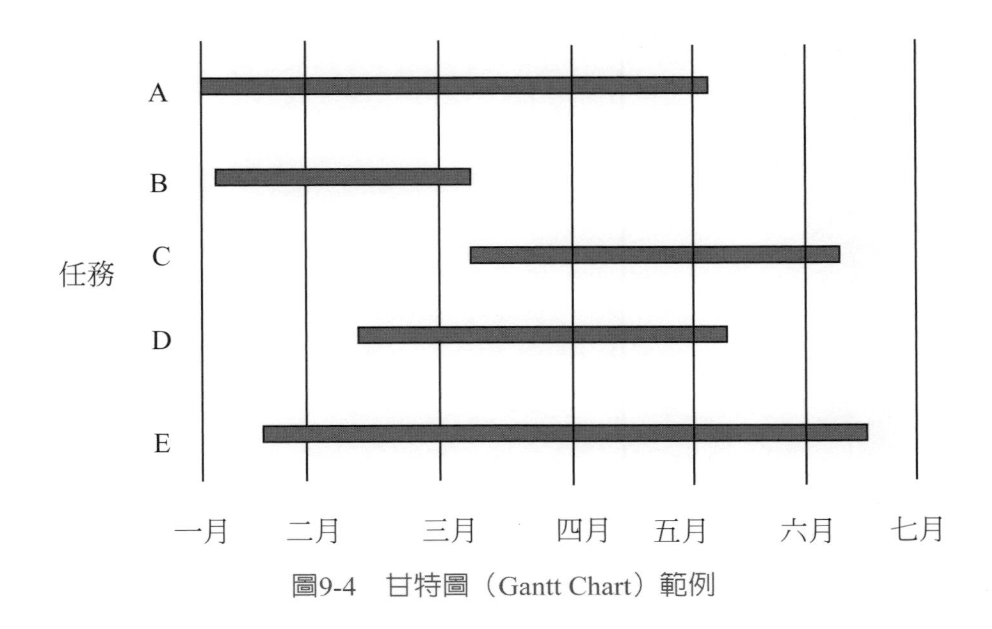

圖9-4　甘特圖（Gantt Chart）範例

㈥計畫評核術（PERT）

計畫評核術（Program Evaluation And Review Technique，PERT）是一種規劃專案的管理技術，其分別由計畫（Program）、評估（Evaluation）、與查核（Review）等技術（Technique）組合而成。

PERT利用作業網（Network）的方式，找出並標示整個計畫中每一種作業（Activity）之間的相互關係，並利用統計的技術，去估算出每一個作業所需要使用的時間、經費、人力水準及資源分配。 PERT的執行中包含了三個步驟：計畫（Planning）、執行（Doing）、和考核（Controlling）。整體而言，計畫評核術（PERT）的實施，有下列九個步驟：

1. 確定工作的內容及目的。
2. 分析並確定完成工作所需的作業。
3. 決定各作業間的相互關係。
4. 畫出網狀圖。
5. 估計各種作業完成所需的時間。

6.估計時間並確認關鍵路徑。

7.製作行事曆。

8.執行。

9.回饋及修正。

★重點回顧★

1. 控制主要運用於管理的工作中，對於績效進行衡量與修正，以助於確保企業的目標。其重要性主要在於確實完成組織的規劃目標、避免或減少錯誤的發生以及降低自身的成本。一個好的控制機制，將能有效提升組織的運作效能與效率，同時也加強了組織的競爭優勢。
2. 控制的步驟主要可分為確定標準、衡量績效及修正偏差，以確保控制的效能能夠確實發揮。
3. 控制可能帶來負面效果，為了進行控制，必須投入相當的成本才得以產生控制效果，因此亦可能帶來負效果。許士軍則提出五點來說明控制可能的負面效果，包括㈠本位主義的形成、㈡短期績效的追求、㈢表面化與形式化、㈣士氣的影響及㈤忽略雖不明顯但重要控制項目。
4. 有效控制所具有幾個準則，首先，控制事項必須與組織目標有關，且控制的事項必須能夠兼顧到各個重要層面。
5. 對於組織行為面的控制，首先需先設定績效標準及衡量實際績效，在進行實際的比較後，視結果來決定是否該重新檢討控制機制。
6. 控制的技術，主要可分為財務面控制、資訊系統控制、專案管理控制及作業管理的控制，視部門及企業所需的不同，所採取控制的技術亦有所不同。

★課後複習★

第九章　控制

1. 何謂控制？
2. 請描述控制的基本過程？
3. 請描述控制導致負面的效果有哪些？
4. 請說明控制的重要性。
5. 在控制的類型中，請描述以時間點爲規劃的控制？
6. 請說明有效控制的權變因素。
7. 請指出兩個企業常利用的控制方法。
8. 在進行控制時，有哪些原則要注意？
9. 有效控制的準則爲何？
10. 請比較正式與非正式的控制？

第十章 溝通

★學習目標★

◎了解溝通的定義
 溝通的過程模式
 溝通的障礙
 溝通風格
◎了解溝通的媒介
 口頭
 非口頭
 書面
 電子媒體
◎了解群體溝通
◎了解溝通網絡
 正式的溝通網絡
 非正式溝通網絡
◎了解如何進行有效溝通

★本章摘要★

溝通為一種人際互動的程序，指一個人將某些訊息及其所含之義涵傳達給他人，並期望接收訊息者能夠了解的一種過程。管理者的管理工作為「協調與整合他人之業務，有效地完成工作，以達成組織目標。」在協調與整合的過程中，隨時都需與組織成員進行人際互動的溝通程序，包括規劃目標的討論與擬定、策略與行動計畫的評估與選擇、組織架構設計、職權與職責的決定、命令的下達、激勵的運用以及行動結果的衡量與修正等。

溝通的進行之前，必須先有一個目的，此一目的即為一個信息（Message）。此一信息由發訊者（Source）傳達至收訊者（Receiver），此一過程中發訊者需先進行編碼然後經由媒介管道（Channel）至收訊者，由收訊者將信息進行解碼（Decoding），使得此信息可順利的傳達。

溝通障礙將會導致在決策上產生偏差，多數學者認為，溝通的障礙主要可分為六種，分別為認知的偏誤、非理性的承諾升高、固定大餅的迷思、選擇易取得的資訊而非攸關的資訊、贏家的詛咒及過度的自信。

溝通的媒介主要可分為口頭、非口頭、書面及電子媒體。每一個溝通媒介都有其特色與意義，也有其不同的優點與缺點。根據薩提爾（Virginia Satir）的研究，人在溝通過程中，溝通雙方交流互動所採取的方法對於編碼與解碼具有一定程度的影響力。溝通風格因人而異，主要取決於個人特質，因此不容易產生改變。

當團體成員眾多時，訊息流通的管道是相當重要的，而團體本身的結構將決定成員間傳遞訊息的難易和有效性。而許多學者認為溝通的網絡主要可分為三種，分別為鏈型、輪型及全網狀網絡型。而正式的溝通網絡指經由正式的組織結構（水平）與層級（垂直）系統所進行的內部或對外溝通，正式溝通的型態，主要可分為向下溝通、向上溝通、水平溝通、外向溝通及斜向溝通（Diagonal）。

非正式溝通網絡於組織中極為重要，管理人員往往可藉此發現有哪些情境令員工們感到焦慮甚至影響到工作效率。而對員工而言，這些非正式的溝通是有價值的，可藉以了解更多的資訊，以得到心理上的安定，但也有可能因此產生負面的焦慮。因此，非正式的溝通網絡可能成為組織的助力，亦可能成為阻力。

★溝通★

10.1 溝通的定義

溝通爲一種人際互動的程序，指一個人將某些訊息及其所含之義涵傳達給他人，並期望接收訊息者能夠了解的一種過程。而此人際互動的過程，即指發訊者（Deliver）與收訊者（Recipient）之間互動。可包括訊息的傳達與了解兩個主要的互動程序。

在我們的日常生活中，人際的互動相當頻繁，良好的溝通將可以帶來更好的人際關係，而在商業活動中，溝通的技巧更顯示其重要性，除可以更以影響個人的人際關係外，更可能影響到組織最後的效率及效能，溝通常具有三層重要的涵義：㈠溝通爲人際關係的基石。㈡溝通爲組織關係的基礎。㈢溝通爲發揮管理功能的方法。

管理者的管理工作爲「協調與整合他人之業務，有效地完成工作，以達成組織目標。」在協調與整合的過程中，隨時都需與組織成員進行人際互動的溝通程序，包括規劃目標的討論與擬定、策略與行動計畫的評估與選擇、組織架構設計、職權與職責的決定、命令的下達、激勵的運用以及行動結果的衡量與修正等。反之亦然，組織成員同時需要與管理者保持著正確的溝通。

一般而言，我們可將溝通的要素歸納爲四項：㈠溝通的情境。㈡溝通的參與者。㈢溝通的內容與媒介。㈣溝通想達到的目標。而溝通的媒介分爲聽覺媒介、視覺媒介、視聽覺媒介三種。溝通的方式則可分爲口頭方式、書面方式、非語文方式及電子方式等。於型態中，基本上可分爲自我溝通、人際溝通及組織溝通。而組織溝通又可分爲上行溝通、下行溝通、平行溝通與斜向溝通等四類。

溝通的障礙有許多類型，可略分爲生理性、心理性、物理性、社會性及語言性等。欲克服這些障礙，有賴於有效溝通的技巧，這些技巧可包括建立起良好的人際關係、溝通前的周全準備、營造良好的溝通情境、具鼓勵性與啟發性、知己知彼的功夫、培養傾聽的耐性與技巧、重視溝通的要領、重視雙向溝通的原則、注意溝通後的回饋。

而在溝通的類型上，主要可分為人際的溝通與組織的溝通，前者指兩個個體之間的溝通。而後者指組織內部個體或群體之間的溝通，就管理者而言，人際的溝通雖然重要，但管理者更應去了解關於組織溝通的議題與管理的意涵。

表10-1　溝通的各項定義

溝通的涵義
人際關係的基石、組織關係的基礎、發揮管理功能的方法。
溝通的要素
情境、參與者、內容與媒介、想達到的目標。
溝通的媒介
聽覺媒介、視覺媒介、視聽覺媒介。
溝通的方式
口頭方式、書面方式、非語文方式、電子方式。
組織溝通
上行溝通、下行溝通、平行溝通、斜向溝通。
溝通的障礙
生理性、心理性、物理性、社會性、語言性。
溝通的類型
人際的溝通、組織的溝通。

10.2 溝通的過程模式

溝通的進行之前，必須先有一個目的，此一目的即為一個信息（Message）。此一信息由發訊者（Deliver）傳達至收訊者（Receiver），此一過程中發訊者需先進行編碼然後經由媒介管道（Channel）至收訊者，由收訊者將信息進行解碼（Decoding），使得此信息可順利的傳達。

下圖爲溝通的過程。此一溝通模式主要由七個部分所組成：㈠發訊者、㈡編碼、㈢訊息、㈣管道、㈤解碼、㈥收訊者、㈦回饋。而在訊息傳達的每個過程中，皆可能會產生訊息的扭曲（Distortion），從而對完全的溝通發生影響。

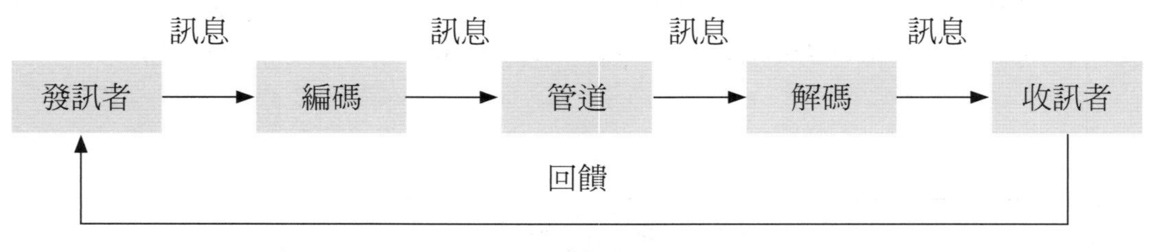

圖10-1　溝通的過程模式

無論採取何種方式溝通，這些訊息在傳遞中往往會產生扭曲，此一訊息是發訊者進行編碼後的產物。以口頭溝通時所說的話是訊息。寫作時，所寫出的文章是訊息，作畫時，畫作是訊息。動作時，身體語言也是一種訊息。而在這些過程中，都難以完全且確實的傳達所有的訊息，因此皆可能會產生訊息的扭曲。

管道是溝通過程中的媒介，管道可分爲正式管道與非正式管道。正式的管道由組織建立，傳達和成員活動有關的訊息，一般而言是依照權利網絡而行。其他諸如形式的訊息，無論個人的或社會的，皆由組織的非正式管道傳遞。

收訊者是訊息的目標。在訊息被接受前，其符號必須轉換成收訊者能夠加以了解的形式，這一個過程即爲解碼，和訊息的傳遞過程一樣，收訊者個人過去的經驗與知識都會限制他的活動，亦能扭曲信息。

在這溝通最後一個過程即爲回饋環路（Feedback Loop），回饋可用來檢視我們是否已經成功並確實的傳達最初所欲傳達的訊息，亦即對方是否已經了解了此一訊息。

羅斯（Ross）認爲有效溝通應兼顧「資訊」和「了解」兩者，而希望達到有效的溝通，必須要包含四大步驟。

㈠注意（Attention）

指收訊人聽取訊息，需注意克服「訊息競爭」（Message Competition）的情況。

㈡了解（Understanding）

指了解訊息所包含的內涵與意義。

㈢接受（Acceptance）

指收訊者不僅要清楚溝通內涵與意義，更應願意接受其所賦予對其行爲或態度的要求。

㈣行動（Action）

指將受接受轉化爲具體的行動。

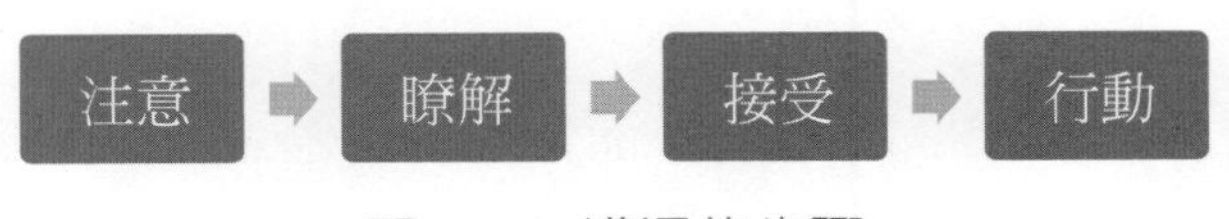

圖10-2　溝通的步驟

10.3 溝通的障礙

溝通障礙將會導致在決策上產生偏差，多數學者認爲，溝通的障礙主要可分爲六種，以下分別說明之：

㈠認知的偏誤

1. 先入爲主的觀念（Anchoring And Adjustments）：例如刻板印象（Stereotypes），此一關念爲對於一個團體以有一既定印象，就認定這個團體中每個人都因具有相同之特質。

2. 月暈效果（Halo Effects）：此一偏誤可能受到一個人部分表現的影響，就認為其可能其他表現也有一樣的表現。如一個學生考試分數表現優秀，就認為這一個學生的道德及品性應該也是優秀的。
3. 選擇性知覺（Selective Perception）：起因於個人的偏好或承諾的升高，而使得在認知上有所選擇與篩檢。如學生在課堂上聽講時，只將自己較有興趣的課題聽進去。
4. 對比效果（Contrast Effects）：指依據過去經驗來解讀訊息因而產生的偏差。如國中老師過去都指導升學班同學，後來在指導一般生時，會覺得一般生的學習態度及表現明顯不佳。
5. 投射（Projection）：如「像我假設」，直覺認為他人應該會有跟我一樣或相似的想法。例如一個人對於政治政黨有特殊主張，就認為每個人應該都能認同自己的主張。

(二) 非理性的承諾升高

指可能過去對於一個標的的投資，而為了不使過去所作所為成為錯誤決策，只好繼續投入資源，然此一行為或許非最適選擇。

(三) 固定大餅的迷思（The Mythical Fixed Pie）

誤認為溝通環境為一個零和遊戲。如一個觀光地的攤販認為僅有一個市場，因此要打敗其它競爭者。事實上若能有一個好的規劃與宣傳，可將餅作大造成大家都有賺頭的最佳結果。

(四) 選擇易取得的資訊而非攸關的資訊

如研究生在尋找文獻資料時，對於可直接由網頁下載的參考資料為優先考量，然實際上或許真正具高相關性的文獻資料並非僅能由網頁尋得。

㈤ 贏家的詛咒（Winner's Curse）

指在談判時擁有較多資訊及資源的一方誤判對手，導致無法在決策過程中從對手處學習獲得到任何有價值的資訊，指即談判時處理優勢方，仍應盡可能取得完整而充分的資料。

㈥ 過度自信（Overconfidence）

因過於自信所產生的溝通障礙，而導致決策的偏差。

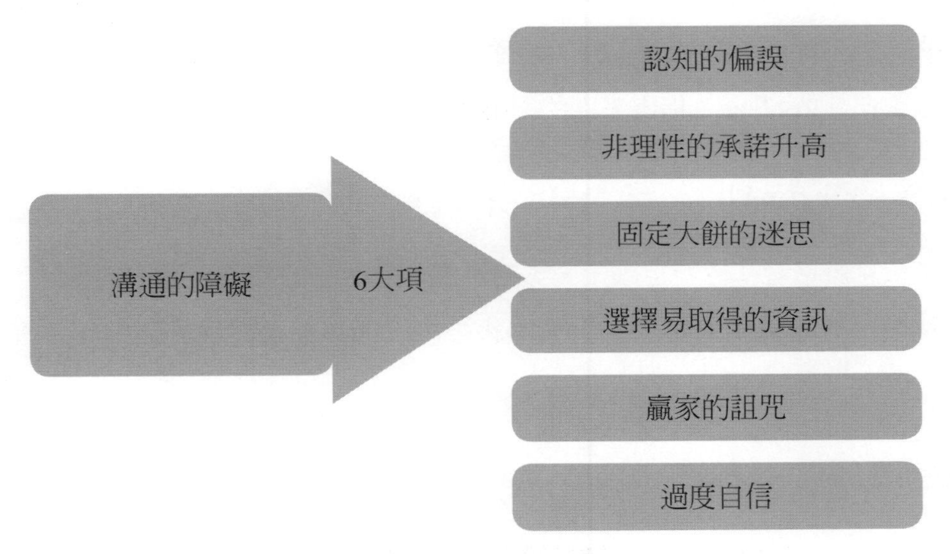

圖10-3　溝通的障礙

狄斯勒（Dessler）則分別將溝通障礙分爲人際溝通與組織溝通加以說明：

表10-2　狄斯勒（Dessler）人際及組織溝通的障礙原因

人際溝通的障礙原因	組織溝通的障礙原因
1.知覺的偏差。 2.語言的誤解。 3.非語言的溝通障礙。 4.語意不明的訊息。 5.自我防衛機制。	1.對訊息的曲解。 2.謠言與葡萄藤（Grapevine）所造成的溝通障礙。 3.資訊超載。 4.本位主義。

人際溝通的障礙原因	組織溝通的障礙原因
	5.地位上的不對稱。 6.組織文化之影響。 7.溝通的滯礙（Slowed Communication）。 8.疆界的差異（Boundary Differences） 9.文化差異與多樣性。

做到完全的溝通只是一個理想，在現實中是難以達到的，最主要理由是，意念上的傳達可能產生諸如個人的、語意的及生體上等諸多障礙。

羅賓斯（Robbins）指出溝通的障礙可包括下列幾種原因：

㈠過濾（Filtering）

指訊息發送者基於特定因素，於有意或無意中過濾其所發送的訊息給予收訊者，比較一般組織中部屬對於上司的報告中，通常會選擇性的傾向「報喜不報憂」的情形。

㈡選擇性知覺（Selective Perception）

指收訊者基於特定原因，諸如個人的偏好與承諾的升高等，而將發訊者所傳達的訊息，選擇性的接受。

㈢情緒（Emotion）

指個人在情緒上的起伏與波動而造成溝通上的偏誤，如人在憤怒時會聽不進去他人的話，或是心情好時對於事情會採取較寬鬆的標準等。

㈣語言（Language）

指可能溝通雙方所使用的語言或其內涵的不清楚與不熟悉所產生的溝通偏差。

㈤資訊超載（Information Overload）

指對於訊息處理過久未處理，未資訊量過大，而造成一時間無法正確的處理與解讀。

㈥非口語上的暗示（Non-Verbal）

指除了口頭上的溝通方式外，對於彼此在非口語上的溝通所暗示的訊息與意義，因不清楚或疏忽，而出現了偏差。

㈦時間壓力（Time Pressure）

指由於時間上的限制，使得溝通雙方產生的心理壓力而造成的偏差。

10.4 溝通媒介（Communication Media）

溝通的媒介主要可分爲口頭、非口頭、書面及電子媒體。每一個溝通媒介都有其特色與意義，也有其不同的優點與缺點，以下分別說明如下：

表10-3　溝通媒介的優缺點

名稱	意義	優點	缺點
口頭（Oral）	口頭上的交流互動、演講等。	1.快速。 2.具體回饋。 3.問題解決	1.易扭曲和誤解。 2.表面化。 3.無記錄。
書面（Written）	信件、刊物與文書往來。	1.保留性。 2.正式化。 3.可驗證。	1.耗時較長。 2.缺乏回饋或速度太慢。
非口頭（Nonverbal）	指身體語言，可包括動作與聲調。	1.私密性。 2.易約定成俗。	1.易扭曲和誤解。 2.受文化影響。 3.缺乏回饋時效性。
電子媒體（Electronic Media）	如電子網路、電話等。	1.快速、正確。 2.可大量處理資訊。	1.成本高 2.不易提供回饋。

10.5 溝通風格

根據薩提爾（Virginia Satir）的研究，人在溝通過程中，溝通雙方交流互動所採取的方法對於編碼與解碼具有一定程度的影響力。溝通風格因人而異，主要取決於個人特質，因此不容易產生改變，常見的溝通風格有以下五種。

㈠ 侵略型（The Aggressive Style）

此類型溝通者只爲達成自己的目標，而不去考慮對於溝通對象所產生的負面效果，屬於一種我贏你輸（Win-Lose）的策略。

㈡ 果斷型（The Assertive Style）

此類型溝通者在溝通過程中，將藉由情、理並重的方式來達成雙方的協議，以求營造雙贏的局面。

㈢ 非果斷型（The Non-Assertive Style）

此類型溝通者想盡可能去避免衝突，但卻可能造成長期效率的低落與個人優勢的喪失，然一般而言對於與他人建立良好的人際關係較有幫助。

㈣ 操控型（The Manipulative Style）

此類型溝通者藉由高壓、請求、表達善意等方式來博取對方的同意，亦屬於一種我贏你輸的策略。

㈤ 智慧型（The Intellectual Style）

此類型溝通者以理性的分析模式來創造雙贏局面。

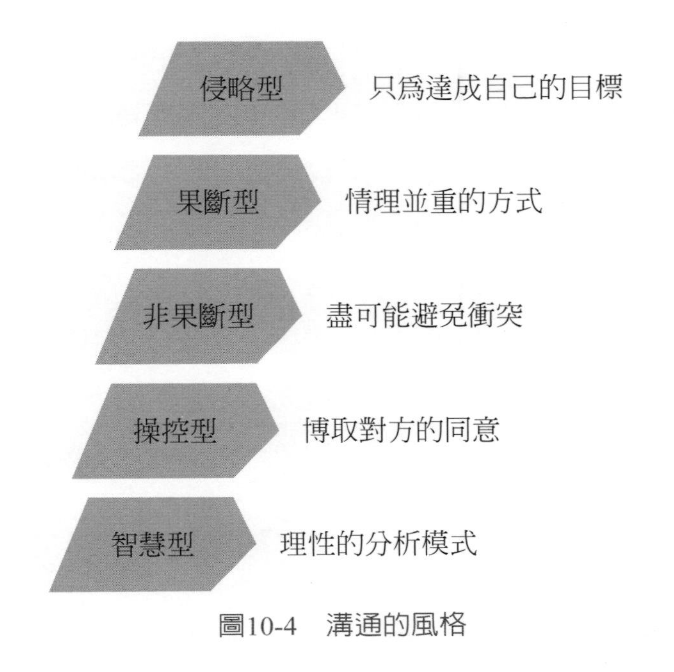

圖10-4　溝通的風格

10.6 群體溝通

當團體成員衆多時，訊息流通的管道是相當重要的，而團體本身的結構將決定成員間傳遞訊息的難易和有效性。而許多學者認爲溝通的網絡主要可分爲三種，分別爲鏈型、輪型及全網狀網絡型。

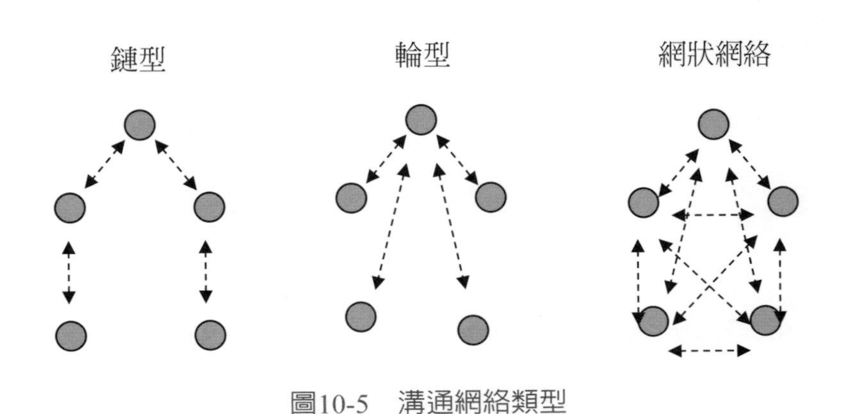

圖10-5　溝通網絡類型

㈠鏈型：此一網絡代表著一種垂直的階層，溝通網絡只能垂直往上或往下進行，而不能有水平的溝通。一般而言，較易出現於直線的權力系統中。

㈡輪型：此一網絡代著由一個主管面對複數個部屬，而部屬之間並沒有互動，此一網絡中所有的溝通必須經由主管進行。

㈢網狀網絡型：此一網絡允許成員和其他所有的成員自由溝通，屬於較不具結構性的網絡系統，網絡中沒有中央點，成員彼此之間是平等沒有限制的。

有的網絡可以促進決策的效率，有些則較適合運用於控制或引導決策，亦或是維持高昂的士氣，並無任何單一網絡適合所有的團體。也就是說，所使用的網絡應該能夠去反應出團體的目標。

10.7 正式的溝通網絡

正式的溝通網絡指經由正式的組織結構（水平）與層級（垂直）系統所進行的內部或對外溝通，正式溝通的型態，主要可分爲向下溝通（Downward）、向上溝通（Upward）、水平溝通（Lateral）、外向溝通及斜向溝通（Diagonal）。

以下分別說明之：

㈠ 向下溝通

指由直屬主管到下屬、或領導群體到附屬群體的溝通行爲。其主要的課題在於如何不以過度威權方式進行有效溝通，以及在制度與彈性間二者中不可兼得的折中（Trade-Off），而若能進行適當的誘因機制，也將能提升溝通的效率。

㈡ 向上溝通

指由下屬向主管的溝通，此類溝通的目的在於提供管理者在進行決策時的即時資訊，常用的工具如建議信箱、態度調查等。

㈢ 水平溝通

指組織中同一個單位或是同一層級的單位間的溝通行爲，若組織屬於扁平化組織時，此一溝通方式將更顯重要，其主要優點將能使員工能夠更加了解組織的全貌，並改善部門之間的協調與整合，有利於組織資源作更有效的分配。

㈣ 外向溝通

指組織與外部相關組織的溝通，諸如供應商、競爭者與顧客等，良好的外向溝通應具有即時性、完整性及雙向性，同時要能夠共享價值。

㈤ 斜向溝通

指橫跨不同部門間但不同層級的溝通，如研發部門的員工與生產部門的主管所進行的溝通行爲。

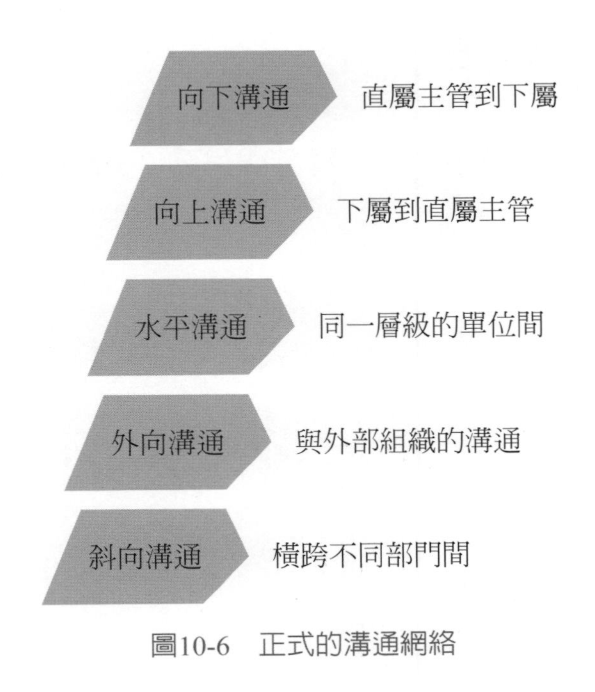

圖10-6　正式的溝通網絡

10.8 非正式溝通網絡

在團體或組織中，正式的系統並非唯一的溝通系統。通常大家認爲謠言會興起是因它使人們的閒談變得有趣。事實上並非如此，謠言是對於重要情境的反應，然而此一情境可能是模糊的，且可能引起人們的焦慮。當工作情境含有某些因素時，通常會有謠言流傳於組織內。大組織中常有的祕密和競爭，如新任主管的分派，新工作的分配等，都將成爲助長謠言興盛之因。只有當人們的期望得到滿足，或心中的焦慮可以減低時，謠言才會消失。

非正式溝通網絡於組織中極爲重要，管理人員往往可藉此發現有哪些情境令員工們感到焦慮甚至影響到工作效率。對員工而言，這些非正式的溝通是有價值的，可藉此了解更多的資訊，以得到心理上的安定，但也有可能因此產生負面的焦慮。因此，非正式的溝通網絡可能成爲組織的助力，亦可能成爲阻力。

10.9 如何進行有效溝通

㈠針對有效溝通的影響因素，梅爾徹與貝勒（Melcher & Beller）認為主要有以下六點。

1. 溝通性質：

   需考量到任務複雜性、內容合法性與資源的取得

2. 溝通媒體：

   指溝通的過程中所採用的爲語言、書面或電子媒介等。

3. 人際關係：

   指溝通標的中的人際整合程度。

4. 溝通的人員：

   主要可分爲目標導向或手段導向、信任程度與語言能力。

5.溝通途徑：

可分爲正式與非正式的溝通。

6.通路性質：

速度、回饋、選擇性、接受性與責任建立。

㈡克服溝通障礙的方法

針對如何克服溝通障礙，羅賓斯（Robbins）與狄斯勒（Dessler）皆提出了自己的看法與方法，相關說明如下。

表10-3　克服溝通障礙的方法

學者	羅賓斯（Robbins）	狄斯勒（Dessler）	
		人際溝通	組織溝通
建議作法	1.控制情緒。 2.利用正面與負面回饋。 3.簡化語言。 4.主動傾聽：主要有四項要求，專注、同理性、接受與有恆。 5.建立管理資訊系統。 6.注意非口頭上的暗示。 7.建立信任。	1.主動傾聽。 2.避免啟動他人的防衛機制。 3.溝通前先釐清自己的思緒。	1.向上溝通：如設立正式表達意見的管道，門戶開放政策等。 2.向下溝通：善用當面與書面溝通、走動式管理。 3.橫向溝通：設立聯絡人角色、運用委員會與任務小組、設立「獨立整合者」的角色。 4.鼓勵組織中非正式的溝通。

★重點回顧★

1. 溝通爲一種人際互動的程序，而管理者的管理工作爲「協調與整合他人之業務，有效地完成工作，以達成組織目標。」
2. 溝通必須有一個目的，此一目的即爲一個信息。此一信息由發訊者傳達至收訊者。然無論採取何種方式溝通，這些訊息在傳遞中往往會產生扭曲，因此，溝通的技巧就成爲管理者於管理工作中的重要課題。
3. 溝通障礙將會導致在決策上產生偏差，主要可分爲㈠認知的偏誤、㈡非理性的承諾升高、㈢固定大餅的迷思、㈣選擇易取得的資訊而非攸關的資訊、㈤贏家的詛咒、㈥過度自信等六種。
4. 溝通的媒介主要可分爲口頭、非口頭、書面及電子媒體。每一個溝通媒介都有其特色與意義，也有其不同的優點與缺點，因視實務上的需要而採用不同的方式進行。
5. 在溝通過程中，溝通雙方交流互動所採取的方法對於編碼與解碼具有一定程度的影響力。溝通風格因人而異，主要取決於個人特質，而不同的溝通風格將具有不同的溝通效果。
6. 當團體成員衆多時，訊息流通的管道相當的重要，而結構將決定成員間傳遞訊息的難易和有效性。溝通的網絡主要可分爲三種，分別爲鏈型、輪型及全網狀網絡型。
7. 要進行有效的溝通，羅賓斯（Robbins）認爲應學著控制情緒、利用正面與負面回饋、簡化語言、主動傾聽、建立管理資訊系統、注意非口頭上的暗示及建立彼此的信任。狄斯勒（Dessler）則針對人際或組織溝通而提出不同建議。

★課後複習★

第十章　溝通

1. 溝通的定義。
2. 請說明達到有效溝通的四大步驟。
3. 在溝通的障礙中，月暈效果的意義。
4. 溝通不當，則也會產生溝通障礙。因此，請說明兩種造成溝通障礙的原因？
5. 當團體成員眾多時，訊息流通的管道是重要。請指出群體溝通的三種溝通網絡。
6. 在溝通媒介中，電子媒體的溝通方式，則優缺點為何？
7. 正式的溝通網路中，何謂向下溝通與水平溝通？
8. 梅爾徹與貝勒（Melcher & Beller）認為有效溝通的影響因素有哪些？
9. 羅賓斯（Robbins）提出克服溝通障礙的方法有哪些？
10. 在溝通過程中，溝通風格因人而異，請舉出兩種溝通風格。

第十一章

策略管理

★學習目標★

◎了解策略管理的定義

策略管理的演進過程

策略管理的種類

◎了解策略管理的程序

SWOT分析

◎了解公司總體策略

公司總體成長策略

公司總體穩定策略

公司總體縮減策略

◎了解事業單位策略

競爭策略

適應策略

競爭策略與適應策略之比較

價值鏈分析

◎了解企業的核心能耐

★本章摘要★

策略是爲了因應環境的變化，以及爲了達成組織長期目標而設計出一套統一的、協調的、廣泛的整合性計畫。而策略規劃則是藉以發展策略的決策與行動，以表現出對重要資源的調配方式。策略管理藉由維持和創造組織目標、環境與資源的配合，以發展出策略的一種管理程式。

在策略管理的程序中，定義了組織的目標與策略後，就會開始進行組織的SWOT分析。SWOT分析是企業管理理論常常使用到的策略性規劃，主要是針對內部的優勢與劣勢，以及外部環境的機會與威脅來進行分析，除了可用於企業策略的擬定外，亦可用在個人的分析上，以分析個人競爭力與生涯規劃的基礎架構，是一種具有效率，同時可幫助決策者快速釐清狀況的輔助投資工具。

於公司總體策略中，主要可分爲成長、維持、縮減及綜合策略。而爲了達到成長，又可分爲集中擴充、整合及多角化經營等策略的管理。事業單位策略主要可分爲競爭策略及適應策略，競爭策略有成本領導、差異化及集中化三種方式，而適應策略則可分爲、防禦型策略、探勘型策略、分析型策略及反應型策略，依據組織內部資源及外部環境的不同，應採取不同的策略。

資源基礎理論認爲，企業是各種資源的集合體，基於各種不同的原因，企業所擁有的資源也有所不同，將具有異質性，而這種異質性決定了企業競爭力的差異。而核心能耐是指一個組織創造其競爭優勢的共同基礎與線索，核心能耐是組織發展其競爭優勢的共同基礎所在。眞正的核心能耐應符合三個原則，分別爲難以模仿性、延展性及價値性。

★策略管理★

11.1 策略管理的定義

策略是爲了因應環境的變化，以及爲了達成組織長期目標而設計出一套統一的、協調的、廣泛的整合性計畫。而策略規劃則是藉以發展策略的決策與行動，以表現出對重要資源的調配方式。

策略管理爲一種長期性的整體規劃，通常由組織的高層管理者負責，而策略可代表計畫中的骨幹，包含目標與達成方案，其強調效能的達成更甚於效率的達成，同時也是計畫中最具動態的部分以因應環境的變化。策略管理藉由維持和創組織目標、環境與資源的配合，以發展出策略的一種管理程式，策略管理的基本概念在於配適，即爲爲組織建立一套管理程式，以利發展出組織的策略，也可以說，策略管理就是策略的規劃、執行與控制的程序。

麥可．波特（Michael Porter）對策略的定義著重於突顯企業的特色，認爲策略是執行與對手相異的活動，或使用不同的方式來執行相似的活動。依據此定義，Porter認爲策略的內涵應具有五個特點：一是建立起組織特有的競爭地位。二是需針對既定策略，選擇出一個方式來與競爭者對抗。三是讓每個活動之間保持良好的搭配。四是應該具持續性地提高作業效能。五是應該依環境的變化來調整原有的策略。

理查德．魯梅爾特（Richard Rumelt，1980）認爲有效策略應具有以下幾個特質。第一個特質爲策略擬定必須與策略目標間具有一致性，且策略並非一成不變，因此第二個特質爲策略必須能夠因應外界環境的變化以作出最適調整，第三個特質，指策略執行時，應要掌握並取得競爭的優勢。最後，策略的擬定，不能超過組織能力，必須具有可行性，此一策略才有其價值存在。

11.2 策略管理的程序

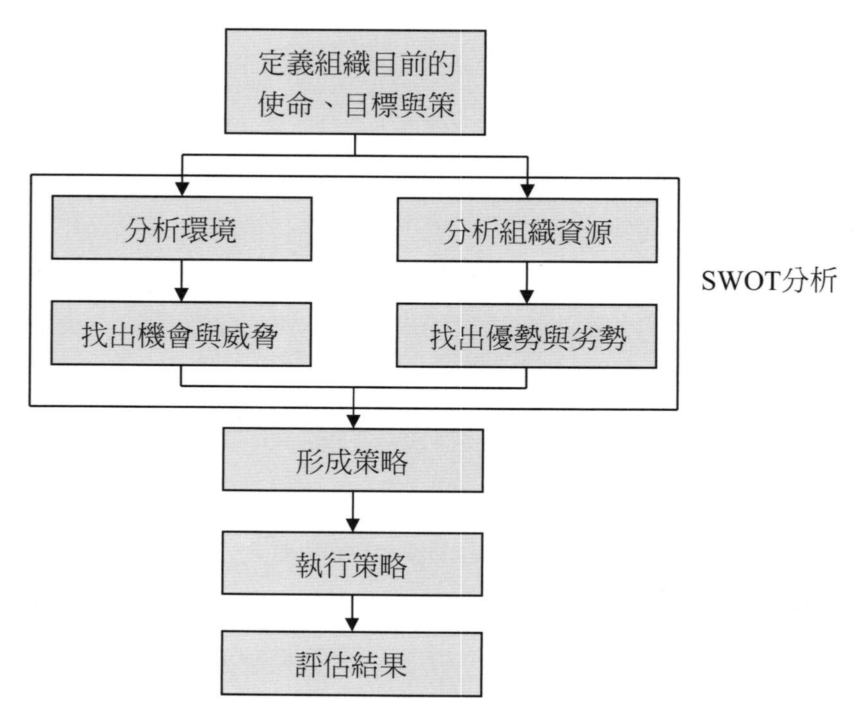

圖11-1　策略管理的程序

在策略管理的程序中，定義了組織的目標與策略後，就會開始進行組織的SWOT分析。SWOT分析是企業管理理論常常使用到的策略性規劃，主要是針對內部的優勢與劣勢，以及外部環境的機會與威脅來進行分析，除了可用於企業策略的擬定外，亦可用在個人的分析上，以分析個人競爭力與生涯規劃的基礎架構，是一種具有效率，同時可幫助決策者快速釐清狀況的輔助投資工具。

SWOT分析表示的即爲優勢與劣勢、機會與威脅。其中優勢與劣勢乃指本身內部條件的運用：包括設備、人力、制度、儀器等等；機會與威脅則是指企業面對的外部條件：包括經濟、消費者、法律文化、社會大眾等等。如此一來，企業將可在「知己知彼」並掌握大環境趨勢下，督促企業在既有的基礎上，找出本身的短處與面臨的潛在危機，並加以改進與補強，以強化企業之競爭優勢。分別說明如下：

㈠優勢（Strengths）

指組織內部可以有效執行，或組織本身所擁有特殊資源。首先必須列出企業內部的優勢，諸如人才方面具有何優勢？產品有什麼優勢？有什麼新技術？有何成功的策略運用？爲何能吸引客戶上門？

㈡劣勢（Weaknesses）

指組織內部表現較差，或組織本身所需要卻未擁有的資源。首先必須列出企業內部劣勢，諸如公司整體組織架構的缺失爲何？技術、設備是否不足？政策執行失敗的原因爲何？哪些是公司做不到的？無法滿足哪一類型客戶？

㈢機會（Opportunities）

指外部環境因素中，對於組織相對有利的正面趨勢及有利處境。首先必須列出企業外部機會，諸如有什麼適合的新商機？如何強化產品之市場區隔？可提供哪些新技術與服務？政經情勢的變化有哪些有利機會？企業未來10年之發展爲何？

㈣威脅（Threats）

指外部環境因素中，對於組織相對不利的負面趨勢及不利的處境。首先必須列出企業外部威脅，諸如大環境近來有何改變？競爭者近來的動向爲何？是否無法跟上消費者需求的改變？政經情勢有哪些不利企業的變化？哪些因素的改變將威脅企業生存？

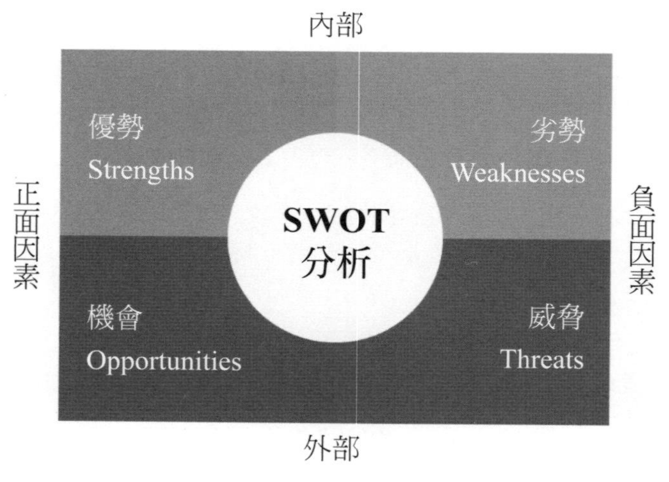

圖11-2 SWOT分析

11.3 安索夫（Ansoff）策略管理的演進過程

表11-1 策略管理演進過程表

年代	1900-1930	1930-1950	1950-1970	1970～
環境	環境的變化較小，且爲企業所熟悉，整體而言屬於循環性變化。	環境的變化快速，但企業仍能根據過去的經驗來加以推演趨勢。	環境的變化開始出現不連續性的變動，雖然變動速度更快，但仍可透過加以監督與分析來加以預測。	環境的變化又更爲快速，且出現新奇異常的變動，致使預測已經無法涵蓋所有變化。
管理制度	預算控制制度	長期規劃制度	策略規劃制度	策略市場管理制度
管理重點	針對預算加以控制，若有偏差則加以修正。	針對未來的趨勢加以推演，以期獲得成長。	透過環境分析發展策略，以保持自我的競爭優勢。	著重於突發性及快速性的環境變化，並加強策略反應的速度。

年代	1900-1930	1930-1950	1950-1970	1970～	
策略管理演進		長期性規劃	策略性規劃	策略式態管理（Strategic Posture Management）	策略性急要事件管理（Strategic Issue Management）
策略管理涵義		1.依歷史與經驗預測環境，並發展規劃目標。 2.發展營運計畫。 3.監控預算與營運績效，若出現偏差則加以修正。	1.已無法單依過去經驗預測，以策略性判斷（SWOT）加以分析。 2.依SWOT分析發展策略來維持組織競爭優勢。	1.SWOT仍需根據組織過去資源作分析，應加入策略規劃與能力規劃同時進行。 2.涉及能力規劃，應發展出抗拒問題的處理方式。	1.環境變化快速，SWOT無法適用，應針對高衝擊且緊急性高者設計出及時處理機制。 2.應建立更爲完善的回饋系統。

11.4 策略管理的種類

策略管理的種類可分爲公司總體策略層次、事業單位層次及功能層次，如下圖。

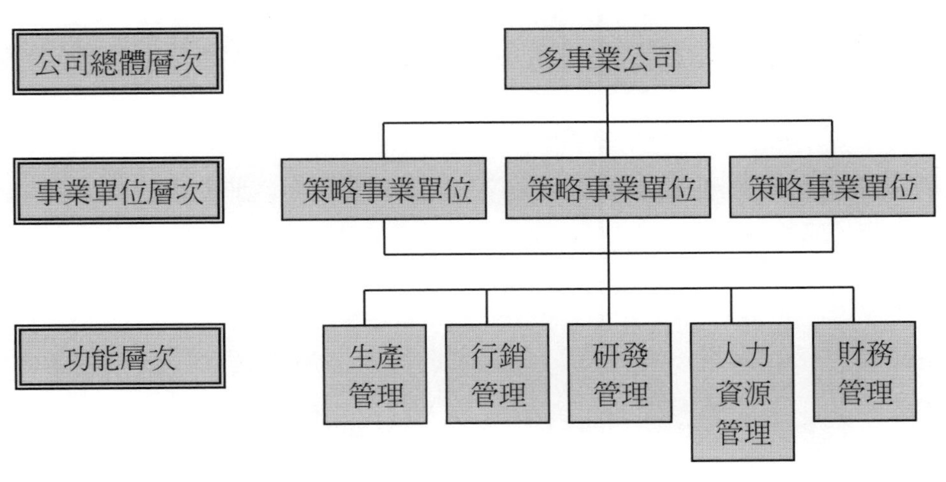

圖11-3　策略管理種類圖

11.5 公司總體策略（Corporate-Level Strategy）

公司總體策略主要用來決定公司期望在何種產業中營運，總體層次策略決定組織未來的方向以及組織中事業單位層次在朝未來方向前進過程中所應扮演的角色。在策略的種類上主要可分爲公司總體成長策略（Growth Strategy）、公司總體穩定策略（Stability Strategy）及公司總體縮減策略（Retrenchment Strategy）。

㈠公司總體成長策略

指組織希望能夠增加組織營運的層次或版圖。可包括事業的類別、員工人數、銷售額、與市佔率等衆多的績效衡量指標。主要可分爲集中廣充、垂直整合、水平整合及多角化等方式。

1. 集中擴充：

意指直接的資源投入，諸如藉由增加公司的銷售量、產能或是工作人員的人數等來完成。

2. 整合：

又可分爲垂直整合及水平整合

⑴垂直整合（Vertical Integration）

指組織藉由垂直方向的整合方式來控制其投入（後向垂直整合）或產出（向前垂直整合）以達到組織的目標與成長。如統一企業經由整合成立7-11超商即爲向前垂直整合模式。

⑵水平整合（Horizontal Integration）：

指組織透過結合或整合相同產業中其他的組織以達到成長目標，也可說是和競爭者共同營。如Kimo與Yahoo合併成立了Yahoo奇摩。

3. 多角化：

指組織將自己的事業以多元化的方式來進行，多角化又可分爲相關多角化與非相關多角化。前者意指藉由合併或購入具相關性但不同產業的公司，來達到組織成長的目的。後者一般指合併或購入不同或不具相關性的產業來達到成長目的。

多角化的動機非常多，包括了避免將雞蛋放於同一籃子的分散風險動機，此屬於消極動機。而積極動機主要是為了增加企業的價值，並擴大或調整營運的範疇，以達到「綜效」成效。同時在多角化的過程中也可能帶來創新並創造更多的學習經驗。而透過多角的經營，也可為組織帶來更具多元化的競爭優勢，在財務效率面，亦期望透過大型企業較易在資本市場中取得較低資成而來。然而，有時後多角化的動機也可能出於管理者個人的私立，包括高階經理人的企圖心或私利，亦或是考慮到家族的接班安排，但應避免過度擴張事業版圖，以免更容易招致失敗。

㈡公司總體穩定策略

指公司以相同的產品或服務持續提供給同樣的一群顧客，以維持原有的市場佔有率、並維持一定的營業額及投資報酬率等。此一情況僅適用於管理者對於組織的績效已經滿意，且環境也維持沒有大變化時。如我國的中華電信，然長期而言，並沒有一家公司能夠一直採取穩定策略。

㈢公司總體縮減策略

指公司以減少或取消某些的商品或服務，也可能是據點的裁撤。以降低自己的營運規模方式來減少外界環境的威脅與衝擊，一般而言，此時公司是處於劣勢，例如我國餐飲業福樂企業，由過去近十家的分店縮減為現今的一家。

㈣綜合策略

意指公司同時採用了上述兩種以上的策略，或於不同的時間點採行了不同的策略，如錸德企業在CD-R事業上，由於產業的變化採取了縮減策略，但同時也成立了錸寶以打入另一個產業，採行成長策略。

11.6 事業單位策略

事業單位層次策略所決定的是組織的各事業單位該如何競爭，亦即藉著各事業單位的分析，以找尋並建立其競爭優勢以在產業中生存成長。競爭優勢是讓組織擁有相較於同業的明顯優勢，這項優勢來自於組織的核心能力，也就是自己做的到而競爭者不能達到的能力，除核心競爭力外，競爭優勢也可以是來自組織擁有，而其他競爭者卻沒有的資產或資源。

而若單單是發展競爭優勢還不夠，還必須要能夠維持該優勢，此即所謂的「持續性競爭優勢」（Sustained Competitive Advantage：SCA），Braney認為，企業的資源必須是有價值的、稀少的、不易被模仿的以及不可被替代，必須具備這些特質，才能夠成為企業的競爭優勢。

事業單位策略的種類中，主要有麥可．波特（Michael Porter）提出的競爭策略，邁爾斯與斯諾（Miles & Snow）提出的適應策略，以下分別說明之：

㈠競爭策略（或稱一般性策略）

麥可．波特（Michael Porter）提出三種一般性策略供企業採用，分別是全面成本領導策略（Overall Cost Leadership）、差異化策略 （Differentiation）與集中化策略（Focus）。

1. 成本領導策略：

   成本領導策略重點在於企業必須追求成本最低的策略，以便與其他企業競爭。管理者必須不停找出生產、行銷與其他營運方面最有效率的方法，經常費用必須最小化，盡可能的降低成本，但同時也要注意品質仍要維持在可以接受的水準上。

2. 差異化策略：

   差異化策略著重於利用各種方式，讓消費者感覺到產品的與眾不同，使替代品無法取代而產生忠誠度，進而使得企業產生競爭力。差異化可能來自極高的品質、優質的服務、創新的設計、優異的技術或良好的品牌形象等。

3.集中化策略：

集中化策略指公司專注於較小的市場區隔中，建立其成本優勢或差異化優勢。著重的乃深耕目標市場，而不是試圖去擴大服務所有的市場。

㈡適應策略

1.防禦型策略：

指組織選定一個特定的利基市場，利用有限組合的產品服務來發展其競爭優勢，以提高其效率避免競爭者的進入，主要在追求穩定為原則。

2.探勘型策略：

指組織積極發展新產品或新的市場，藉由不斷地創新來創造成功因此較缺乏效率。

3.分析型策略：

指組織隨著已成功探勘者的腳步進入新產品或新的市場，主要以模仿他人為主，在成功進入市場後，再致力於效率的提升及風險的降低，以進一步追求獲利。

4.反應型策略：

指組織本身完全不清楚自己應該採取何種策略，或無法制訂出適當合宜的策略，僅能依市場的變化進行應對，因此績效往往不佳且難以於市場中生存下去。

㈢競爭策略與適應策略之比較

競爭策略與適應策略兩者所追求的目的不一樣，競爭策略追求提高獲利（成本領導與集中化）或組織的獨一無二（差異化與集中化），而適應策略則追求穩定與效率（防禦型與分析型）或彈性（探勘型與分析型）。此外，競爭策略在任何條件皆適用，但適應策略則必須考慮環境的狀態，不同的環境適用不同的策略。適應策略亦考慮到相對應的組織結構特性，競爭策略則無。

㈣價值鏈分析（Value Chain）

價值鏈分析由美國哈佛商學院著名戰略學家麥可．波特（Michael Porter）所提出，將企業內外價值增加的活動分爲主要活動和支援性活動，主要活動涉及後勤作業、生產作業、倉儲運輸、行銷銷售及售後服務。而支援性活動涉及公司之基礎結構、人力資源管理、技術發展及採購作業等。

主要活動和支援性活動構成了企業的價值鏈，企業參與的價值活動中，並非每個環節都能創造價值，事實上只有某些特定的價值活動才眞正創造了價值。而這些眞正創造價值的活動，就是此一價值鏈中的戰略環節。實際上這就是企業在價值鏈某些特定的戰略環節上的優勢，以保企業的競爭優勢。運用價值鏈的分析方法來確定組織核心競爭力，就是希望企業能夠關注組織本身的的資源狀態，要求企業關注和培養在價值鏈的關鍵環節上，以獲得重要的組織核心競爭力，並形成和鞏固企業在行業內的競爭優勢。

企業的優勢來源可由企業間協調或合作從價值鏈帶來的最優化效益，也可由價值活動所涉及的市場範圍中進行調整。價值鏈列示了總價值、並且包含價值活動和利潤。價值活動分爲兩大類：主要活動和支援性活動。主要活動是涉及產品的物質創造及其銷售、轉移買方和售後服務等各種活動。支持性活動是輔助基本活動，並通過提供諸如採購投入、技術、人力資源等以支持基本活動。利潤是則總價值與從事各種價值活動的總成本之差。

當價值鏈建立起來時，將會非常有助於準確地分析價值鏈各個環節所增加的價值，價值鏈不僅僅局限於企業內部的應用，隨著市場競爭愈來愈激烈，企業之間組合價值鏈聯盟的趨勢也將越來越明顯。企業應更加關心自己核心能力的建設和發展。

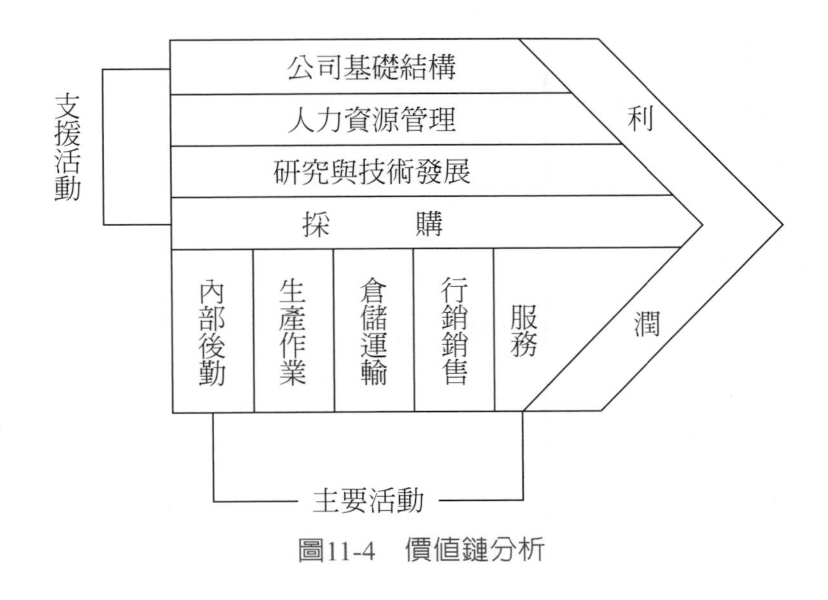

圖11-4　價值鏈分析

11.7 資源基礎理論

普哈拉與哈默爾（Prahalad & Hamel）曾於1990年「公司核心能耐」（The Core Competence Of The Corporation）一書中提出資源基礎理論（Resource-Based View，RBV），認爲企業是各種資源的集合體。基於各種不同的原因，企業所擁有的資源也有所不同，將具有異質性，而這種異質性決定了企業競爭力的差異。資源基礎理論主要可包括以下三方面的內容：

㈠ 企業競爭優勢的來源：異質資源

資源基礎理論認爲企業在資源方面的差異是企業獲利能力不同的重要因素，也是擁有優勢資源的企業能夠獲取競爭優勢的原因。作爲競爭優勢的資源應當具備以下5個條件：1.有價值；2.稀少；3.不能完全被模仿；4.無法輕易被替代；5.以低於價值的價格爲企業所獲得。

資源基礎理論認爲，各種資源具有多種不同用途。企業的經營決策就是指定各種資源的特定用途，且決策一旦實施就無法輕易復原。因此，在任何一個時間點上，企業都會擁有因先前資源配置基礎下進行決策後所帶來的資源儲備，這些資源儲備將限制、更可能影響企業下一步的決策，亦即資源的開發過程將會傾向於降低企業靈活性。

㈡競爭優勢的持續性：不可模仿性

企業的競爭優勢源自於企業所擁有的特殊資源，這種特殊資源能夠給企業帶來經濟租金，而在這些經濟利益的驅動下，未獲得經濟租金的企業將會嘗試去模仿優勢企業，最終將會產生企業趨同，租金消散的現象。因此，企業競爭優勢及其經濟租金的存在，將使優勢企業的特殊資源會被其他企業所模仿。資源基礎理論的研究者們對這一問題進行了相關的探討，他們認爲至少有三大因素阻礙了企業之間的互相模仿： 1.因果關係含糊； 2.路徑依賴性； 3.模仿產生的成本。

㈢特殊資源的取得與管理

資源基礎理論爲企業的長遠發展提出了相關的方向，亦即進行培育、取得能給企業帶來競爭優勢的特殊資源。在實務上，企業決策總是面臨著諸多不確定性和複雜性，目前資源基礎理論尙不能給企業提供一套獲取特殊資源的具體及標準化的操作方法，僅能提供一些方向性的建議。整體而言，企業可從以下幾三方面來著手發展企業獨特的競爭優勢資源：⑴組織學習；⑵知識管理；⑶建立外部網絡。

11.8 企業的核心能耐

普哈拉與哈默爾（Prahalad & Hamel）指出，核心能耐是指一個組織創造其競爭優勢的共同基礎與線索，核心能耐是組織發展其競爭優勢的共同基礎所在。具體而言，核心能耐即爲組織所擁有的具有獨特性及卓越性的資源和能力，核心能耐是創造組織的重要價值，主要可分爲資源（Rcsources）與能力（Capabilities）兩類。

㈠資源：又可分爲有形資源與無形資源。有形資源諸如現金、機器及廠房設備等。而無形資源主要有商譽、商標及專利權等。

㈡能力：又可分爲組織能力及個人能力。組織能力諸如組織文化、創新能力及營運能力等。而個人能力可包括個人的專業性、管理能力及網路能力等。

眞正的核心能耐應符合三個原則：一、具有「難以模仿性」；二、具有「延展性」；三、具有「價值性」：企業在其所自認爲是核心能耐的領域中，若從顧客消費者的眼光來看，應該是很有價值的。

服務業是否適用於核心能耐的運用上呢？事實上，當初普哈拉與哈默爾（Prahalad & Hamel）定義核心能耐時，是以核心技術的考量爲主，後來其範疇則逐漸被運用到了各方面。哈佛大學教授朵洛西．倫納德．巴頓（Dorothy Leonard Barton）認爲核心能耐可以包括四大項目：一、員工的知識與技能；二、實體系統；包含衆多不易以語言傳遞的知識，並經由多年累積而成。智慧財產權、電子資料庫、特殊的服務程序等。三、管理系統；四、組織文化與價值觀。由此可看出，核心能耐自然對服務業而言也是非常重要的經營概念。

隨著產業環境變化愈來愈快，過去的核心能耐概念目前可能已出現了部分的盲點。如果沒有適時地去調整、修正，則核心能耐可能會變爲核心包袱、核心僵固（Core Rigidity），反而影響公司未來的競爭優勢。美國加州柏克萊大學教授大衛．蒂斯（David Teece）提出了動態能耐（Dynamic Capability）的概念，強調組織應適時調整組織核心能耐以回應外部的需求與環境的變化。實際上這方面與企業的組織學習以及新能耐建立的相關作法息息相關。

與麥可．波特（Michael Porter）所提出的一般性競爭策略中的集中化策略概念有所不同，其更強調資源基礎的觀點，並經由範疇的擴大，使得核心能耐的觀念在各行各業均可應用，而且的確具有關鍵性的價值。而隨著產業環境與市場需求不斷的變化，企業在核心能耐的建構上，確實需要做動態的調整與不斷的學習。

★重點回顧★

1. 策略是爲了因應環境的變化，以及爲了達成組織長期目標而設計出一套統一的、協調的、廣泛的整合性計畫。而策略規劃則是藉以發展策略的決策與行動，以表現出對重要資源的調配方式。
2. 策略管理的程序由定義組織目前的使命、目標與策略開始，並對內外部資源進行SWOT分析後，以形成策略。
3. 公司總體策略中，主要可分爲成長、維持、縮減及綜合策略。而爲了達到成長，又可分爲集中擴充、整合及多角化經營等策略的管理。
4. 事業單位策略主要可分爲競爭策略及適應策略，競爭策略有成本領導、差異化及集中化三種方式，而適應策略則可分爲、防禦型策略、探勘型策略、分析型策略及反應型策略，依據組織內部資源及外部環境的不同，應採取不同的策略。
5. 核心能耐是指一個組織創造其競爭優勢的共同基礎與線索，核心能耐是組織發展其競爭優勢的共同基礎所在。眞正的核心能耐應符合三個原則：一、具有「難以模仿性」；二、具有「延展性」；三、具有「價值性」。

★課後複習★

第十一章　策略管理

1.何謂策略？

2.請說明麥可・波特（Michael Porter）提出策略內涵的五個特點。

3.何謂SWOT分析？

4.在策略中何謂公司總體縮減策略。

5.在事業策略中提到的集中化策略為何？

6.何謂反應型策略？

7.核心能耐的原則為何？

8.何謂資源基礎理論？

9.何謂價值鏈分析？

10.麥可・波特（Michael Porter）提出哪三種競爭策略？

第十二章

組織文化

★學習目標★

◎了解組織文化的定義

組織文化與工作績效及滿意度

組織文化的要素與構面

組織文化的種類

主流文化與次文化

強勢文化與弱勢文化

◎了解社會化的意義

◎了解組織文化的過程

文化的形成

文化的傳承

文化的變革

★本章摘要★

組織文化是組織成員共有的信念體系，其會影響組織成員的行爲與態度。可以說組織文化是指組織成員所共同持有，使他們與別人有所不同的意義體系。組織文化指組織所共有態度、價值、信念及行爲模式，以用來規範組織成員行爲，並建立組織的核心價值。組織文化不僅能生動指出組織有不同程度的「氣氛」，而且能使組織具有傳統、價值觀、風俗及習慣，且能確實影響成員態度和行爲社會化過程。

組織文化的形成將可能對於組織的績效及滿意度產生影響。組織成員對於組織中諸如自主性程度、組織結構、酬賞取向，管理者的關心與支持與否，及主管容忍衝突的程度，將會形成整體組織的主觀知覺，影響到最後所呈現的績效與滿意度。席恩（Schein）（1992）指出組織文化可分爲三種層次，分別爲人事物、價值觀及基本假設。而組織文化的構面，主要有創新與冒險、專注細節程度、結果導向程度、人員導向程度、團隊導向程度、進取性及穩定性。

主流文化與次文化，主要在針對組織文化的普遍性而言，主流文化所顯示的是大多數成員所共有的核心價值，一般而言我們所提及的組織文化通常就是指主流文化。強勢文化與弱勢文化，則是針對組織文化的強度而言，強勢文化主要指核心價值被深刻而普遍接受的文化。而相較於弱勢文化，對於組織成員的影響力則較小。通常會影響組織文化的強勢與弱勢的因素，主要爲組織規模大小、時間長短、員工流動率高低及文化開創時期的強度。

社會化是一種調適的過程，指成員在進入組織後，必須去了解的必要價值、規範及風俗，以求能稱職擔任組織角色，成爲能爲組織所接受成員的過程。主要的目的第一爲希望能夠降低成員的不確定感，讓成員清楚其他人對自己的期望爲何。第二，希望能爲組織帶來利益，增加成員間的溝通與了解，減少衝突，進而使直接監督及管理控制更加有效率。

★組織文化★

12.1 組織文化的定義

組織文化是組織成員共有的信念體系，其會影響組織成員的行爲與態度。可以說組織文化是指組織成員所共同持有，使他們與別人有所不同的意義體系。組織文化指組織所共有態度、價值、信念及行爲模式，以用來規範組織成員行爲，並建立組織的核心價值。司徒達賢（1997）認爲，組織成員分享組織價值觀念即爲組織文化，而價值觀念會影響組織成員行爲及決策方向。

一般而言，組織文化應具有以下幾項內涵，首先，組織文化是一種認知，而即使個體有不同背景或不同階層，亦會傾向於以相似措辭來描繪組織文化，此即爲一種共有的文化型式，而組織文化應該是一種描述性用語，而非一種評價或衡量。

組織文化的功能在於可界定組織疆界的角色，使得組織與其他組織能有所區別。組織文化可傳達出一種組織成員才能感受到的認同感，以促使個人投注於個人利益以外更大的關注點。同時，組織文化亦能提升社會系統的穩定性，即藉由提供一個適當的標準供組織成員行爲舉止的參考，以促進組織融合。亦可作爲一種意義決斷和控制的機制，以用來指導和形塑組織成員的態度和行爲。

組織文化不僅能生動指出組織有不同程度的「氣氛」，而且能使遞組織具有傳統、價值觀、風俗及習慣。且能確實影響成員態度和行爲社會化過程。關於組織文化的內涵，組織文化是一種組織內相當一致的知覺，具有共同特徵且具描述性的，能夠去區分組織的異同，同時可以整合個人、團體和系組織系統變項。

12.2 組織文化與工作績效及滿意度

組織文化（Organization Culture）如何影響績效（Performance）與滿足（Satisfaction）？組織文化的形成將可能對於組織的績效及滿意度產生影響。組織成員對於組織中諸如自主性程度、組織結構、酬賞取向，管理者的關心與支持與否，及主管容忍衝突的程度，將會形成整體組織的主觀知覺，在這個模型中，組織文化將成為一個中介變項（Intervening Variable）影響到最後所呈現的績效與滿意度。

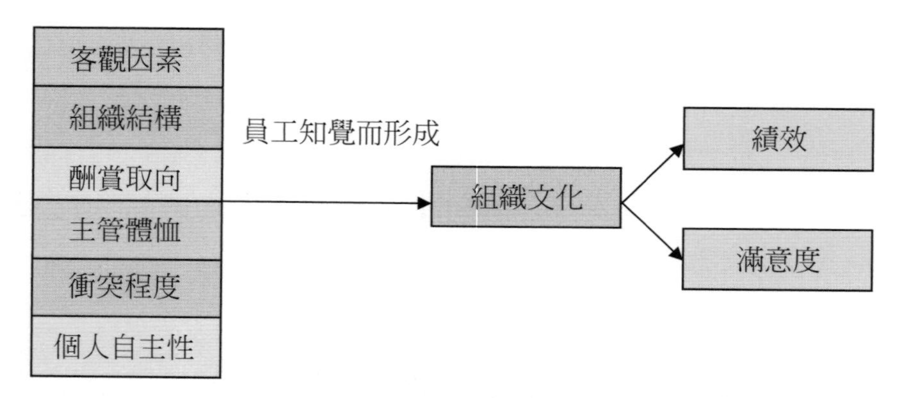

圖12-1　組織文化如何影響績效與滿意度

12.3 組織文化的要素與構面

組織文化的要素，席恩（Schein）（1992）指出組織文化可分為三種層次，分別為人事物、價值觀及基本假設。第一層所指的為組織文化的外顯形式，他可以讓人看到、聽到及感受到，諸如語言、口號及實體建築設計等。第二層價值觀主要指組織中的價值和信仰，其具有較高的穩定性。第三層的基本假設指組織內最基本的假定和最真實的價值部分。

常見的組織文化要素可包括故事、典禮或儀式、象徵、語言、社會化、價值觀與規範及共享價值。而這些要素同時是組織文化在傳承過程中的主要內容和工具。

組織文化的構面，主要有創新與冒險、專注細節程度、結果導向程度、人員導向程度、團隊導向程度、進取性及穩定性，其相關定義如下表：

表12-1　組織文化構面

構面名稱	定義
創新與冒險	指鼓勵組織成員創新與冒風險的程度。
專注細節	指對於期許組織成員展現精準、分析和注意細節的程度。
結果導向	管理階層對於最終結果或導致此結果過程的重視程度。
人員導向	管理階層決策時，考量到對組織成員影響的考量程度。
團隊導向	指由個人或團隊來執行相關工作的程度。
進取性	指組織成員中競爭與合作程度的比較。
穩定性	指組織運作對於維持現況、而非著重成長的程度。

12.4 組織文化的種類

關於組織文化相關的研究中指出，安索夫（Ansoff）（1990）從組織發展的角度，將組織文化區分爲穩定型文化、被動型文化、參與型文化、探索型文化及創造型文化。而霍伊伯格與佩特羅克（Hooijberg & Petrock）（1993）及迪爾與甘乃迪（Deal & Kennedy）（1982）亦分別對於組織的文化提出自己的看法與分類法，以下說明如下：

㈠霍伊伯格與佩特羅克（Hooijberg & Petrock）（1993）針對組織所關注的焦點是內部或外部，控制導向的正式化爲彈性或穩定，將組織文化的類型分爲宗族文化、創業文化、科層化及市場文化。

表12-2 霍伊伯格與佩特羅克（Hooijberg & Petrock）組織文化的類型

		控制導向的正式化	
		彈性	穩定
關注的焦點	內部	宗族文化（Clan Culture）	科層化（Bureaucratic Culture）
	外部	創業文化（Entrepreneurial Culture）	市場文化（Market Culture）

㈡迪爾與甘乃迪（Deal & Kennedy）（1982）藉著將組織對於肯冒險程度的高低以及回饋速度的快慢，將組織文化分為硬漢式文化、努力工作盡情享樂文化、賭徒型文化及過程文化四種。

表12-3 迪爾與甘乃迪（Deal & Kennedy）組織文化的類型

		回饋速度	
		快	慢
冒險程度	高	硬漢式文化（Tough Guy Macho Culture）	賭徒型文化（Bet Your Company Culture）
	低	努力工作盡情享樂文化（Work Hard Play Hard Culture）	過程型文化（Process Culture）

12.5 主流文化與次文化、強勢文化與弱勢文化

主流文化與次文化，主要在針對組織文化的普遍性而言，主流文化所顯示的是大多數成員所共有的核心價值，一般而言我們所提及的組織文化通常就是指主流文化。此種文化觀點，將可賦予組織一個獨特的人格。而次文化則反映出部分組織成員所面臨的共同問題、情境或經驗，而這些次文化也會受到部門或地區隔的限制所影響。大多數的大型組織裡都會共存一個主流文化與數個次文化，當一個組織僅有次文化而無所謂的主流文化時，這樣的一個組織甚至不能算的上是擁

有組織文化，因其無一致性共享意義的價值體系。

強勢文化與弱勢文化，則是針對組織文化的強度而言，強勢文化主要指核心價值被深刻而普遍接受的文化。而相較於弱勢文化，對於組織成員的影響力則較小。通常會影響組織文化的強勢與弱勢的因素，主要爲組織規模大小、時間長短、員工流動率高低及文化開創時期的強度。

在管理實務上，通常強勢文化中的組織成員比起弱勢文化的成員會更加的投入工作，強勢文化的組織，會以招募新進員工時的徵選和和種社交慣例，來建立起員工對組織的投入。同時，強勢文化的成員們對組織的意義會有較一致性的見解，此一致性的見解將構築高凝聚力、效忠和組織承諾。

12.6 社會化的意義

社會化是一種調適的過程，指成員在進入組織後，必須去了解的必要價值、規範及風俗，以求能稱職擔任組織角色，成爲能爲組織所接受成員的過程。而在學習過程中失敗的成員，將有被視爲不順從者或叛逆者的危險，甚至可能受到排斥與驅逐。

社會化提供了兩個主要目的，首先，社會化的過程能降低成員的不確定感，使成員感到安全，讓成員清楚其他人對自己的期望爲何。第二，社會化過程將能爲組織帶來利益，起因於社會化將能創造組織成員有更一致性的行爲，增加成員間的溝通與了解，減少衝突，進而使直接監督及管理控制更加有效率。

不同的社會化方法，將能呈現出策略的差異。直接將新成員安置在工作位置上，且不與原成員進行區分，此即爲典型的非正式社會化的例子。此種社會化方法下，組織並未直接去教導組織的新成員，而是讓新成員直接在自己工作的位置去熟悉組織文化。若將新成員與原成員進行區分，有計畫地教導新成員，促使他們更早清楚自己所應扮演的角色，此即爲正式的社會化過程。

透過非正式的結構，個別的社會化過程將能保持較多的個別差異。但此一方法組織所須付出的成本將較高且費時。若以集體的方式處理新成員的社會化過程，可將所有的新成員結合在一起，可互相討論與適應相同問題。新成員並可共享彼此的學習經驗。因此，實際應用上，多數大型組織認為別的社會化是較不實用的，而傾向於使用集體社會化的方法。而小型組織由於可能需要社會化的新成員較少，通常會使用個別式取向進行社會化。

12.7 文化的形成

組織文化的形成，可經由組織規範及組織創建者個人特質及哲學觀而產生，可能來自組織明文的陳述或是重大事故的處理。一般而言，組織規範經常涉及組織績效、外觀、資源分配與非正式社會互動等，對於組織成員行為的可預測性有所助益，同時可強化組織的價值與認同，因此可作為文化創造的機制表現。

席恩（Schein）（1990）認為組織創建者藉由初級植入機制與次級勾勒與增強機制來深植和傳遞文化，初級植入機制創造出團體的氣氛，可視為文化的前身，內容包括㈠創建者所在乎的、測量及控制的事物。㈡創建者對於重要事件及危機的反應模式。㈢創建者資源分配的標準。㈣角色的示範、教導及訓練。㈤創建者配置獎勵及職位的標準。㈥創建者招募、甄選、提拔、退休及調職之標準。而次級勾勒與增強機制是屬文化創造的機制，當次級勾勒與增強機制與初級植入機制一致時，組織的意識型態將會形成，此時將原先非正式的學習轉為正式化，可用來規範未來組織的新領導者，其內容包括㈠組織設計及結構。㈡組織系統及程序。㈢組織的典禮及儀式。㈣空間、外觀及建築物之設計。㈤人物、故事、傳奇及神話。㈥組織哲學、價值及章程的正式說明。

組織文化的形成，一般可略分為職前期（Prearrival）、接觸期（Encounter）及蛻變期（Metamorphosis），當於蛻變期時，將可決定最後所呈現的包括生產力、承諾與認同程度以及離職率高低。分別說明如下：

㈠ 職前期

此階段包含新成員在加入組織前所學習的事物，因組織會利用甄選過程讓準成員對組織有較完備看法，以確保組織找到想要的員工。

㈡ 接觸期

此一階段新成員可看到組織的眞相，並感受到原先所預期及現實的差異。此一差異可能使成員以組織所期待的看法取代之，或者因失望而選擇離職。

㈢ 蛻變期

此一階段將會發生長久性的改變，新成員在熟悉了環境及工作技能後，成功的扮演新角色，並調整自己適應團體的價值規範。

12.8 文化的傳承

組織文化的傳遞經常藉由社會化歷程來進行，席恩（Schein）（1990）認爲組織社會化歷程始於招募與甄選過程，組織藉著找尋基本假設、價值及信念適宜的成員，來確保組織文化的同質性。查特曼（Chatman）（1991）組織可將核心價值透過組織社會化歷程灌輸給新進成員，使新進成員能夠表現出組織所期待的價值、規範及行爲型態。例如現今許多的外商企業在徵選新進員工時，偏好選擇沒有工作經驗的新人，再經由組織社會化過程，將這些新人的目標、看法及價值塑造成與公司所希望的方向。

組織社會化的過程中可能會產生三種結果：

㈠ 完全的順從（Total Conformity）

經過社會化過程，而完全接受組織之文化及規範。

㈡ 具創造力的個人主義（Creative Individualism）

成員習得組織的核心文化，對於其他次要的部分則未完全接受，因而使自己能具有作業創新及角色創新。

㈢造反者（Rebellion）

完全拒絕組織之文化，而依照自我的風格。

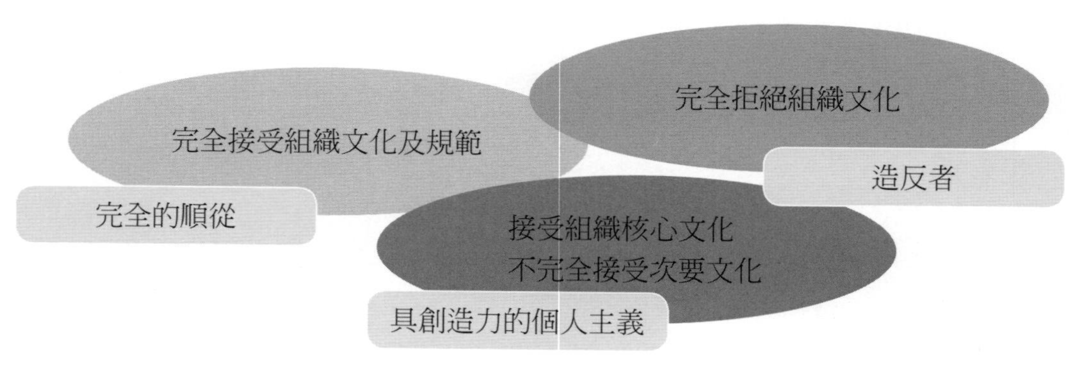

圖12-2　組織社會化的三種結果

席恩（Schein）（1990）認爲組織社會化若希望能達到完全的順從，可使用正式化、連續、序列、自我再生及變動等技術，而若希望使組織成員保有個人的創新性，則應使用非正式、隨機、中斷、固定及自我提升等技術。歐萊禮（O'Reilly）認爲高階管理者的信念或遠見可能與組織中較低階人員的日常信念（Daily Beliefs）有所落差。前者說明事情應該如何做，後者則代表事情實際的情況。因此，如何使組織文化帶到各個組織層次，使組織文化能夠落於組織成員的日常信念中，將是組織管理者不可忽視的重要課題。

范・瑪南（Van Maanen）（1978）及席恩（Schein）（1990）將組織社會化分成：

㈠團體或個人（Group vs. Individual）

指組織的訓練方案是團體共同集合亦或是針對個別成員傳授。

㈡正式或非正式（Formal vs. Informal）

指組織對於新進成員的訓練，是否有與現有成員隔離，給予其正式的訓練。

㈢自我破除重組或自我提升（Self-Destructive And Reconstructing vs. Self-Enhancing）

指在組織社會化的歷程中，是否容許新進成員將原來的自我風格及特徵維持，或是加以破除及重組。

㈣連續或隨機（Serial vs. Random）

指組織中是否有工作模範或資深成員，作爲新進成員的典範。

㈤序列或中斷（Sequential vs. Disjunctive）

指組織對於賦予新進成員角色的行爲中，是否有明確的步驟與連慣性。

㈥固定或變動（Fixed vs. Variable）

係指新進成員是否清楚組織社會化歷程每個階段的時間表。

㈦錦標賽或循環賽（Tournament vs. Contest）

指組織社會化每個階段有其淘汰出局的標準，或是以記錄（Track Record）及戰鬥平均（Batting Average）作爲淘汰的基礎標準。

12.9 文化的變革

現今環境變動快速，同時也帶給組織處在多重環境中的壓力及衝突，迫使組織不得不進行新的學習、適應與變革。組織的發展過程中，許多新進成員帶著異質的信念與文化進入組織，對組織現有的文化產生程度不一的衝擊，因此組織的文化自然地便會產生變化與變革，這亦是組織文化差異化（Differentiation）的開始。

席恩（Schein）（1992）認爲，隨著組織規模的成長，功能性、地理性及產品性的專業分工越精細，組織次文化（Subculture）於焉產生，次文化將反映出部分組織成員所面臨的共同問題、情境或經驗，這可能是組織文化演化的必經之路。組織在變動的環境中，管理者可能會知覺其文化失去功能性，對於組織的生存與成長不利，而文化的自然演化，也可能朝向錯誤的方向發展，亦或是在時間壓力下，無法讓文化進行自然的演化，因此勢必採行文化變革（Cultural Change）的策略。

文化要進行變革，席恩（Schein）（1992）認爲領導者可能解凍現有的組織系統，將自身作爲角色模範來引導組織的新方向，以新成員擔任組織的重要角色，對於新文化接的受者給予系統化的酬賞，誘導或強制成員採用新的文化，以新文化爲基礎發展新的典禮、儀式或人工製品等，經由上述組織新學習機制的建立，用以建構新的組織文化，進行組織的文化變革，此稱爲文化的滲透機制。

威爾金斯和戴爾（Wilkins & Dyer）（1988）以組織框架（Organizational Frames）概念，來說明組織文化的變革。組織框架指成員詮釋組織事件的基石，這個詮釋框架可以自然演化，其變革也可能是因外在危機或威脅而產生，端視組織框架的可使用性、成員對框架的承諾度及現有框架的變動性等三個因素所影響。若組織存有多個框架，則成員對現有框架的承諾感將會較低，而其變動性則較高；反之，若框架的變動性低，則成員對其承諾感較高，框架變動性將受到組織創建者與傳承者的影響，假若組織創建者所擁有的基本假設，傳承者無法全盤理解，組織框架則可能朝向簡單化發展，將會導致框架產生變動。組織策略也會影響框架的變動，若組織認爲變革爲適應環境的重要機制，則組織框架也較易變動。組織的自我監控能力，也會影響框架的變動性，當組織績效下滑時，組織會考慮採用其他的框架，而導致組織框架的變動。

12.10 啟動變革管理

組織內外的變化都會促成組織變革的需要，既然唯一不變的道理就是「變」，那麼對於變革進行計畫性的管理，在複雜且不確定性高的現代社會，可以降低變化所帶來的風險，科特與科恩（Kotter & Cohen）對於啟動變革提出了八個變革管理如圖12-3。

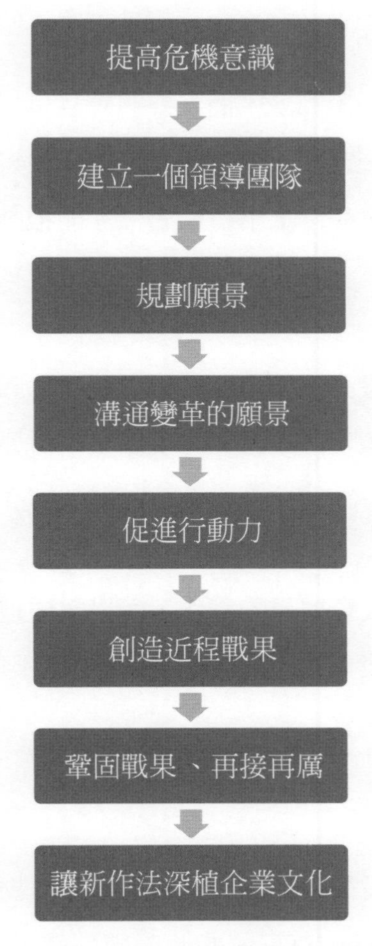

圖12-3　啟動組織變革的流程圖

㈠提高危機意識

藉由危機感加強變革能量與動機，爲變革營造迫切性，如果不能確定變革會爲組織團隊帶來更好效益，一般人員並不願意放棄過去的做事方法。

㈡建立一個領導團隊

所有成功的變革案例中必須要有一個隨著時間擴充的領導團隊，領導團隊必須確實發揮影響力，後續的變革才能成功。

㈢ 規劃願景

領導團隊必須規劃出一個願景，而且要明確且可以振奮人心，而這個願景必須是可以實現，才不會變成空談。願景的規劃必須很容易讓客戶、投資者以及員工溝通並且讓其加入變革，使得上下一條心，才能推動組織團隊投入變革行動。

㈣ 溝通變革的願景

變革領導人在這個階段必須與組織成員溝通變革願景、坦承、簡明、衷心的傳達變革的相關資訊以及策略，以建立實現願景所需要的信任及支持。

㈤ 促進行動力

組織變革過程中涉及大量成員的工作，所以需要這些負責業務量員工的承諾與參與，變革工作才能有成果，因此首先必須要移除阻礙員工實現願景的障礙，然後鼓勵員工冒險並發揮創意。

㈥ 創造近程戰果

變革通常需要花上一段很長時間以及龐大的人力物力，因此在啟動變革的短期內，至少要有明顯、及時、有意義的改善績效成果，來證明組織已經有所進步，才能激勵變革內所有人員士氣。

㈦ 鞏固戰果、再接再厲

運用前一段所提升的變革公信力，來改變組織其他部分尚未能搭配或不符合變革願景的系統、結構以及政策，另外，也可以招募或是培養能夠達成或是有意願參與變革願景的員工，以新的方案、主題以及領導團隊成員，爲變革注入新活力。

㈧讓新作法深植企業文化

最後，組織必須要培養出一個可以支持變革創新作法的新組織文化，組織文化會影響整個組織習俗與價值觀的建立，要讓變革文化成為組織文化的一部分，才能將變革的成果根深蒂固的留住。

★重點回顧★

1. 組織文化指組織所共有態度、價值、信念及行爲模式，以用來規範組織成員行爲，並建立組織的核心價值。能確實影響成員態度和行爲社會化過程。
2. 組織文化的要素可分別爲人事物、價值觀及基本假設。而其構面則可分爲創新冒險、專注細節、結果導向、人員導向、團隊導向、進取性及穩定性。
3. 主流文化與次文化，主要在針對組織文化的普遍性而言，主流文化所顯示的是大多數成員所有共有的核心價值。強勢文化與弱勢文化，則是針對組織文化的強度而言，強勢文化主要指核心價值被深刻而普遍接受的文化。
4. 社會化是一種調適的過程，指成員在進入組織後，必須去了解的必要價值、規範及風俗，以求能稱職擔任組織角色，成爲能爲組織所接受成員的過程。
5. 組織文化的形成，可經由組織規範及組織創建者個人特質及哲學觀而產生。文化的傳遞則經常藉由社會化歷程來進行。而隨著環境的變動，同時也帶給組織處在多重環境中的壓力及衝突，迫使組織不得不進行新的學習、適應與變革。這就是組織文化的形成、傳遞及變革。

★課後複習★

第十二章　組織文化

1.組織文化的定義。

2.組織文化的功能。

3.請比較強勢與弱勢文化。

4.社會化主要的目的。

5.說明組織文化的形成過程。

6.組織社會化會產生哪些結果？

7.請說明席恩（Schein）（1992）提出組織文化的要素。

8.請說明組織文化構面。

9.社會化的意義。

10.何謂主流文化與次文化。

第十三章

生產與作業管理

★學習目標★

◎了解生產與作業管理的定義

生產及作業品質

全面品質管理TQM（Total Quality Management）

◎了解生產與作業管理的績效指標

◎了解物流管理

物料需求計畫

即時生產系統JIT（Just In Time）

經濟訂購量模型

ABC存貨管理

★本章摘要★

生產管理著重於生產系統的運用，這個系統將一組輸入的材料、能源及機器設備，經由轉換後輸出產品或服務，以成為組織主要的商品。隨著環境的變化，為了幫助一個組織達成目標而必備的計畫、設計、操作生產系統及子系統的製程，而將生產管理結合作業管理，成為今天的生產與作業管理。

生產管理的演變，主要可由1850年代前的工藝生產時代開始，此時主要採學徒制的生產系統，以個體戶及工廠為主。到了1850年後則進入了大量生產的時代，此時電力、交通、通訊及生產設備等技術的突破與改進，大幅的增加了產能。到了1975年代後，生產管理開始進入了彈性生產的時代，電腦科技之應用於生產管及生產機器上，使得生產系統更有效能及效率、彈性及應變力。

若一個企業希望顧客能持續性使用公司產品，就必須讓公司的產品品質能夠讓顧客滿意，因此品質的管理，已成為許多公司所重視的重要課題，也有愈來愈多的公司企業開始大力推行TQM（Total Quality Management）來提高產品的品質，全面品質管理TQM是指將組織產品的品質管理提升到經營層面，即以品質來經營企業、塑造企業的文化，並以滿足顧客為其主要目標。

隨著組織文化及工作性質的不同，所適用的績效指標也有所不同。績效指標主要用來引導每個部門的工作方向，而生產與作業管理的績效指標，因部門不同而有不同，而大略可分為效率與品質、人力資源方面、成本方面、交貨方面及彈性方面。

物流管理乃指存貨、運輸、倉儲、搬運、包裝、配銷通路、採購、區位選擇及訂單處理等事項的管理，完善的物流管理對於整體產品成本的降低極為顯著，因此便逐漸受到企業的重視。物料需求計畫MRP（Material Requirement Planning）是用來協助管理者管理供應和需求之間的平衡的工具，以提供廣泛且多樣的分析和建議，來維護供需的平衡。而JIT及時生產系統的核心概念，是希望使用最少的庫存，包括原物料、在製品及完成品等，以求降低庫存成本。其最終目的是零存貨成本。

經濟訂購量模型EOQ（Economic Ordering Quantity）是用於討論投資成本，設置成本與作業成本之間的取捨關係，如何以較低的存貨水準、較小的訂購成本，作最有效的投資以減少設置成本。ABC存貨管理是一種對於存貨管理方式的應用理論，用以界定存貨的價值及存放方式。

★生產與作業管理★

13.1 生產與作業管理的定義

生產與作業管理，是由生產管理更改名稱而來，過去通常稱爲生產管理，僅針對組織的生產進行管理，生產管理著重於生產系統的運用，這個系統將一組輸入的材料、能源及機器設備，經由轉換後輸出產品或服務，以成爲組織主要的商品。

生產管理的演變，主要可由1850年代前的工藝生產時代開始，此時主要採學徒制的生產系統，以個體戶及工廠爲主。到了1850年後則進入了大量生產的時代，此時電力、交通、通訊及生產設備等技術的突破與改進，大幅的增加了產能。到了1975年代後，生產管理開始進入了彈性生產的時代，電腦科技之應用於生產管及生產機器上，使得生產系統更有效能及效率、彈性及應變力。

隨著環境的變化，爲了幫助一個組織達成目標而必備的計畫、設計、操作生產系統及子系統的製程，而將生產管理結合作業管理，成爲今天的生產與作業管理。管理的目標，並非僅單純的追求成本的降低，主要的目標在追求穩定中成長獲利，以及維持顧客長期對他們產品的需求，以求組織的永續發展。

最適的生產與作業管理在全球競爭環境下，已成爲一個企業能夠成功的關鍵因素之一。在當今電子化企業的時代，資訊化的技術已成爲主流，諸如電腦輔助設計與製造、企業資源規劃、供應鏈管理、群組技術、電子資料交換、彈性製造系統等都是生產與作業管理成功的關鍵技術。

13.2 生產及作業品質

若一個企業希望顧客能持續性使用公司產品，就必須使公司的產品品質能夠讓顧客滿意，因此品質的管理，已成爲許多公司所重視的重要課題，也有愈來愈多的公司企業開始大力推行「全面品質管理」（Total Quality Management，TQM）來提高產品的品質，一般而言，產品的品質保證可經由下列幾種方法來達成：

㈠供應商品質

供應商必須提供一套製程、出貨與運送的品質保証。且其產品的原材料必須符合規格，才能生產出符合客戶需求規格的產品。

㈡設計的品質

設計品質的首要任務，就是設計應該能夠符合及滿足客戶的需求與期望，並利用品質機能的展開，包括實驗計畫的，以設計出穩固不易受到破壞的產品。

㈢工廠的品質

工廠製造品質保証一般可區分爲三部分，第一爲透過原材料進廠檢驗，利用抽樣檢驗甚至於全檢方式保證原材料品質。第二爲在製品的檢驗與測試，利用統計品管的手法，提高製程能力，減少產品的不良率，以求提高品質。第三爲成品出貨的檢驗，大部分可利用抽樣來檢驗，僅有少部分檢驗項目需要採用全檢的方式以確保產品品質。

㈣售後服務品質

組織應設計出一套售後的服務機制，且一定要能快速反應並符合客戶的需求，才能抓住客戶的心，願意繼續購買及使用公司的產品。

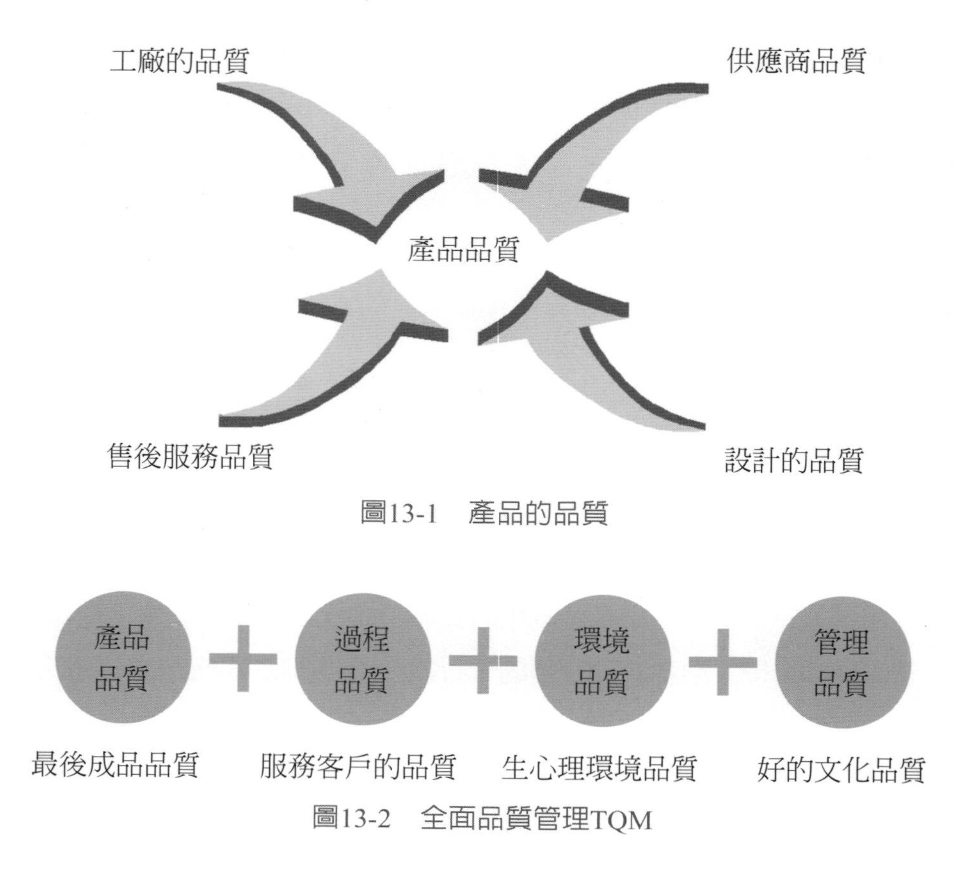

圖13-1　產品的品質

圖13-2　全面品質管理TQM

13.3 全面品質管理（TQM）

全面品質管理TQM（Total Quality Management）是指將組織產品的品質管理提升到經營層面，即以品質來經營企業、塑造企業的文化，並以滿足顧客為其主要目標。TQM主張建立一種持續不斷改善的組織模式。欲達成此一目標，方法便是應用統計的方法和人力資源的管理，促使現在及未來持續性的改善，並提供組織的物料和服務及組織內部所有的過程，以達到並滿足顧客的需求。

TQM是一種以品質為中心的企業文化。因此其全面品質管理的內涵，乃是了解並達到顧客的需求，且進行持續的發展與改善，使得企業公司內全體員工，上至最高領導者，下至基層員工均要求品質責任，以達到企業經營績效。而組織對於訓練績效考核獎懲應遵循承諾，才能促使組織員工向心力增加，並獲得管理者的支持及指導，促使全體員工樂於參與訓練，並對於訓練績效獎勵及認同，以提供企業人力資源的長期性承諾。

以品質研究的歷史而言，從過去將重心放在探討諸如作業員及檢驗員等初階的徵觀層面，發展到了1980年代後的全面品質保證（Total Quality Assurance，TQA）的宏觀層面，再漸漸發展出藉由經營管理的概念，發展出全面品質管理TQM。

從品質的觀念面而言，品質乃經由設計、製造、檢查及管理等發展而來。而在制度面，最早由品質檢驗制度（Quality Inspection）、品質管理（Quality Control，QC）一直到品質保證（Quality Assurance，QA），才一直發展到本章所探討的全面品質管理（TQM）。單以品質的發展過程層面來說，過去可能只探討產品的品質，而現如除了產品本身的品質外，更應加上包括過程品質、環境品質及管理的品質，分別說明如下：

(一)產品品質（Quality Of Product）：指產品的研發與製造，以及最後成品的品質。

(二)過程品質（Quality Of Process）：指工作及服務顧客的系統品質。

(三)環境品質（Quality Of Environment）：指結合生理、心理環境、硬體設備及工作環境的品質。

(四)管理品質（Quality Of Management）：指是否具有良好的企業文化，以及經營決策及人力資源應用品質。

13.4 生產與作業管理的績效指標

隨著組織文化及工作性質的不同，所適用的績效指標也有所不同。績效指標主要用來引導每個部門的工作方向，而生產與作業管理的績效指標，因部門不同而有不同，而大略可分為下列幾項：

㈠效率與品質

產品的效率與品質，主要可包括生產力、投資報酬率、現金周轉率、市場佔有率、客戶抱怨率、每工時產量、機器與廠房使用率、檢驗不良率、製造不良率、不良品回流率、成品出貨檢驗不良率等。

㈡人力資源方面

在人力資源的績效指標上，主要可包括成員具多國語言員工比率、員工滿意度、員工離職率、員工缺勤率、客戶滿意度等等。

㈢成本方面

生產與作業管理的成本績效上，主要有設計成本、品質成本、物流成本、行銷成本、售後服務成本及製造成本等，而製造成本又可分為直接材料、間接材料、直接人工、間接人工、機器設備等。

㈣交貨方面

此一部分績效衡量部分，主要指新產品研發到上市時間、產品改變機種時間、產品產製時間、物流時間、成品交貨時間等。

㈤彈性方面

指部門的彈性程度，主要包括滿足客戶小量多樣的改變機種彈性、員工配合臨時訂單而加班的彈性、臨時與正式員工的比率、員工支援海外廠出差的彈性等。

13.5 物流管理

物流管理乃指存貨、運輸、倉儲、搬運、包裝、配銷通路、採購、區位選擇及訂單處理等事項的管理，完善的物流管理對於整體產品成本的降低極為顯著，因此便逐漸受到企業的重視。

物流管理是整個供應鏈管理相當重要的一環，存貨爲未使用之任何資源的累積。存貨過多不僅將造成管理上的不便，亦使廠商流動資金積壓，產生營運週轉上的困難。且物料的短缺固然會造成生產線停擺，而材料庫存太多不但積壓資金，也會造成必須花更多的時間在物料的搜尋，間接減少生產時間，造成生產量的減少。

物流存貨的增加，將使包括持有成本、品質成本、生產協調成本、產能耗費成本及製造問題等成本增加，造成整體物流上成本的上升。而若能有效降低物流存貨，將可有效降低相關成本，這些成本包括了整備的成本及獲得成本，獲得成本又可稱爲產品本，指採購或自行製造之單位成本。但卻可能因此產生缺貨成本，造成顧客的抱怨。因此，物流的管理往往成爲一個企業獲得高低的關鍵因素。

13.6 物料需求計畫（Material Requirements Planning）

物料需求計畫MRP是用來協助管理者管理供應和需求之間的平衡的工具，以提供廣泛且多樣的分析和建議，來維護供需的平衡。以最新的料品供應資訊和有效可具可行性的需求資訊爲基礎，MRP系統提出何時要發行供應性質的採購命令或製造命令，以協助降低庫存及提升製造生產力，使組織在最終的物料管理上的獲得效果。

MRP模組具有以下幾個特徵。首先，MRP提出了完全整合的運算工具，將銷售預測、主生產排程（MPS）的產品或零組件，客戶訂單以及已確認的計畫訂單等都整合於MRP運算程序內。同時，MRP可選擇多種生產計畫政策，如最少或最多採購量、定期採購、循環供應等。且對於所有的組裝清單和排程展開運算，藉由這些運算，亦可檢視嚴重的例外事件和實施重新排程。當實際生產和需求排程有嚴重的出入其例外事項時時，將會列示於例外視窗中，以便對其關聯的生產命令或採購單實施重新進行排程。

而隨著MRP系統的進步，MRP II（Manufacturing Resource Planning）則提供了管理者一些新的功能與特點，MRP II是以MRP爲核心，覆蓋企業生產活動所有領域、有效利用資源的生產管理思想和電腦管理系統，主要有以下三項：

㈠將生產作業和財務系統整合在一起，使用同一套數據，以同步處理各種管理事務，讓生產作業和財務系統具可比較性。

㈡MRP II具有模擬能力，讓管理者更易掌握物料。

㈢MRP II提供的是整個企業的動作系統，而不再只是生產作業人員的專用工具。企業中所有部門及人員都要根據MRP II的規則來進行自己的業務。

13.7 即時生產系統JIT（Just In Time）

JIT即時生產系統是日本豐田汽車於1950年所創始，所隱含的觀念是浪費的減少。JIT是一種管理哲學，和包括一些技術運用。當日本豐田汽車採用了這套系統且確實的達到營利績效時，世界各地的製造商也開始對JIT產生興趣，並且嘗試推行，一旦引進JIT後，大部分公司原先所採用的績效衡量將阻礙而非幫助JIT。因此，若希望採用JIT，傳統的績效衡量必須加以修正，以反映變遷快速的大環境。

及時生產系統（Just In Time）的核心概念，是希望使用最少的庫存，包括原物料、在製品及完成品等，以求降低庫存成本。其最終目的是零存貨成本，即庫存一來時就直接投入生產或行銷的作業中，而不讓物料成爲組織的負擔。透過JIT，以得到精確的產量控制，讓零件能及時到達至下一個工作站，快速完成加工或裝配並且在生產系統中快速移轉。

JIT的生產哲學在於避免浪費，任何對於產出沒有直接效益的活動便被視爲浪費。諸如機器的整備、存貨及不良品的重新加工都被視爲一種浪費，而浪費的產生往往被認爲是由不良的管理所造成的。庫存量多往往起因於錯誤的管理所產生，因此，JIT的終極目標即是達到零缺點、零存貨、零整備時間、零前置時間及無零件搬運。JIT的基本原理是以需定供。即由供給方根據需求方的要求，將物品配送到指點的地點，JIT有很多的好處，包括零庫存、最大節約及零廢品，惟在實務上，是很難達到100%效率的，因此JIT有時也被認爲僅是一種管理哲學，提供了構思及目標，卻並非適用於每一個企業組織中。

13.8 MRP II 與JIT的比較

兩種系統基本所追求的目標皆爲提供生產力、降低存貨及滿足顧客提升服務水平，且兩種系統基本上均由主生產排程決定之後才開始展開行動。但兩者系統背後的生產哲學與系統則有著顯著的差異，日式JIT是以零存貨爲目標，即採取小量生量、進而減少存貨及減少整備訂購成本。而美式MRP II 系統則是透過大批量方式，來減少生產的整備成本。MRP II 系統爲一電腦系統，利用電腦來設計物料需求計畫、產能需求規劃，乃至投入及產出的控制。JIT系統則屬於手動系統，利用諸如看板的簡單明瞭，當存貨減少時便進行自動補貨，使用目測方式便可控制投入及產出的控制。至於在實務上究竟要使用何種方式較適合，一般而言複雜的物料表與主日程或是需求的變化起伏極大或是與供應商之間沒有長期合作關係，較適合採用MRP II 方式來生產。

13.9 經濟訂購量模型EOQ（Economic Ordering Quantity）

經濟訂購量模型EOQ由學者辛伯格（Schonberger）於1982年提出，其以EOQ模型爲基礎，來說明投資成本，設置成本與作業成本之間的取捨關係，如何以較低的存貨水準、較小的訂購成本，作最有效的投資以減少設置成本。辛伯格（Schonberger）明白指出，EOQ模型的主要目的，即在考慮到投資成本，設置成本與作業成本的基礎下，找出一個最低總成本的目標。

波特斯（Porteus）（1985）最早提出降低訂購成本的模型，以傳統的EOQ模型爲基礎，提出了兩種投資成本的函數，用來改善訂購成本，並於1990年提出，其認爲EOQ 模型裡其需求是隨機的存貨模型。克萊因等人（Klein Et Al）

（1990）認爲經濟訂購量模型在不同的補貨型態下，具有修正存量模型之特性，此爲EOQ存量模型的優勢。而由於JIT的盛行，也促使了許多學者開始致力於如何降低訂購成本可能性的研究，不單單僅考量設置成本，更應考量到訂購成本的降低。

我國學者林妍吟（2003）建立起隨機需求符合常態分配的EOQ 存量模型，以用來決定最佳訂購量，與瓦格納-惠廷（Wagner-Whitin）的演算法求算出之總成本，即以一種統計的方法來進行比較分析，求總成本最小，並運用於醫院灌飲食之存貨問題，可知經濟訂購量模型的運用是相當廣泛的，同時其各種成本的運用，亦可隨著標的物的不同而進行調整與更換。

經濟訂購量（EOQ）定義：使採購成本及存貨持有成本加總值最小的採購量。哈里斯（Harris）（1962） 將 EOQ 觀念引入時間考量，利用數量方法求出經濟訂購量。EOQ 適用於需求及成本很穩定的情況。EOQ公式如下：

$$EOQ = \sqrt{\frac{2DS}{H}}$$

D：需求量，以件數計

S：每次訂購成本

H：年單位持有成本

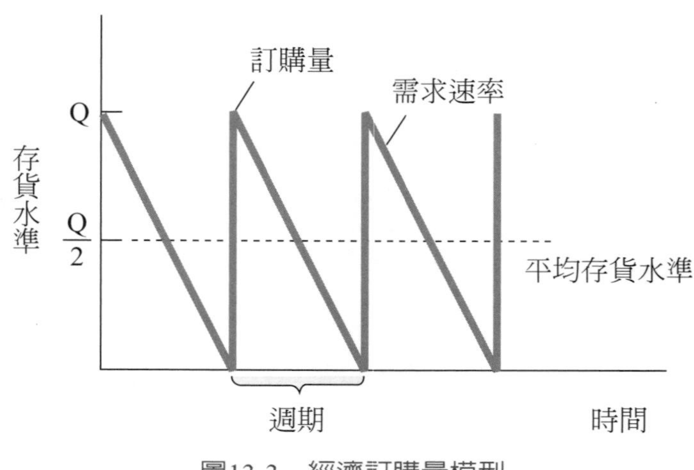

圖13-3 經濟訂購量模型

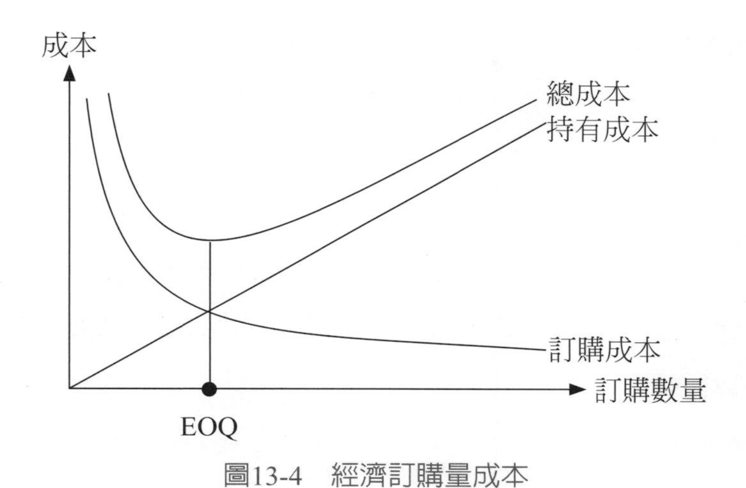

圖13-4　經濟訂購量成本

13.10 ABC存貨管理

ABC存貨管理是一種對於存貨管理方式的應用理論，其又可稱為80/20理論，其內涵指的是存貨中最關鍵的20%，可能就佔有80%的創造價值，而另外的80%的存貨，可能反而僅能創造出20%的價值。其將存貨的類型分為了三種類型如下：

㈠ A類存貨

為具最高價值的存貨，佔有15%～20%的庫存量，但其可創造的價值可能有70%～80%，此類存貨一般是最為關鍵、高價值或高危險性的物料，具有不可短缺及不可替代性，此類物料必須加以分析管理，以保持完整且精確的存貨記錄。再必要時甚至要將這些存貨與其他類型的存貨作出區隔及管理，例如醫院的麻醉藥品、電腦CPU、可口可樂的獨家配方等。

㈡ B類存貨

次高價值的存貨，佔有庫存量的30%左右，具有約15%～25%的庫存價值，是一種主要或必要物料，但其替代性較高，取得較爲容易。其管理模式與A類物料類似，但是管理的層及及頻率較低，如電腦RAM等。

㈢ C類存貨

最低價值的存貨，佔有大多數的庫存量，但其庫存價值可能只有5%～10%，此類物料可以用較爲鬆散的方式進行管理，且替代性最高不具稀有性。如螺絲及一般性耗材等。

一般而言，我們所稱的庫存價值，大多指的是物料本身的價值，如取得的成本或所需付出代價等，這是較容易被量化的價值。但在實務上，除了物料本身的價值外，尙需考量到諸如風險的價值及未來的潛力價值。前者指的是此類物料可能產生的風險性，諸如產品滯銷，或是具毒性物料的外漏風險等。而未來的潛力價值如當大家知道油價可能又要上漲時，就會開始有不肖人士進行囤油行爲，即爲未來性的考量。

★重點回顧★

1. 生產與作業管理的目標，並非僅單純的追求成本的降低，主要的目標在追求穩定中成長獲利，以及維持顧客長期對他們產品的需求，以求組織的永續發展。
2. 生產與作業品質的管理，已成爲許多公司所重視的重要課題。也有愈來愈多的公司企業開始大力推行TQM來提高產品的品質，來追求組織於品質上的精進。
3. 生產與作業管理的績效指標，主要可從產品的效率與品質、人力資源方面、成本方面、交貨方面及彈性方面來進行衡量。
4. 物流管理是整個供應鏈管理相當重要的一環，存貨過多不僅將造成管理上的不便，亦使廠商流動資金積壓，產生營運週轉上的困難。
5. 爲了提升生產及作業管理的效能與效率，多位學者分別提出了諸如MRP物料需求計畫、JIT即時生產系統、經濟訂購量模型及ABC存貨管理等，以追求管理的品質。

★課後複習★

第十三章　生產與作業管理

1. 生產管理的目的。
2. 如何維持良好的生產品質。
3. 全面品質管理的定義。
4. 全面品質管理的重要過程。
5. 生產與管理中彈性指標為何。
6. 存貨的缺點。
7. 物料需求規劃提供管理者的功能。
8. 即時生產系統的目的。
9. 經濟訂購量模型定義。
10. ABC存貨管理中，將存貨分成三類，則A類型存貨為何。

第十四章

行銷管理

★學習目標★

◎了解行銷的定義

引導行銷活動的觀念

行銷的類型

行銷的4P與4C

◎了解顧客價值及顧客滿意

◎了解目標行銷

市場區隔、選擇目標市場、市場定位

有效區隔市場的條件

◎了解行銷管理理論

BCG矩陣

新BCG矩陣

產品生命週期

★本章摘要★

行銷的過程中涉及了分析、規劃、執行及控制的過程，同時涵蓋了財貨、服務與構想。而人們具有食、衣、住、行、育、樂等方面的需要，因此，經由創造、提供並對於有價值的產品與服務進行交換的過程中，以滿足人們之所需。而行銷的思維及核心概念，便是由此一需求而來。行銷乃一種社會化的過程，通過此一過程，讓人們得到所希望得到的產品與服務。

對於行銷的活動主要觀念，分別爲生產觀念、銷售觀念、行銷觀念與社會行銷觀念。而行銷類型主要可分爲策略行銷、開拓型及維繫型行銷、服務行銷、體驗行銷、城市行銷（地方行銷）、及節慶行銷等。行銷策略中有所謂的行銷組合，最常使用的概念包括了麥卡錫（McCarthy）所提的4P以及羅伯特．勞特朋（Robert Lauterborn）所提出的顧客4C。行銷策略的4P包括產品、價格、通路及促銷，而4C則包括顧客的需求與慾望、顧客的成本、便利性及溝通。

目標行銷需要三項主要步驟，第一是「市場區隔」（Market Segmentation），即把市場區隔爲幾個能夠清楚分別的消費群，各有其不同的行銷組合需求。第二是「選擇目標市場」（Market Targeting），即選出一個或多個的區隔市場作爲所欲打入的目標市場。第三是「市場定位」（Market Positioning），指在市場中建立起產品的關鍵利益與地位。

BCG矩陣藉由產業的市長成長率及相對市場佔有率，將產業分爲四類，四類所應使用的應對策略皆有所不同。而產品生命週期代表一個產品的銷售歷史的各階段。每一個階段都有其機會及困難，同時也有相對的行銷策略及獲利潛力，產品生命週期主要可分爲四個階段，分別爲㈠萌芽期；㈡成長期；㈢成熟期；㈣衰退期。麥可．波特（Michael Porter）五力分析提出一套產業分析架構，用來解釋產業結構與競爭的因素，並建構整體的競爭策略。此五種力量分別是潛在新進入者的威脅、供應商的議價能力、購買者的議價能力、替代品或服務的威脅及現有廠商的競爭程度。

★行銷管理★

14.1 行銷的定義

人們具有食、衣、住、行、育、樂等方面的需要，因此，經由創造、提供並對於有價值的產品與服務進行交換的過程中，以滿足人們之所需。而行銷的思維及核心概念，便是由此一需求而來。行銷乃一種社會化的過程，通過此一過程，讓人們得到所希望得到的產品與服務。

行銷的過程中涉及了分析、規劃、執行及控制的過程，同時涵蓋了財貨、服務與構想。其核心理念包括了人們的需要、欲望與需求。而關係行銷的概念即在於對於顧客諸如創造、維持及加強關係的過程，以促進組織與顧客之間的互動與交流。可以說，行銷管理一個重要的目標，即在於希望參與交換過程的關係人皆可獲得滿足。

整合行銷意謂著兩件事情，一是指各種的行銷功能，包括銷售力、廣告、產品管理與行銷研究等，需要將其進行整合後，才能達到其效用。其二是行銷須和組織中其他的部門整合，行銷工作無法孤軍奮戰，惟有整個組織進行整合後，才能發揮其功效。

基於行銷觀念，公司需進行內部行銷（Internal Marketing）及外部行銷（External Marketing）。內部行銷指的是能夠成功的徵選、訓練及激勵自己的員工，使其能夠願意爲顧客服務同時培養員工的能力。內部行銷應在外部行銷之前作好，若員工未準備好之前，就提供服務是沒有意義的。若組織能滿足員工，並以組織爲榮，員工就能完成最佳的服務，也將成爲最佳的外部行銷成員。

14.2 引導行銷活動的觀念

對於行銷的活動主要觀念，分別為生產觀念（Production Concept）、產品觀念（Product Concept）、銷售觀念（Selling Concept；Sales Concept）、行銷觀念（Marketing Concept）與社會行銷觀念（Societal Marketing Concept）。以下分別說明之：

㈠生產觀念

生產觀念主要在說明目標顧客會喜愛那些品質良好、容易購得而且價格便宜的產品。因此管理者工作就是要努力去提高組織的生產效率及分配效率，並不斷致力於產品的改良，以確立組織的競爭力。此一觀念主要在強調成本的控制及試圖壓低成本，較重視於產品的開發、而忽略客戶。

㈡產品觀念

企業認為消費者會選擇品質、功能和特色最佳的產品，因此企業不斷地致力於產品品質的改良。

㈢銷售觀念

銷售觀念為一種由內而外的觀念，主要運用於供給大於需求的市場結構時，一般而言，如果不去進行某些的活動時，目標顧客通常不會購買組織所希望或追求的目標銷售量產品，因此銷售的觀念著重於必須從事大量的銷售與推廣活動。

㈣行銷觀念

行銷觀念為一種由外而內的觀念，其認為欲達成組織目標，主要關鍵在於應比競爭者更有效地整合行銷活動，才能滿足目標市場的需要和欲望。是一種以顧客需求為主要導向的經營哲學，以整合的行銷為手段來創造顧客的滿意度，以達成組織的目標。

㈤ 社會行銷觀念

社會行銷觀念認爲行銷的任務除了達成組織目標，滿足目標市場的需要、欲望和利益，也應該致力於維持或增進消費者和社會的長期福祉。

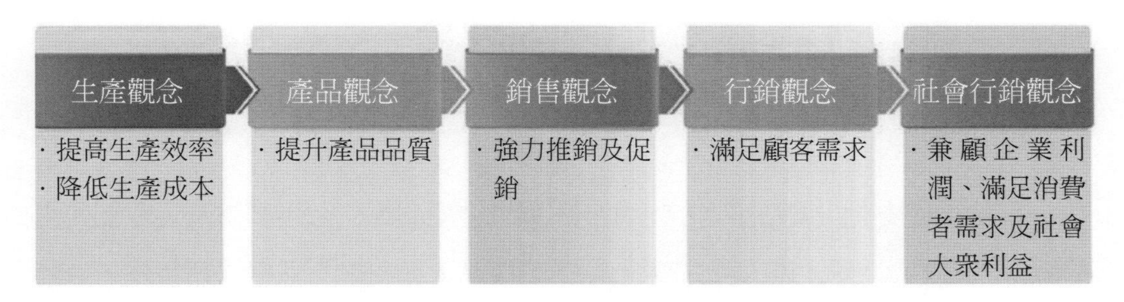

圖14-1　行銷管理的觀念演進

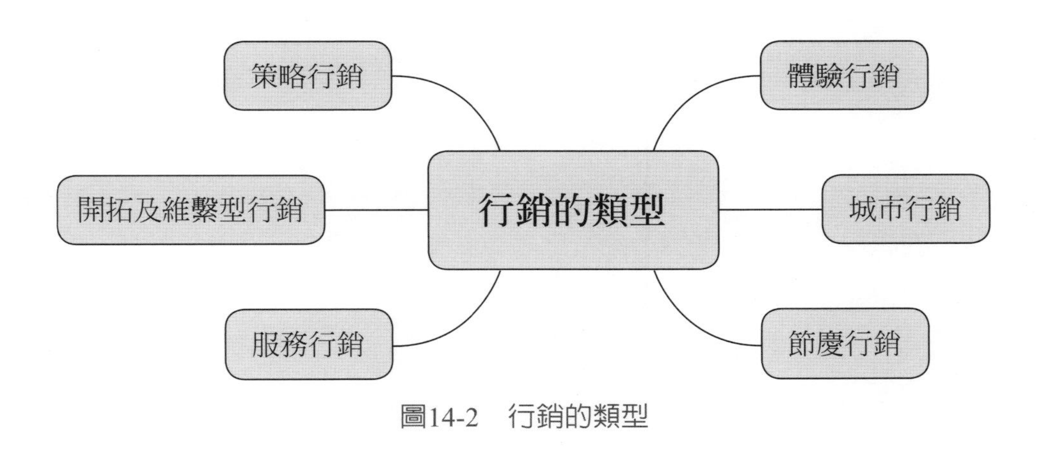

圖14-2　行銷的類型

14.3 行銷的類型

㈠ 策略行銷

策略行銷是指行銷的策略面，如STP。而所謂的「作業面」或者是「戰術面」，即爲一般人所熟悉的4P。策略的目標就做對的事情，而策略行銷的目標就是進行正確的行銷。

㈡開拓型及維繫型行銷

過去行銷被賦予的任務是開拓市場，而面對廣大的市場，行銷人員將所有的重心放在攻佔市場佔有率，卻可能忽略已購買的顧客，造成舊有顧客的流失。然而事實上，開拓新市場的成本遠大於舊顧客，所以在「顧客關係管理」的概念興起後，企業開始著重於維繫舊顧客的「維繫型行銷」才能爲企業獲利。

㈢服務行銷

隨著生產技術的成熟與進步，許多國家製造業的比例已逐漸下降，取而代之的服務業的興起。服務業與製造業有顯著的不同，如生產與消費同時發生，且無法進行儲存，因此服務行銷應著重於諸如內外部行銷、互動行銷等，以突顯服務業行銷須特別注意的重點。

㈣體驗行銷

服務的提供，最能夠產生顯著的差異，讓客人願意重覆消費的，就是讓顧客有「難忘的體驗」，因此體驗行銷特別著重於感官、情感、思考、行動、關連這五個構面，希望能讓顧客有深刻且正面的經驗。

㈤城市行銷（地方行銷）

一個城市希望能夠吸引更多的商人及觀光客，就一定要有城市的獨特特色。所以要能突顯一個城市，進而繁榮這個地方，就要從一個城市的文化、市政建設、美食及地方人民上著手。找出這座城市與鄰近的競爭城市的差異點，以發展出獨特的定位，持續向目標顧客傳遞城市的形象。

㈥節慶行銷

節慶行銷的活動通常會成爲城市行銷的重要賣點，如宜蘭的童玩節、鹽水蜂炮等。節慶活動是一個大型的Event，需要許多的人員進行分工配合，同時結合各種行銷工具，才能成功傳遞一個地方的特色。

14.4 顧客價值及顧客滿意

㈠顧客價值

多數學者認爲顧客價值具有一個簡易公式，即顧客總利益－顧客總成本，可得到所創造出的顧客價值，而顧客的類型，依其所認的價值可區分爲三種。第一種顧客認同產品本身具有領導地位的價值，此類顧客多願意購買較新及較先進的產品。第二種顧客則認同組織營運績效所創造出的卓越價值，此類顧客主要的目標產品多爲價格便宜產品又好用爲主。第三種顧客則認同密度的價值，其主要的考量價值爲以符合自身需求爲優先，多爲購買高價或是具有長期關係的產品。

㈡顧客忠誠

顧客忠誠往往能夠決定一個品牌的價值，也可以決定一個產品銷售量的高低。一般而言，顧客的忠誠需由顧客的滿意而產生，當顧客對於產品滿意時，才能產生顧客忠誠，而此一忠誠較能夠驅使顧客重覆購買產品，進而使企業獲利。相反的，當顧客對產品產生抱怨或不愉快時，較造成負面的宣傳效果，使顧客流失，進而致使企業蒙受損失。不斷開發新的顧客族群固然是維持成長和生存所不可或缺的，但是致力於留住舊的顧客，提升顧客的忠誠度，減少原顧客的流失，往往比去追求一個新顧客的成本更加低。因此創造和維繫顧客忠誠是關係行銷的重點工作。

4P＝生產者觀點

4C＝消費者觀點

圖14-3　4P與4C

14.5 行銷的4P與4C

行銷策略中有所謂的行銷組合，最常使用的概念包括了麥卡錫（McCarthy）所提的4P以及羅伯特．勞特朋（Robert Lauterborn）所提出的顧客4C。行銷策略的4P包括產品（Product）、價格（Price）、通路（Place）及促銷（Promotion），而4C則包括顧客的需求與慾望（Custom Needs And Wants）、顧客的成本（Cost To The Customer）、便利性（Convenience）及溝通（Communication）。

在行銷管理中4P與4C必須要能夠相對應，才能完全把發揮行銷的精髓，而4P與4C的相互關係經由結合後，可發展出以下的組合：

㈠產品（Product）：顧客的需求與慾望（Custom Needs And Wants）

㈡價格（Price）：顧客的成本（Cost To The Customer）

㈢通路（Place）：便利性（Convenience）

㈣促銷（Promotion）：溝通（Communication）

由此組合中可發現，行銷人員在考慮規劃4P中的方法時，其關鍵性思考核心爲何？而這些思維對於行銷又有什麼影響呢？當組織計畫推出每一件產品時，是否需明確去思考內部顧客成員的需求與慾望，若不符合這樣的要求，這個計畫就必須被終止或是去改善。而產品的價格與顧客的成本是否能達到投資報酬率，若不行，就應該思考重新去制訂價格或控制成本。

而當我們在進行產品通路的配置中，是曾能夠具有便利性，若答案是否定的，則就必須重新去思考通路的配置。而當我們執行行銷時，是否能有效的去說服及溝通（Communication）企業的每位成員，讓工作完全融入於組織氣候中，當雙方的溝通無效時，這個工作將無法有效率的完成並發揮出它應有的效能出來。

14.6 目標行銷

目標行銷需要三項主要步驟，第一是「市場區隔」（Market Segmentation），即把市場區隔爲幾個能夠清楚分別的消費群，各有其不同的行銷組合需求。第二是「選擇目標市場」（Market Targeting），即選出一個或多個的區隔市場作爲所欲打入的目標市場。第三是「市場定位」（Market Positioning），指在市場中建立起產品的關鍵利益與地位。以下分述之：

㈠市場區隔

市場區隔最主要的目的在於對目標市場作出區分，以追求高消費利益所來的高價位效益。當進行市場區隔所帶來的額外利潤，足以用來彌補因進行市場區隔所帶來的成本時，此一市場區隔就有其經濟價值與利益。而當進行市場區隔時，其精確度與明確度往往可以決定市場區隔的成敗，因此，市場區隔的細分程度及各市場的區隔應盡可能明確。

市場區隔的精確度與明確度是否適宜，對於行銷的效率有舉足輕重的影響力。而影響力的大小，還得視產品的類型而定。顧客的自我選擇（Self Selection）常常可爲廠商減少可能因市場區隔不明時的麻煩，如當市場被區隔爲高所得市場及低所得市場時，廠商可進行差別取價，此時顧客的自我選擇可爲廠商帶來高利潤，使廠商順利達成市場區隔的目標。

㈡有效區隔市場的條件

市場區隔要發揮作用，必須具備以下幾個特性：

1. 可衡量性（Measurable）：指區隔的描述必須可明確被衡量，可包含諸如規模及購買力等。
2. 足量性（Substantial）：指區隔的規模必須夠大且同時必須有所利基，否則將不具有效性及意義。
3. 可接近性（Accessible）：在進行區隔市場後，廠商應該能夠有效地接觸並提供服務給該區隔市場。
4. 可區別性（Differentiable）：區隔市場在觀念下必須可被區別出來，且對於不同行銷組合產生不同的反應。
5. 可行動性（Actionable）：指廠商應可發展出具體的行銷計畫，以有效吸引並服務所區隔出來的市場顧客。

㈢選擇目標市場

市場區隔的目的在於幫助廠商發現市場的機會，接著企業必須能夠進行評估市場的區隔，包括區隔規模與成長率、結構吸引力及公司本身的目標與資源。在完成評估後，以決定應該進入哪些目標市場。

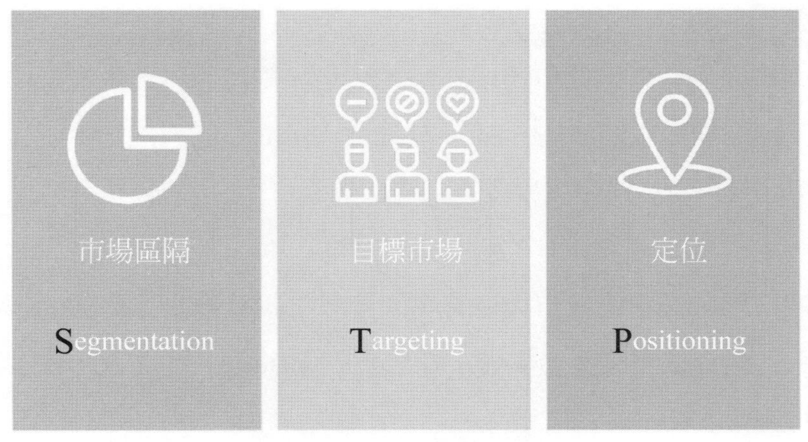

圖14-4　STP目標行銷

14.7 BCG矩陣（Boston Consulting Group）

㈠ BCG矩陣

表14-1　BCG矩陣

		相對市場佔有率	
		高	低
市場成長率	高	明星	問題
	低	金牛	狗

波士頓顧問公司是一個著名的管理顧問公司，該公司提出BCG矩陣用來分析及解釋市場上的成長與佔有率。BCG矩陣藉由產業的市長成長率及相對市場佔有率，將產業分爲四類，四類所應使用的應對策略皆有所不同，以下分別說明如下：

1. 明星產業：

指同時具有高市場成長率及市場佔有率的產業，組織對於此類產業應積極投入資源，此類型產業通常可成爲組織重要核心發展產業。

2.金牛產業：

指具有高市場佔有率但低市場成長率的產業，組織對於金牛產業應減少或維持投資，適合採取收割（Harvest）或維持（Hold）的方式，將資金轉往明星產業或可能具潛力成為明星產業的問題產業。

3.問題產業：

指具有高市場成長率但低市場佔有率的產業，組織應設法評估問題產業，找尋當中具有機會成為明星產業者，採取建立（Build）的方式，而其餘的部分應儘早撤出（Divest）。

4.狗產業：

指低市場成長率及低市場佔有率的產業，組織應完全退出狗產業，以避免無謂的投資。

(二)新BCG矩陣

表14-2　新BCG矩陣

		優勢大小	
		弱	強
取得優勢方法	多	分歧產業	專業產業
	少	停頓產業	規模產業

新BCG矩陣主要是用產業取得優勢的方法及產業優勢大小來找出四種不同類型的產業類型，分別為分歧產業、專業產業、停頓產業及規模產業。此一矩陣具有三大假設，第一點公司必須藉由取得競爭優勢來獲利，第二不同的產業將有不同的取得優勢方法與優勢大小，第三隨著產業的進化，個別公司的優勢大小也會隨之變化。

1.分歧產業：取得優勢的方法較多，但其優勢卻較小的產業。

2.停頓產業：取得優勢的方法較少，且其優勢亦較小的產業。

3.專業產業：取得優勢的方法較多，但其優勢亦較大的產業。

4.規模產業：取得優勢的方法較少，且其優勢亦較大的產業。

14.8 產品生命週期（Product Life Cycle）

產品生命週期代表一個產品的銷售歷史的各階段。每一個階段都有其機會及困難，同時也有相對的行銷策略及獲利潛力，產品生命週期主要可分爲四個階段，分別爲㈠萌芽期；㈡成長期；㈢成熟期；㈣衰退期。

在萌芽期的階段，產品銷售的增加速度較爲緩慢，直至其產品漸漸爲他人所熟知，商品流通性增加之後，則銷售進入成長的階段，隨著成長期後，有一段較長的穩定而緩慢的成熟期，最後變成遲緩或迅速衰退的局面。如下圖：

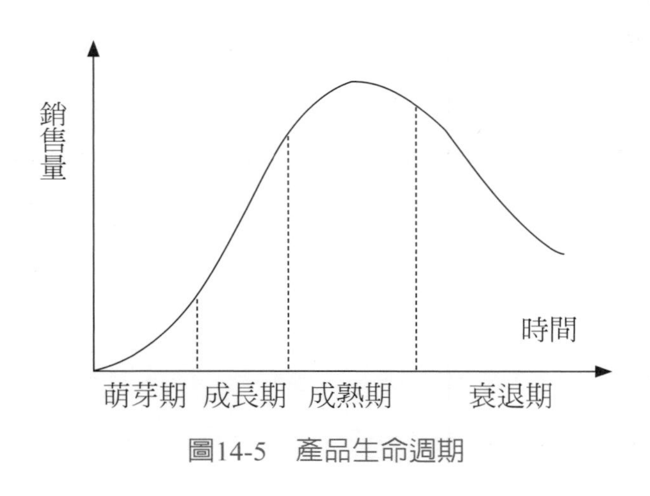

圖14-5　產品生命週期

各階段中產品之訂價政策，皆有所不同，分述如下：

㈠ 市場萌芽時期

於市場萌芽時期，廠商主要有兩種訂價方式可以提供選擇。第一爲在最初的發展時期中，採用高價格的方式來行銷產品，當市場逐漸的成長及成熟後再改採用降價策略，此一政策主要在利用最初階段追求最大的短期利潤。另一方式則在最初的發展時期中，採用較低價格的方式來行銷產品，讓自我的產品能夠以最快的速度進入市場並被大眾接受，此一政策主要在於希望能夠犧牲短期的利益而取得長期的市場地位。

㈡ 市場成長時期

市場成長時期的訂價政策，將視產品於上市時採取的爲何種訂價政策而定，若萌芽期係採高價政策且成功行銷時，當其銷售量增加時，然爲了要獲得更大的市場並加速成長，必須以降價來佔有市場以取得優勢地位。反之，若產品萌芽期係採用低價政策，則此時價格將隨市場需求的增加而逐漸提高其價格。

㈢ 市場成熟時期

於此一時期，產品在市場上已經確立了地位且未被其他替代產品所取代。但由於產品之特性將會隨著時間逐漸地消失，而成爲與其他競爭品無明顯區別的標準化產品。導致生產者逐漸失去了價格支配者的地位。此時，必須採取低價政策以延長產品生命期間。但低價格亦應有一定限度，主要目標是要確保自己本身立場。否則若過度降價，將與其他競爭者變爲降價對抗，造成兩敗俱傷。

㈣ 市場衰退時期

於此一時期，由於產品的供給量遠比需求量爲多，且消費者的型態也從高所得與高需要轉變成低所得與較少需要的情況。廠商主要可有幾種訂價策略。

1. 因爲降低價格並無法改變現況，因此盡可能不動。
2. 配合需求量的下降，降低價格，以期望競爭者減少。
3. 藉由調整價格以領導同業。
4. 大幅降低價格，並將銷售重點轉向新的產品。

生命週期理論中的各個階段，其市場特性包括銷售量、成本、利潤、主要顧客、競爭者與需求皆有所不同，如下表：

表14-3 生命週期理論

項目		萌芽期	成長期	成熟期	衰退期
市場特性	銷售量	少	快速成長	銷貨量成長緩慢，銷售量達到最大之後開始下降	銷售量下降
	成本	高	成本下降	成本最低	成本較成熟期爲高
	利潤	負	結束虧損出現利潤，並隨著銷售量增加而增加	利潤開始下降	利潤下降
	主要顧客	創新者	早期進入者	早期與晚期大衆	忠誠者與落後者
	競爭者	少或沒有	競爭者增加	最多競爭者	競爭者減少
	需求	初級需求	次級需求	次級需求	初級需求

★重點回顧★

1. 行銷乃一種社會化的過程，通過此一過程，讓人們得到所希望得到的產品與服務。其過程中涉及了分析、規劃、執行及控制的過程，同時涵蓋了財貨、服務與構想。
2. 對於行銷的活動主要觀念，分別爲生產觀念、銷售觀念、行銷觀念與社會行銷觀念。其類型則可分策略行銷、開拓型及維繫型行銷、服務行銷、體驗行銷及城市行銷（地方行銷）等。
3. 行銷策略的4P包括產品、價格、通路及促銷，而4C則包括顧客的需求與慾望、顧客的成本、便利性及溝通，以用說明行銷策略中的行銷組合。
4. 目標行銷需要三項主要步驟，第一是「市場區隔」；第二是「選擇目標市場」；第三是「市場定位」，以確認組織如何在目標市場中進行行銷動作。
5. 產品生命週期代表一個產品的銷售歷史的各階段，主要可分爲四個階段，分別爲㈠萌芽期；㈡成長期；㈢成熟期；㈣衰退期。每一個階段都有其機會及困難，同時也有相對的行銷策略及獲利潛力。

★課後複習★

第十四章　行銷管理

1.行銷的意義。

2.行銷中銷售概念爲何？

3.何謂體驗型行銷？

4.行銷中4P與4C的對應關係爲何？

5.目標行銷的三項步驟。

6.有效區隔市場的條件。

7.BCG矩陣中提到明星產業爲何？

8.產品生命週期中，市場成熟期爲何？

9.麥可・波特（Michael Porter）五力分析定義。

10.麥可・波特（Michael Porter）五力分析提出的的五種力量爲何？

第十五章

人力資源管理

★學習目標★

◎人力資源管理的意涵

選才

用才

育才

晉才

留才

◎人力資源規劃

◎人員招募

◎人員甄選

◎引導與訓練

◎績效評估

◎薪酬與福利制度

◎生涯規劃或前程規劃

★本章摘要★

依照羅賓斯（Robbins）的人力資源管理程序可以得知，人力資源管理活動主要可分爲以下項目：⑴選才活動：人力規劃與招募遴選，其工作內容包括工作分析、人力規劃、人力招募及遴選、面談。⑵用才活動：工作指導及員工管理，其工作內容包括工作指派、授權協調、工作指導、紀律管理及員工領導。⑶育才活動：技能訓練與能力發展，工作內容包含新進人員訓練、在職訓練、能力發展等。⑷晉才活動：績效評估與晉升調遷，工作內容包含績效評估、職務歷練、晉升調遷、員工輔導與前程管理。⑸留才活動：薪資福利與勞資關係，工作內容包含薪資福利、勞資關係等。

人力資源規劃之內容：⑴人力需求之估計：針對企業現今與未來的需要，配合環境的變化，使用科學與客觀的方法估計所需人力。⑵工作分析：依據企業的需求，針對完成特定工作職務所需特質做一評估。⑶工作評價：依據不同工作性質及職務內容評定其價值，以做爲支付薪資的依據。

績效評估的意義是對員工的表現做比較，以選、訓、用、進、退、薪資或修正表現的基礎。績效評估的程序：⑴建立員工績效準則與方法；⑵設立可測量的目標；⑶測量實際績效；⑷與標準比較；⑸和員工討論考評結果；⑹採取矯正行動；⑺回饋。

薪酬是指來自於企業對員工的工作付出所給付的所有形式的支付，法令上的要求有：⑴失業保險；⑵退休撫恤基金；⑶健康保險；⑷其它：政府規定企業必須提供給員工不同的假期，例如產假、陪產假等。企業自願性的福利有：⑴健康保險；⑵配股；⑶休假；⑷員工旅遊。

生涯是指在一個人的人生旅途中所處的一連串職位，有分：⑴成長階段；⑵探索階段；⑶建立階段；⑷維持階段；⑸衰退階段。

★人力資源管理★

15.1 人力資源管理的意涵

早期並沒有「人力資源管理」這個名詞，而是人事管理（Personnel Management或者Manpower Management），到1950年代以後企業開始高度成長後，許多企業開始重視人力資源的規劃、選用、訓練與發展，使得人力資源管理成爲企業重要的管理機能。人力資源管理首先要能有效的運用企業的人力，包括：遴選、訓練與發展、晉升、用人、退休等有關問題，以幫助企業達成目標，進而創造企業的競爭優勢。其次是有效率且有效地運用系統性管理程序（規劃、執行及考核）於人力價值活動，以期達成「適時適地、適質適量、適職適格」提供人力價值活動，藉以促進組織成員之工作生活品質及工作生產力，進而創造競爭力。依照羅賓斯（Robbins）的人力資源管理程序可以得知，人力資源管理活動主要可分爲以下項目：

㈠選才活動

人力規劃與招募遴選，其工作內容包括工作分析、人力規劃、人力招募及遴選、面談。

㈡用才活動

工作指導及員工管理，其工作內容包括工作指派、授權協調、工作指導、紀律管理及員工領導。

㈢育才活動

技能訓練與能力發展，工作內容包含新進人員訓練、在職訓練、能力發展等。

㈣晉才活動：

績效評估與晉升調遷，工作內容包含績效評估、職務歷練、晉升調遷、員工輔導與前程管理。

㈤留才活動

薪資福利與勞資關係，工作內容包含薪資福利、勞資關係等。

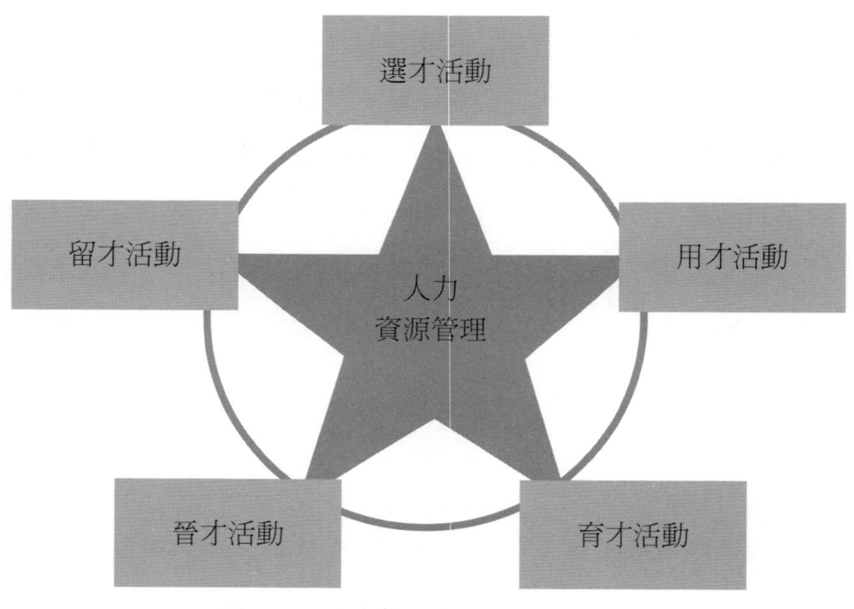

圖15-1 人力資源管理工作之內涵

15.2 人力資源規劃（Human Resources Planning）

㈠意義與內容

1. 意義：是一種過程，目的在於管理當局確保能擁有適量、適當品質的人力，並適時安置在適當的位置，使其能有效地完成有助於達成組織整體目標的工作。

2. 人力資源規劃之內容：

⑴人力需求之估計：針對企業現今與未來的需要，配合環境的變化，使用科學與客觀的方法估計所需人力。

⑵工作分析：依據企業的需求，針對完成特定工作職務所需特質做一評估。

⑶工作評價：依據不同工作性質及職務內容評定其價值，以做為支付薪資的依據。

3. 人力資源規劃的步驟：

⑴根據企業的業務需要，確定現在與未來的人力需求。

⑵考量企業本身資源（例如財力、人力、物力），找出可以改進之處。

⑶分析現有人員素質之年齡、性別等，與未來的人力需求做一比較。

⑷針對人力不足處建立甄選與招募計畫。

⑸對於合適的人力加以培訓。

⑹培訓後予以適當配置。

㈡工作分析（Job Analysis）

1. 意義：一種定義工作與執行該工作所需能力的評估工作，分析後會將該工作的性質、內容、任務、責任，予以分析並研究寫成書面，再細分為工作說明書（Job Description）以及工作規範書（Job Specification）。

2. 工作分析的目的：

⑴員工能了解工作內容。

⑵做為工作評價（Job Evaluation）的基礎。

⑶做為員工選、用、育、晉、留之基礎。

⑷幫助企業規定工作的權限。

3. 工作分析的方法：

⑴觀察法：所謂觀察法是由分析人員直接觀察或透過對工作中的員工錄影來觀察工作者的實際工作情況以了解其工作。這個方法是可以最直接獲取工

作內容的方法，但是有些員工在察覺有人在觀察時可能會有比不一樣的工作表現而使得觀察得來的內容不夠眞實或是大打折扣；另外有些像比較屬於管理性質的工作也無法全程觀察得到。這是使用觀察法的一項限制。

⑵問卷法：所謂問卷法是發給指發給員工一份列有所有與其工作相關的問卷，問卷上有許多經過設計的問題，員工依據其所執行的工作內容與項目勾選上面的問項。這樣的方式對於工作內容的了解相當的有幫助，但是最大的缺點在於其只是單向的溝通，無法得到有關問題的回應。

⑶訪談法：訪談法是由分析人員針對個別或小組的員工進行訪談，以了解其個人或小組的工作內容，並將其所得結果匯整後進行工作分析。這樣的分析雖然能有效的分析該工作，並且也可以得到相關資訊的回饋，但其非常的耗費時間與成本，而且許多員工經常會誇大其工作的重要性而降低該分析的可信度。

⑷工作日誌：所謂的工作日誌是指企業要求員工對於其每天的工作加以詳細記錄。這樣的方法雖然也能得到工作分析的資料，但是 紀錄工作同樣會使得員工增加其工作上的負擔而且也很費時，導致其不願意詳實記錄，而且這樣的方法必須要維持相當的時間，所以成本也相對的會比較高。

⑸會議法：所謂的會議法是指由對特定工作具有廣泛知識的監督者來進行，而特定的工作特性主要取自許多專家的看法。這種做法雖然具有很高的可信程度，但經常會忽略實際工作面眞正執行的工作。

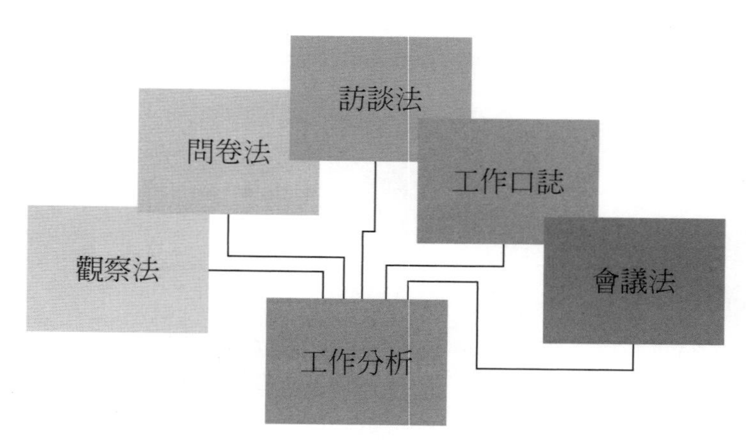

圖15-2　工作分析的方法

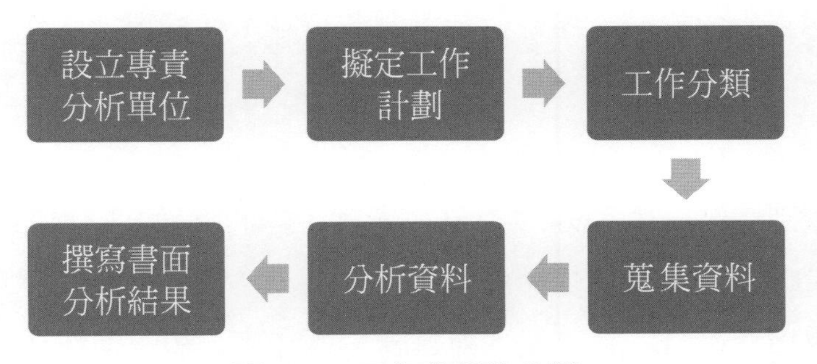

圖15-3　工作分析的步驟

4.工作分析的實施步驟：

(1)設立專責分析單位：因爲分析工作所涉及之事務相當繁雜，非專門人員可能無法辦到，因此企業要進行工作分析首先必須要有專責人員以完整的負責相關事務。

(2)擬定工作計畫：在進行工作分析之前要有完整的工作計畫，以使工作分析能依需求與進度順利的完成。在工作計畫中會包含需要哪些的人力（依據人力資源規劃）、所需經費數額、所需的時間、材料、執行工作人員等。

(3)工作分類：依據人力資源規劃所需之工作類型，按照某一標準加以結合或分類。再將企業的各項活動依所分類標準加以歸類。

(4)收集資料：工作分類完成後，分析人員就要開始收集相關資料，至於應採用何種方法則須視分析人員的技巧、工作內容的特性、完成期限、所需的資料等因素而定。

(5)分析資料：得到分析資料後再依據分類來爲每一項工作決定擔任此一工作者所需要具備的所有條件或資料。例如學歷、經歷、身體狀況、年齡、有無特殊專長、興趣或人格特質等。

(6)撰寫書面分析結果：最後再根據分析資料所得結果撰寫書面的分析結果，這樣的分析結果也就是所謂的「工作說明書」。

5.工作說明書（Job Descriptions）

(1)意義：工作說明書是一項工作內容、執行方法以及其理由的說明。因此在工作說明書上會根據工作分析結果記載有關工作摘要、工作條件、必備技能之記錄。

(2)內容：

A.工作識別（Identification）：詳細記載工作的職稱，所屬部門的名稱、直屬上司職稱以及薪資水準。

B.工作摘要（Summary）：主要是在於描述工作的主要職能或活動內容及執行方式，有時也會包含所使用的儀器或設備。

C.工作上的關係與職責（Relationship，Responsibility，Duty）：工作關係是工作者與企業內外其他人接觸的關係，例如向誰報告、負責督導誰、與誰配合工作等。而職務責任是指工作內容中所負的責任。

D.職權（Authority）：指爲了執行工作所賦予的權限，例如決策的範圍、對其下屬的人事建議權、可動用的預算限制等。

E.績效標準（Standard Of Performance）：詳述每項工作的績效標準，包含工作品質、數量或時間限制等。

F.工作條件（Condition）：說明實際工作時工作場所的條件，包括噪音、熱度、危險程度等。

G.工作規範（Specification）：列出所要雇用人員的各項基本特徵。例如身高、體重、外貌、教育程度、性別、居住地區等。它指出了公司需要召募何種人才，以及所需測試的項目有那些。

(三)工作評價（Job Evaluation）

1.意義：所謂工作評價是指評定工作的價值，包括難易程度、實施工作所需資格條件，來決定工作之相對價值，以做爲薪酬之標準，以 及選、用、育、晉、留之參考。工作評價的重要評估依據就是工作分析，因此工作評價也可以說是工作分析的延伸，可以使得企業中員工的報酬與工作負擔得以獲致合理的協調，可以得到合理的報酬。

2.工作評價方法：

⑴排列法（Ranking）：爲最簡單也最容易使用的工作評價法，其作法是選定一個標準，再按照這個標準將全部的工作依序由高往低排。

⑵分級法（Grading）：在排列法中並未事先訂定價值量尺，而在分級法中則先訂定好工作等級量尺（例如薪級水準），再依照工作說明書中的工作內容將工作分別加以歸類。

⑶點數法（Point）：爲目前最常被使用的方法，其作法是預先依照工作性質給予分配點數，再依照每項工作之實際工作內容決定該工作在上述各性質中所佔的分數，最後決定每種工作的總點數，並依高低來決定其薪資水。

⑷因素比較法（Factor Comparison）：因素比較法是排列法的改良，排列法是採單一因素來比較；而因素比較法則是以多重因素來加以比較。例如先以所需的學歷專長來評定各工作的得分，再依所需的技術水準來做爲評定基礎。最後將各工作按不同因素評比所得分數加總計算，可以得到每個工作的相對價值，並依此價值給予相當的薪資水準。

㈣工作設計與工作再設計（Job Design）

1.意義與目的：所謂工作設計是一種結合各項任務而成爲一個完整工作的方法。目的在於對工作內容、工作方法以及相關工作之間的關係做明確的界定，以兼顧工作效率與工作者滿足。

2.工作設計的方式：

⑴工作專精化（Job Specialization）：所謂工作專精化，就是將工作細細的切割爲許多細小的部分，每個人只擔任其中某一小部分。這樣的工作設計方式在許多企業中例如工廠作業員、辦公室職員等相當盛行。採行這種方式設計工作最主要的缺點是在於工作太專門化，易引起員工感到挫折和無聊，使生產力下降。

⑵工作輪調（Job Rotation）：工作輪調是指對不同任務之不同工作的員工作水平互調的作爲。工作輪調的出現主要是用來化解專精化的缺點，輪調的

方式可以分爲垂直和水平的輪調，垂直輪調指的是職位升級和降級；但是當我們一般談到工作輪調時，指的是水平的輪調。採行工作輪調工作設計的優點在於可以拓展員工的知識和經驗、增進員工對組織內部相關活動的了解，使其願意擔負起更大的責任。然而其缺點則是成本增加、調到新職位生產力降低，太常輪調會使得其工作經驗很有限，若是非自願時問題更多。

(3)工作擴大化（Job Enlargement）：工作擴大化是指水平地擴大工作範圍。工作擴大化的出現也是爲了解決過份專業化所產生的缺乏多樣化問題，以降低員工的工作重覆性。雖然可因此而克服缺乏多樣化問題，但在使用上卻面臨熱誠不足的結果，很難爲工作添加挑戰性與意義感。

(4)工作豐富化（Job Enrichment）：工作豐富化是指藉由增加員工對工作的規劃以及評估的責任而垂直擴展其工作。工作豐富化增加了員工對工作的控制程度，使員工能有更多自由、獨立性及責任感，同時這些工作也能適時地提供回饋，使員工能夠評估與改正自己的表現，也可以因此而降低缺勤率與人員流動率。雖然工作豐富化並不能保證一定能提高生產力，但是確實顯示出能更安善地運用資源，同時產品或服務品質也變得更高了。

(5)工作特性模型（Job Characteristics Model，JCM）：定義了五種主要的工作特性，包括技術多樣性、任務完整性、任務重要性、自主性與回饋性。

15.3 人員招募（Recruiting）

(一)意義

招募（Recruiting）是一種尋求、確認，並吸引適任申請者的過程。

(二)來源

1. 內部來源：指企業在發展最低層級以上的工作職位時，以企業內部現有員工爲招募對象，藉由對公司內部員工的公告而取得合適的人選；除此之外，有些企業會讓員工來推薦合適人選。採用內部取得人力的優點在於：

⑴能鼓勵員工士氣、增進其工作上的企圖心。

⑵對於人選的工作品質與能力有較多的資訊。

⑶成本遠較外部取得要來得低。

⑷由內部取得的人力較能相容與現存之企業文化。

⑸若設計得當，可將其視爲一種發展中階與高階管理者的訓練方式。

缺點在於：

⑴會失去招募到外部更優秀人才的機會。

⑵內部優秀人力的供給有限。

⑶容易造成未被選上的員工士氣低落。

⑷原有員工無法具有異於現有企業文化的創造力。

2.外部來源：多數企業，尤其是中大型的企業大多是以外部來源取得所需之人力。一般來說外部招募的來源大致可分爲下列類型：

⑴廣告：使用廣告求才是多數企業最常採用的方式，也是多數剛踏出校園的同學最常使用的就業管道。例如經常可以在許多不同的報紙上看到許多知名企業採用廣告的方式徵才。但是職位層級愈高或者是愈專業者，在廣告中就愈難見得到。採用廣告求才的優點在於其散布範圍廣，也可以針對特定團體。缺點是可能有一大堆不合格的候選人，形成篩選上的麻煩。

⑵就業服務機構：目前國內有不少比例的企業是透過就業服務機構來尋覓人才的。就業服務機構主要可分爲公共就業服務機構與私人的就業服務機構，例如行政院青年就業輔導委員會就是公立的就服機構，使用公立就服機構的優點在於其多數爲社會服務性質，因此使用的成本低，但是也可能因爲不具備篩選功能而使得申請人可能能力或訓練不足。除此之外還有許多爲數衆多的私人就業服務仲介機構，會較積極去尋覓其人才庫，因此其接觸面比較廣，因爲具有篩選能力，比較不會找到不合格的人才，但是相對的成本也會因此而比較高。

⑶校園職業介紹：許多企業都會在每年三月到六月份到各級學校去招募員工，而大多數學校也設置了相關的單位提供各式各樣的人才以供挑選與面談，例如科學園區的各廠商每年都會固定到各大學招募，用校園徵才的方式主要的優點在於其大量且集中一群候選者可以方便挑選，而且成本也不高，缺點是這樣的方式大多只適合初級的職位，初級以上的職位就比較不適合了。

⑷專業性組織：許多專業性組織例如油漆工會、紡織工會、雕刻工會等，爲其會員提供就業服務，通常是公布有缺人的公司名稱、職位、工作條件與工作待遇等。

⑸網路就業服務：目前最熱門的招募管道就是網路就業服務網站了。許多企業會將其職缺公布在其企業所屬網站上，或是告知網路就服公司，由網路就服公司統一匯整各類型的工作職缺以及其應徵者所需條件，再開放給上網者尋求。或者是將上網者的資料收集好再提供給有需要的企業，由該企業自行來挑選。

15.4 人員甄選（Selecting）

㈠意義

所謂甄選是指篩選申請者，以確保最合適的申請人能被加以錄用的過程。

㈡方式

1. 申請表：幾乎所有企業都會要求應徵者填寫申請表，申請表有可能是一份詳盡的個人記錄，例如個人過去的履歷，或者是一份自傳。使用功能申請表的優點在於其可用來作爲某些工作表現的有效衡量指標；當申請者的各種表現項目加上適當權重而且可以反映工作相關性時，申請表便成爲有效的徵選工具。不過若爲了徵選而使用加權過的申請表時，其成本是會比較高的而且較困難的，而為了判定權數也必須不斷的對相關工作進行檢討、更新。

2. 書面測驗：所謂書面測驗是指以書面方式對申請人進行測驗。傳統上有許企業偏好透過智力測驗、性向測驗等來了解申請人，然而近年來許多研究指出，書面測驗容易被認為具有歧視性，而且似乎與工作沒有直接關係，因此使用的比例正在下降中。書面測驗有成就測驗、認知能力測驗、操作與實體技能測驗、人格與興趣測驗等等。

3. 績效模擬測驗：績效模擬測驗是以工作分析的資料為基礎讓員工模擬操作。其中最常被使用的就是工作抽樣（Work Sampling）與評量中心（Assessment Centers）。工作抽樣是讓應徵者處在某一個職位的模擬情境中，讓他們執行該職位中的一項或一組重要工作。藉由實際操作讓應徵者展示其具有勝任該工作所需能力與技能；評量或評鑑中心是進行績效模擬測驗的場所，用以評量應徵者的管理潛能。

4. 面談（Interview）：與申請表相同，多數申請人在徵選時都必須要經過一次或多次的面談才能得到工作。面談不見得是一項可靠的工具，如果面談的內容是經設計而且組織良好，而且主試者的詢問方式也保持一致時，面談會是有效且可靠的甄選工具。但是若主試者問了一大堆沒有經過組織而雜亂的問題時，便無法提供什麼有效的資訊了。面談的方式包括

   A. 結構式（Structure）：按預先規劃的系列問題來詢問應徵答案。

   B. 半結構式（Semi-Structure）：只要將主要問題設計好，仍可深入問應徵者的答案。

   C. 非引導式：不規劃問題、完全隨意問問題。

   D. 壓力式：製造焦慮的氣氛、觀察應徵者的反應。

   E. 循序式：依每位評審想知道的內容逐一詢問。

   F. 陪審式：一組人面對一群人。

5. 背景調查：所謂背景調查是指企業對申請人的背景資料進行查證，申請人背景資料有兩類，分別為應徵資料的查證與介紹信的查證。實證上證明有許多申請表的背景資料是誇大或是扭曲的，能做為甄選的有效資訊通常很少。對

於前任雇主的介紹信反而是比較可信的，但也無法提供什麼有價值的資訊。

6. 身體檢查：有些特定的工作需要經過身體檢查，例如徵選郵局郵差或市政府甄選清潔隊員大多會有身體檢查。不過多數企業也會進行身體檢查。

圖15-4　就業博覽會

（資料來源：自由時報）

15.5 引導與訓練（Orientation And Training）

㈠ 意義

引導是一旦應徵者獲選，公司就需要將工作及組織對新進員工做介紹，這就稱爲新進人員指導。訓練則是指對員工的能力加以改變，使其能適任工作。

㈡ 類型

1. 職前訓練（Orientation）：職前訓練又可稱爲引導或者是社會化訓練，目的在讓新進員工能儘快地了解企業與工作的概況，以期能使其順利的進入工作。

2. 在職訓練（On The Job Training）：員工在工作崗位上覺得所學不足時，一邊工作、一邊進行的訓練。其優點是可以節省額外再進修時間並能兼顧工作。

3. 職外訓練（Off The Job Training）：指讓員工暫時地離開工作職位，至企業外部的教育訓練機構進行教育訓練工作。

㈢員工訓練的方法

1. 演講法（Speech）：演講是最普遍使用的方法之一，雖然使用演講法時員工可以發問，但最主要還是以傾聽爲主。使用演講法的優點在於其簡單明顯、在短時間內可以提供聽講者較多內容，並且同時容納較多的人。但是其缺點則在於員工會處於被動而缺乏參與機會，容易感到乏味而降低學習效果，尤其當訓練的目的是在於傳授技巧和改變態度時效果更差。

2. 程式化學習（Programmed）：所謂的程式化學習法是指利用教科書形式或電腦控制，使學習者⑴提出問題或事實。⑵採取某種反應。⑶對所做反應的正確性提供回饋。使用程式化學習的優點在於可以縮短學習時間，更可以配合學習者的進度來進行不同程度的學習。缺點則是其在教材及設備上所費代價甚大。

3. 會議（Meeting）：所謂會議主要可分爲三種：A.導引式討論：由主持人引導所有參與員工進行討論。B.訓練式會議：由參加者自行提問題與知識以相互交換。C.研討式會議：以群體討論來解決問題，主持人做的只是界定問題、鼓勵發言和完全的參與而不提供答案。採用這種方法的優點在於可以自由溝通意見，可以提高學習的興趣與效果。但是主持人的角色扮演則相當重要，否則可能會影響訓練的品質。

4. 管理競賽（Management Game）：管理競賽是經由一套電腦軟體，在軟體中設定好各式各樣的限制條件，讓員工分組模擬經營，並將最後的結果予以輸入以決定其勝負，例如政治大學即發展出一套名爲Boss的管理競爭軟體以供學生實習使用。使用這種方法的優點在於能夠很容易的讓員工模擬適應實際工作的各種情況，但是畢竟電腦程式所能考慮到的因素仍然遠低於實際情況。

5. 角色扮演（Role Playing）：指讓員工在特定場合中嘗試扮演不同的角色，以體會各職位的立場與感覺。採用這種方式被認為在主持會議及決策技巧的培養上有相當程度的幫助，但缺點是在於其費時較長，而且成本也比較高。
6. 大專院校的訓練（School Training）：讓員工回到校園中接受相關知識的訓練，例如近年來非常流行讓公司高階管理人回到校園去進修企業管理碩士學位，許多企業也在其公司的章程制度中鼓勵員工進修。不過這樣的方式比較適合於目的在增進專業知識的訓練上。
7. 敏感訓練（Sensitivity Training）或T群訓練（T-Group Training）：並非要傳授什麼知識或技能，而是讓每一個人對於自己的行為有更深入與客觀的領悟，而對於別人的行為所表示的意義也增強敏感程度。
8. 管理方格訓練（Grid Training）：由布拉克與莫頓（Blake & Mouton）提出的管理方格理論而來（橫軸為關心生產，縱軸為對人員的關心），二人提出一整套訓練計畫，以培養管理人員趨向（9，9）型的領導方式和組織型態。

㈣ 訓練的目的

在於灌輸知識、培養技巧、改變態度。

15.6 績效評估（Performance Evaluation）

㈠ 意義

對員工的表現做比較，以選、訓、用、進、退、薪資或修正表現的基礎。

㈡ 績效評估的程序

1. 建立員工績效準則與方法
2. 設立可測量的目標

3. 測量實際績效

4. 與標準比較

5. 和員工討論考評結果

6. 採取矯正行動

7. 回饋

㈢績效評估的方法

1. 絕對標準：所謂的絕對標準法就是完全由企業設計評估制度，員工只有評分，而不與其他人做比較，例如：

⑴論文考評（Narrative Essay）：讓員工參加考試，簡單的回答問題並由主考官根據問題給予評分。

⑵重要例外考評：只考核員工重大或關鍵的行爲，強調的重點是觀察員工的行爲並記錄其例外行爲。

⑶清單考核：由主試者詳列考核的清單，並查核員工在這些清單上的表現。

⑷行爲評估表：先設計後再對員工用問卷予以調查訪問。

⑸因素評價法：先選定考評的因素，依照這些因素的重要性，給予不同的比重，再來就計算每一因素的分數並且加總來對員工加以評比。

⑹圖表評分尺（Graphic Rating Scales）：爲最常用的方法，先依照選定的標準設計好評分表，並在表中出示考評的項目和標準，在評估後給予分數並分出等級。

⑺行爲依據衡量尺度（Behaviorally Anchored Rating Scales，BARS）：這種尺度結合了重要事件法與評等尺度法的主要成份，依據某些項目在一個數量尺度上衡量員工，衡量的項目爲眞實的工作而非一般的特質描述。

⑻目標管理法：是重要的管理制度設計，重點在於企業的目標設定是由低階人員自行設定，並匯集成部門目標，再由部門目標匯集成整體目標。

2. 相對標準：相對標準就是以員工間的相對表現來做爲績效評估的基礎。

⑴個人順序比較法：是針對某一標準將員工的表現由高而低的加以排列。這

種方法的優點在於容易施行，但缺點是在於其可能會不公平。

⑵族群排列評比：其做法是將員工事先加以分類，例如將全班分為前百分之二十、二十至五十、五十至八十、八十至一百。這種方法的好處評估的結果不致於使每個人都不分上下，或者可以避免因為同質性太高而使結果接近於平均水準，但缺點是若比較的規模若太小時，例如員工只有三個人，可能會分不出差異性。

⑶成組比較：針對員工和其他員工就設定的標準做兩兩比較的方式，勝者再與其他人比，獲勝次數最多者為佳。這種方式的優點是能夠得到員工在各標準上的相對順序。缺點是在於其執行上過於繁複，所以只能適用於高階管理者或研究人員身上。

⑷360度回饋：一種利用管理者、員工和同事的回饋來做為衡量依據的績效評估法。

表15-1　各種績效評估法優缺點

方法	優點	缺點
書面評語	使用簡單	似乎是在衡量評估者的寫作能力，而非員工的實際績效。
重要事件	根據行為來衡量	很耗費時間，缺乏量化
評等尺度	定量資料，較其他方法省時	未能提供工作行為的深度衡量
行為依據衡量尺度	針對特定與可衡量的工作行為	耗費時間，尺度之法展困難
多人比較	將員工與他人做比較	員工人數眾多時不易使用
目標管理	著重在最後目標，成果導向	很耗費時間
360度回饋	周全	很耗費時間

㈣績效評估常犯的錯誤

1.暈輪效果（Halo Effect）：或稱光環效應或月暈效果，意思是評估者知道員工具有某方面的特性，而且又是評估者所重視的，這會致其評估者錯評員工，以爲員工在其他方面也同樣都很好，這就是一種典型的以偏概全的現象。

2. 刻板印象（Stereotype）：所謂刻板印象是指評估者個人以其正面面的印象推及他人，以爲員工具有某種其所不認同的特性時，其他方面也都是不好的，這也是一種典型的以全蓋偏的現象。

3. 趨中偏誤（Error Of Central Tendency）：趨中偏誤是指有些評估者在評估員工時因人格特質的關係，不喜歡給予比較兩極化的評分，導致評估的結果明顯的趨向中間值。

4. 評分結果不夠客觀：有些評估者在評估後所給的評估結果不夠客觀，例如用「貢獻頗多」、「和善進取」、「表現優良」等字眼。

5. 對比效果：有時候在評估時難免會因爲前一個人的表現而影響評估者對下一個人的評分，例如前一人的績效表現實在太差了，後一個人即使表現平平，也會因爲前人的表現而得到高於他應得的分數。

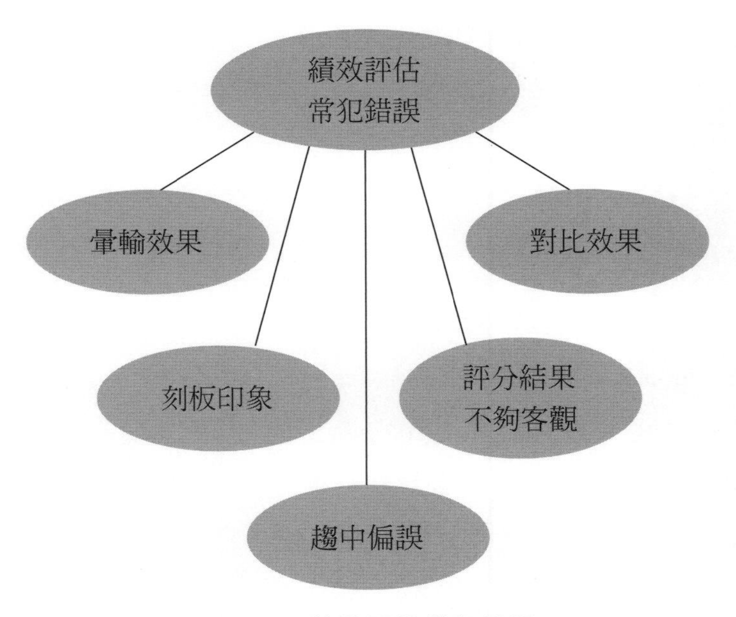

圖15-5　績效評估常犯錯誤

15.7 薪酬與福利制度

㈠薪酬的意義

薪酬（Compensation）是指來自於企業對員工的工作付出所給付的所有形式的支付，員工的報酬主要可分為兩大類：

1. 直接財務性的給付：由企業所直接支付給員工以貨幣型式的給付，如薪資、獎金、佣金、紅利等都屬於這類型的支付。
2. 非直接財務性的給付：不涉及貨幣型式的給付，例如勞保與健保、休假、交通接送、提供宿舍等，都是這類型的支付。

㈡薪酬制度

1. 計時制：所謂計時制，顧名思義就是以工作的時間為計算基礎的薪資計算方式。採取計時制的優點在於：

   ⑴薪資的計算簡單容易，也易於讓員工了解。

   ⑵能讓員工穩定的預估工作收入。

   而其缺點則是在於：

   ⑴無法具有激勵效果。

   ⑵企業必須要花費較高的監督成本。

   ⑶工作或服務的品質可能會不佳。

2. 計件制：所謂計件制是以員工工作的產出量為計算基礎的薪資計算方式。採取計時制的優點在於：

   ⑴具有激勵效果。

   ⑵能讓員工自己設定達成目標。

   ⑶監督成本較低。

   而其缺點則是在於：

   ⑴為求績效可能會忽略工作或服務的品質。

   ⑵可能會致使員工過度工作。

(3)員工無法有穩定的收入。

3. 年功制：所謂年功制就是以員工的工作年資爲計算薪資的考量依據。所以新進員工的薪資一定是比較低的，隨著工作時間的增加而增加薪資。像我國的公務人員基本上就是以年資爲主要計薪的考量。採用年功制的優點在於：

(1)能降低企業的離職率，使工作得愈久的員工工作的愈安心。

(2)新進人員的薪資負擔可以較低。

缺點則在於：

(1)員工的工作能力不見得會與工作時間成正比，有時支付的薪資會遠超出其能力所應支領。

(2)容易形成同工不同酬，使員工心生沮喪。

(3)獎勵完全以年資爲依據，失去激勵作用。

4. 任務制：任務制是指在一定期間內完成所設定的工作任務之後才支付其薪資，例如裝潢工作就是用這種方式支付。

5. 績效制：是指依據主管對員工在過去一段時間內的工作的質與量所做的主客觀評量爲計薪的依據，是一種輔助性質的薪資制度。在現代企業中，工作的績效考核多在年終進行較多，因此，在績效考核之後會用兩種方式來給付給員工，一是紅利、二是獎金。紅利是指企業由一定時間內所累積的盈餘中提撥一特定比例，再由員工依其考績來支領。而獎金也是同樣意思，是企業在員工工作達到一定程度或某一標準之後，對於其超出水準的表現所給予的薪資。（另一種形式的計件制）

6. 技術基礎薪酬（Skill-Based Pay）：因爲員工的技術水準會影響到工作的效率與效果，因此其精神是一個員工的薪資層級並不是由其工作職稱來決定，而是由其技術水準所決定。這種計薪方式頗能符合工作變動的本質與今日的工作環境。

㈢福利制度的類型

1.法令上的要求

⑴失業保險：政府希望企業能幫員工辦理失業保險，以提供員工失業後至尋找到新工作的生活補助。不過這樣的失業救濟卻有其條件，並非所有人都適合。目前我國的相關法令雖然未完善，卻是一種未來的趨勢。

⑵退休撫恤基金：為了防止企業未妥善照顧員工，要求企業要在其每年收入中提撥一定比例的退休撫恤金，以做為員工退休金之給付。目前政府實施「帳戶制」的退休基金，未來所有勞工都可以有這樣的待遇。

⑶健康保險：企業必須為員工投保國民健康保險。某些企業也為員工投保勞工保險。

⑷其它：政府規定企業必須提供給員工不同的假期，例如產假、陪產假等。

2.企業自願性的福利

⑴健康保險：有些企業會在法令規定的保險之外，額外為員工加保健康保險，尤其是有些工作性質或場合會有危險性的更是如此，以讓員工能無後顧之憂的工作，甚至還將眷屬包含進來。

⑵配股：為使員工能專心投入工作，增加其留任意願，許多企業採取的措施，讓員工感受到與企業形成命運共同體。為防止員工任意將股票出售，企業多會設計除非員工任職滿多久才能參與，而領到的股票也要一定期限才能賣掉。

⑶休假：這幾乎是所有企業必備的福利。其設計精神在於讓員工能隨著在企業中任職期間愈長，就能得到愈多的休假以助於恢復身心的精神，有些企業規定工作一年後每年可以有三天的休假，而每多工作一年多增加一天，最多不超過十四天為原則。有些企業也讓員工選擇，若不休假則可多領休假期間工作的薪水。

⑷員工旅遊：讓員工每年在一定期間辦理公司旅遊活動，一方面休息，一方面可以聯絡感情，甚至讓員工的家屬們互相熟識，以增加向心力。

3.若依員工福利的性質來區分：

(1)財務性的福利：對員工在薪資之外的補助，例如退休金、保險、配股等。

(2)教育性的福利：鼓勵員工繼續進修，例如送員工到學校進修、補助員工帶職進修、請老師幫員工上語文課程等。

(3)娛樂性的福利：提供員工休閒娛樂活動，例如辦理同樂會、員工旅遊、成立企業內的社團等。

(4)設施性的福利：便利員工生活上的需要，例如在企業內設備托兒所、圖書館或卡拉 OK中心、設置醫療人員等。

4.影響薪酬與福利的因素

(1)員工任期與績效

(2)公司收益

(3)執行工作的類型

(4)企業類型

(5)工會組織

(6)勞力或資本密集

(7)管理哲學

(8)地理位置

(9)公司規模大小

(10)員工任期與績效

15.8 生涯規劃或前程規劃（Career Planning）

(一)意義

生涯是指在一個人的人生旅途中，所處的一連串職位。

(二)生涯階段

1. 成長階段（Growth Stage）：此階段大約是從出生到十四歲，也是一個人由與其他人和家人、朋友、老師互動而發展自我觀念的時期。在此階段會經歷各種不同行為方式，並且會開始實際地思考可能的職業。
2. 探索階段（Exploration Stage）：大約從十五到二十四歲，這時一個人會認眞的探索各種不同職業的可能，他會努力的增加對各種職業的知識，並且會把這種職業選擇和他在學校、休閒活動及工讀時所發展出來的興趣與能力配合，有時也會做一些廣泛嘗試的職業選擇。
3. 建立階段（Establishment Stage）：大約從二十五歲到四十四歲，也是多數人工作生涯的重心，有時在一開始就找到好的工作，然後執著於此工作，並發展成其永久職業。
4. 維持階段（Maintenance Stage）：大約是四十五到六十四歲之間，人們會從穩定階段步入維持階段。在此階段，人們通常已在工作領域中找到定位，並盡全力維護此一位置。
5. 衰退階段（Decline Stage）：隨著已屆退休年齡，即進入衰退期。這時人們會面臨接受權力及責任的縮減，並學習調整自己成為顧問的角色，並建立對年青人的信心。

(三)生涯規劃的重點

1. 幫助員工確認職業的導向：可以利用許多工具來了解不同類型的工作需要那些技術或特性。
2. 幫助員工確認技能：幫助員工確認自己的技能是什麼，或者是性向的潛力在哪方面。
3. 幫助員工確認前程定向：讓員工了解自己愈多，則愈能掌握自己的前程定向（Career Anchor）。
4. 幫助員工確認高潛能的職業：讓員工明白現今企業界到底需要什麼才能的人。

㈣ 生涯規劃的趨勢

1. 生涯發展的過去：企業為協助員工在組織內的發展而設計出來的，也是企業吸引和留住優秀人才的主要方法，但由於各企業普遍進行組織變革，對傳統的組織生涯造成了不確定性與混亂。
2. 個人與個人今日的生涯：現今的觀念趨向一種「無疆界」的生涯一個人須為自己生涯負責的概念，主要是由個人而非企業，決定了自己的生涯進度、企業忠誠、重要技能，與市場價值，而最理想的生涯選擇是能夠符合自己的生活要求，並與自身的興趣、能力，與市場機會完全配合。

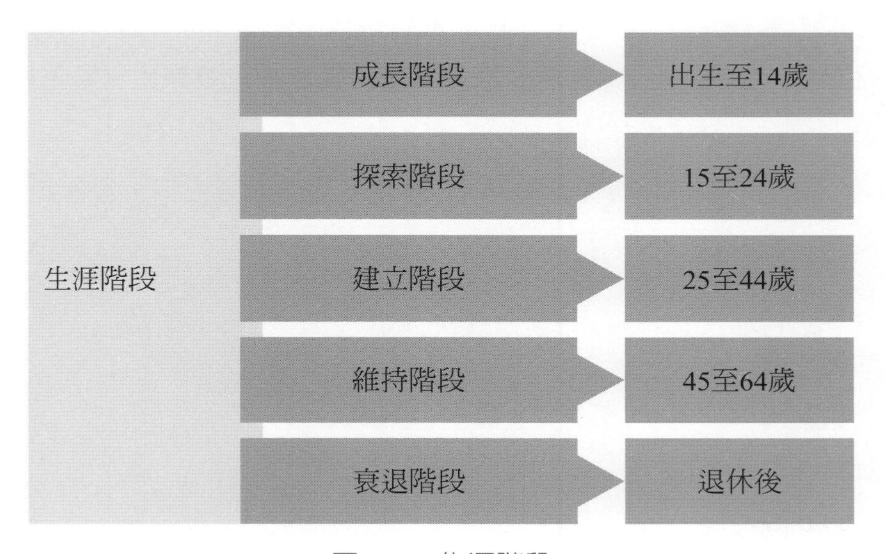

圖15-5　生涯階段

★重點回顧★

1. 人力資源管理活動主要可分爲以下項目：

(1)選才活動：人力規劃與招募遴選，其工作內容包括工作分析、人力規劃、人力招募及遴選、面談。

(2)用才活動：工作指導及員工管理，其工作內容包括工作指派、授權協調、工作指導、紀律管理及員工領導。

(3)育才活動：技能訓練與能力發展，工作內容包含新進人員訓練、在職訓練、能力發展等。

(4)晉才活動：績效評估與晉升調遷，工作內容包含績效評估、職務歷練、晉升調遷、員工輔導與前程管理。

(5)留才活動：薪資福利與勞資關係，工作內容包含薪資福利、勞資關係等。

2. 人力資源規劃內容
3. 人員招募內容
4. 人員甄選內容
5. 引導與訓練內容
6. 績效評估內容
7. 薪酬與福利制度內容
8. 生涯規劃或前程規劃內容

★課後複習★

第十五章　人力資源管理

1. 人力資源管理活動主要可分爲那些？
2. 人力資源規劃的內容有哪些？
3. 工作分析的方法？
4. 工作說明書應該要有的內容？
5. 如何執行工作評價？
6. 工作設計有哪些？
7. 內部人員招募優缺點？
8. 人員甄選的方式？
9. 如何做人員訓練？
10. 各種績效評估法優缺點？

第十六章

研究與發展管理

★學習目標★

◎了解研發管理的定義

◎了解研發管理的演進歷程

第一代研發管理—科學家主導

第二代研發管理—著重在支援業務需求

第三代研發管理—提升至策略層次

第四代研發管理—視創新為核心概念

◎了解概念的產生、選擇與測試

◎了解產品企劃程序

市場機會的確認

對於專案的優先順序進行評估與安排

資源的分配及時程的安排

對於偏差進行修正

★本章摘要★

產品的研發，必須由組織去感受市場的脈動爲開端，經由得知市場及顧客群所需爲何？組織的研發團隊才能與市場接軌，生產出最合市場胃口的產品。同時，研究能力的提升，除了是產品品質的升級外，也可能是生產成本的下降，創造出組織的核心競爭優勢。此外，一個研發團隊的開發速度也決定了公司競爭力和技術開發的反應能力，也決定了企業能有多快速從研究團隊得到獲益。

羅塞爾、西德和埃里克森（Roussel, Sead and Erickson）（1991）將研究發展演進歷程分爲三個世代，而每個世代的演進，都代表著研發管理對於企業經營所起的重要作用。研發管理的演進歷程主要可分爲四代，第一代由科學家所主導，第二代則著重在支援業務需求上，第三代則將研發管理的概念提升至策略層次，並於擬定策略架構時將研發活動納入考量。

到了第四代的研發管理，創新已成爲企業組織的核心概念。此一階段的研發管理，將技術創新視爲一種找到企業競爭優勢的重要方法。除了兼顧在現有業務活動與研發活動的進行外，更加上了對於未來的研發，即針對未來市場的可能趨勢與變化進行預測分析，並將分析的結果結合研發，以求發展出適合未來趨勢的技術，更早掌握組織的競爭優勢。

產品的概念是包括了技術、工作原則及產品形式的描述，這個描述也說明了產品如何去創造及滿足目標顧客。可分爲五個步驟，分別爲釐清問題、外部搜尋、內部搜尋、有系統的探索及反省結果與過程。產品企劃的主要目的爲確認開發產品的投資組合，以及產品上市的時機。企劃的程序必須藉由資源與資訊的整合，以找出產品開發的機會，而這些資訊的來源包含行銷、研發、顧客、現在開發團隊的能力以及競爭者的水平等。組織將從這些資訊中，決定專案的投資組合爲何。

企劃程序首先必須先進行市場機會的確認，當進行了機會的確認後，第二步驟應開始對於專案的優先順序進行評估與安排，完成了專案的評估與安排後，便可開始進行資源的分配及時程的安排。最後，一旦專案具可行性且獲得支持時，應先行完成專案事前的所有企劃，當確定開始實施此一專案時，在過程中應不斷的反省，並對於偏差進行修正。

★研究與發展管理★

16.1 研發管理的定義

產品的研發，必須由組織去感受市場的脈動爲開端，經由得知市場及顧客群所需爲何？組織的研發團隊才能與市場接軌，生產出最合市場胃口的產品。同時，研究能力的提升，除了是產品品質的升級外，也可能是生產成本的下降，創造出組織的核心競爭優勢。

以製造業爲核心基礎的企業若想要成功，首先必須要能夠得知顧客的需求爲何，再依顧客的需求快速地創造出符合需求的產品，並試著降低成本以追求利潤。而若希望能夠完成這些目標，就並非是單單可依行銷或生產作業的管理來解決。而是必須形成跨功能的團隊，結合包括行銷、研發與製造，才能達到組織的目標，而研發管理，即是針對產品的設計及開發，生產出能夠符合組織要求同時亦能配合顧客需求的產品。

若由營利的觀點來看，成功的產品開發指的是所開發的產品必須要有利可圖，而若希望產品有利可圖，除了自我品質的提升，同時成本也成了利潤高低的關鍵因素，成本包含了資本、設備、製造工具和模具的費用，同時每一個生產過程中的零件皆屬於產品的成本。

此外，一個研發團隊的開發速度也決定了公司競爭力和技術開發的反應能力，也決定了企業能有多快速從研究團隊得到獲益。而在成本的考量上，除了產品的成本外，開發的成本有時是更難以掌握的，而開發成本的高低也往往是投資能否獲利的重要關鍵。而無論是開發的時間亦或成本，事實上都將取決於研發團隊的開發能力，研發團隊和企業的專案經驗，將使研發團隊更具未來產品的開發能力，開發能力是組織的重要資產，也決定了未來組織是否能具有效能及效率的開發產品。

16.2 研發管理的演進歷程

最爲人所知的發明家愛迪生（Thomas Edison），他於1876年在紐澤西州的門羅公園成立了一個專門從事技術開發與商品化的研發實驗室，也開啟了企業有系統的從事研發管理的大門。隨著環境的變化，組織對於研究發展功能的定位將有所調整，也往往能產生不同的觀點。羅塞爾、西德和埃里克森（Roussel, Sead and Erickson）（1991）將研究發展演進歷程分爲三個世代，而每個世代的演進，都代表著研發管理對於企業經營所起的重要作用。

㈠科學家主導的第一代研發管理

第一代研發管理，由科學家所主導。在這個世代中，並沒有顯著的策略目的，研究管理由技術專家所操作，企業領導者並不直接參與研發相關的決策。此一階段的企業，往往視研發管理爲附屬品，並非必需品，對於研發所產生的成本控制的方式，企業也不期待研發的成果能對於當前的企業競爭力帶來顯著的貢獻，因此研發部門往往必須主動向企業爭取相關研發預算。

第一代研發還是屬於組織內部的特殊活動，而非一種常態性的必要活動，但有時這種不受到組織體制所限制的研發團隊有時也會帶來超乎預期的效果。而此時的研發部門對於研發活動尚沒有一套系統化的管理方式，研發的方向往往由技術人員自主決定，並沒有明確的商業化動機，研發成果的評量也都以技術產出指標爲主。

結論而言，第一代研發管理是屬於初階的管理活動，組織僅能認知研發活動的專業性特徵，但尚未感受到研發活動對於企業的營利具有重要性與關聯性，亦完全不認爲研發管理有可能爲組織帶來核心競爭力。

㈡著重在支援業務需求的第二代研發管理

第二代研發管理，研發部門與業務部門漸漸產生關聯性，不過大都由業務部門提出需求，而研發部門被動的配合。雖然此時企業已將研發管理納入營運活動的一部分，不過研發管理仍以配合公司經營方向爲主要依歸，而研發所形成的創新成果尚不被視爲競爭優勢的主要來源，因此研發部門在組織內仍屬於功能性部門的地位。

此時組織仍然採取功能性的分工，不過研發專案的管理，也開始加入矩陣式的管理方式。研發活動依據專案的類型，採取不同的績效評估與管理方式。在此一管理階段，一般處於技術發展較爲成熟的產業，或採取技術追隨者策略的企業，多爲採用這種第二代的研發管理觀念。

結論而言，此時研發管理的目標與方向，仍然由研發專業部門自行掌控，並沒有正式的專案管理，研發績效的衡量也以同僚評估與技術指標爲主，但技術部門的主要任務還是在支援業務部門提出的新產品開發概念與生產部門的各項製程改進需求。

㈢提升至策略層次的第三代研發管理

第三代研發管理，對於研發管理的概念已提升至策略層次，並於擬定策略架構時將研發活動納入考量。在此一階段的研發活動中，研發部門對於企業的發展已具有重要的影響力，更是企業在進行策略規劃時不可忽略的一環。但在對於研發成本的投入上，仍以市場導向及競爭導向爲其考量，由研發所能創造的經濟效益及風險承擔中進行分析，以找出當中的平衡點，創造最大企業利益。

研發管理發展至此階段，已經與行銷管理及生產管理放在一個同樣重要的天秤上進行企業資源的分配。因此，研發管理往往需與行銷管理與生產管理進行一個整合性的動作，於推動組織策略與計畫時，以一個整體性、團隊性的方式來進行。而對於企業資源該如何進行分配，則需先對於組織的目標作一個認定，並將各部門間的貢獻與組織的策略目標進行一個比較分析，以找出究竟組織的資源該如何進行配置。同時，創新於此時已是一個在進行策略分析時的重要課題，因此，組織已愈來愈重視研發的管理。

越來越多企業由於網路科技快速發展，加上地球村形成的全球化市場，企業開始採取以技術創新爲競爭核心的經營策略加上知識經濟所形成的企業競爭力，企業皆積極投入於研發的管理與創新，希望以自有的知識產權與技術專利，來擴大企業在全球市場的版圖。

中山大學企管系教授劉常勇依據羅塞爾、西德和埃里克森（Roussel, Sead and Erickson）（1991）所提出的研發管理三個世代，由策略與管理層面以及作業層面，分別將各世代的研發管理比較構面整理如下表：

表16-1　不同世代研發管理的特性：策略與管理層面

比較構面	第一代研發管理	第二代研發管理	第三代研發管理
策略與管理層面	無明顯策略，研發只會僅會增加成本費用。	組織部門開始採行策略規劃。	研發管理納入組織的策略架構，組織具較爲明確的策略目的。
(1)主要理念	研發決定未來技術，業務決定目前技術目標。	管理與研發呈法官-辯護律師的關係，業務與研發呈顧主關係。	研發與企業的發展具緊密關係。
(2)組織方面	強調成本的控制，採用功能式專業管理。	組織採功能性分工，研發部門採矩陣式管理。	跨部門的矩陣組織。
(3)研發策略	與業務無明顯連結。追求技術創新。	以專業爲基礎的策略架構，未與公司策略整合。	組織內技術研發與經營發展緊密結合。

表16-2　不同世代研發管理的特性：作業層面

比較構面	第一代研發管理	第二代研發管理	第三代研發管理
作業層面	缺乏商業化動機與市場需求相關資訊。	不同研發類型採取不同管理模式，開始重視部門內的專案管理效率與績效評核。	與企業整體運作結合，研發部與其他相關部門進行整合。
(1)資金籌措方面	研發部門需主動爭取部門預算。	研發部門根據不同研發類型需求與考量風險分散。	依技術創新計畫對於整體組織的貢獻度而定，來決定預算。

比較構面	第一代研發管理	第二代研發管理	第三代研發管理
(2)資源的分配	研發部門隨意決定，組織管理者不介入。	基礎的研發預算由專業部門分配決定，其他與營運相關的研發預算依重要性分配。	基於營運計畫中投資報酬與風險平衡的考慮來分配。
(3)目標的設定	研發目標不明確，與業務目標也無直接相關	業務與技術目標漸漸結合。	在整體企業目標下，業務與技術具有一致性的目標。
(4)優先順序的設定	無策略性的先後順序，梘是隨作業環境而變	基礎研究由專業部門決定，業務相關之研發與業務協商來決定。	優先順序根據成本效益分析，以及對策略目標之貢獻以決定。
(5)成果的衡量	無明確的預期目標，衡量常流於形式而無效的衡量工具。	研發的產出採計量式衡量，對於業務相關的研發成果則採取經濟效益上的衡量。	藉企業營運目標與技術的預期目標而定，由對於企業整體貢獻的角度來作爲衡量基準。
(6)進度的評估	以形式化居多。	正式化的同僚評估，對於不同的研發專案，有不同的評估方式。	依據市場競爭需求與專案的重要性，有即時的進度控制資訊系統與評估方式。

上述分類架構修改自羅塞爾、西德和埃里克森（Roussel, Sead and Erickson）（1991）

16.3 第四代研發管理

第四代的研發管理，創新已成爲企業組織的核心概念。此一階段的研發管理，將技術創新視爲一種找到企業競爭優勢的重要方法。此時的研發管理已跳脫過去單單產品的研究與發展，更視其爲一種企業內部的重要資產，同時結合知識經濟的概念，認爲研究管理所創造出的知識經濟，不但可成爲組織本身的競爭優勢，其所創造出的投資報酬率與經濟效率將比起其它有形及無形的資產更高。此時研發部門應具有更多的主動權及自主權，以達到創新的目標。

目前全球科技產業中的領導廠商，其得以維持市場上的領導地位並創造競爭優勢。幾乎皆因爲採用了第四代研發管理的策略。如日本企業松下（Matsushita）目前在世界各地設置了15個研發據點來因應全球化的趨勢，並將關東（Hirakata）中央實驗室由原先純研發的角色，轉化爲研擬全球性研發策略，督導全球研發的網絡活動，成爲整合各地研發成果的管理者角色。

第四代的研發管理除了兼顧在現有業務活動與研發活動的進行外，更加上了對於未來的研發，即針對未來市場的可能趨勢與變化進行預測分析，並將分析的結果結合研發，以求發展出適合未來趨勢的技術，更早掌握組織的競爭優勢。可以說，第四代的研發管理不僅僅是兼顧於現有市場，更加重視未來可能的新市場、新技術及新事業的發展。因此可以說，第四代研發管理的核心完全圍繞著創新的思維，無論在技術的研發、產品的生產及市場的發展上，都將視創新爲核心，來進行整體的目標擬定與研發的管理。

由研究管理的演進與發展過程中可看出，研發管理在組織中的任務一直隨著時代而有所轉變。如今研發管理已成爲視創新爲核心，同時結合知識經濟的概念，進入了知識經濟的時代。當發展出一具競爭力的知識經濟時，配合著諸如專利權等法律的保障及組織本身技術的提升，將成爲組織經營及策略規劃的核心。因此，如何對組織的研究及發展活動進行一有效能有效率的管理，已成爲知識經濟的時代中，企業管理者的必修學分。

16.4 第四代研發管理的特色

劉常勇將第四代研發管理所具有的特色，歸納出以下六點：

㈠企業經營管理者因將創新管理視為核心課題

第四代的研發管理，組織應跳脫傳統的垂直式官僚組織結構，而多採用扁平式的網絡組織結構，以求在創新上具有更多的彈性及自主權，因此此時創新將成爲企業文化的重要導向，也惟有將創新視爲核心，以求發展出屬於企業組織的核心競爭力。

㈡ 企業組織的經營策略方向將受到技術創新所主導

第四代的研發管理認爲，企業的管理者應投入與技術創新相關的策略規劃中，藉由技術創新來主導整個經營策略的方向，以發展出核心技術確定組織競爭力。

㈢ 技術創新的資源投入將成為知識經濟的策略性投資

第四代研發管理將投入更的資源於研發管理的領域中，包括相關企業的購併、專利權及技術的購買及相關研究機構及大學院校的委託等。以投資的方式來提升組織的技術，並追求市場的競爭優勢。

㈣ 對於組織的競爭方式與經營模式以破壞性創新進行改革

組織爲了提升自我已產業中的競爭力及主導力，將更著重於時效性，而跳脫過去的防禦觀念而改採主動進攻的策略，大量投入具有未來性的研發投資，以破壞性的創新來改變整個產業。

㈤ 技術創新將以策略聯盟的方式來推動

第四代的研發管理，技術並非必須完全依靠組織本身自行研發，亦可透過包括技術的合作、移轉、交易及購併等模式來取得。當以策略聯盟的方式來推動相關的研發時，所創造出技術創新往往更能爲組織創造競爭力。

㈥ 全球研發網絡的建構

第四代的研究管理已進入全球化時代，企業應將包括技術、市場及知識的創新納入全球研發的網絡中，以更爲宏觀的觀點來看待研發活動，讓組織有效成爲全球性的網絡組織。

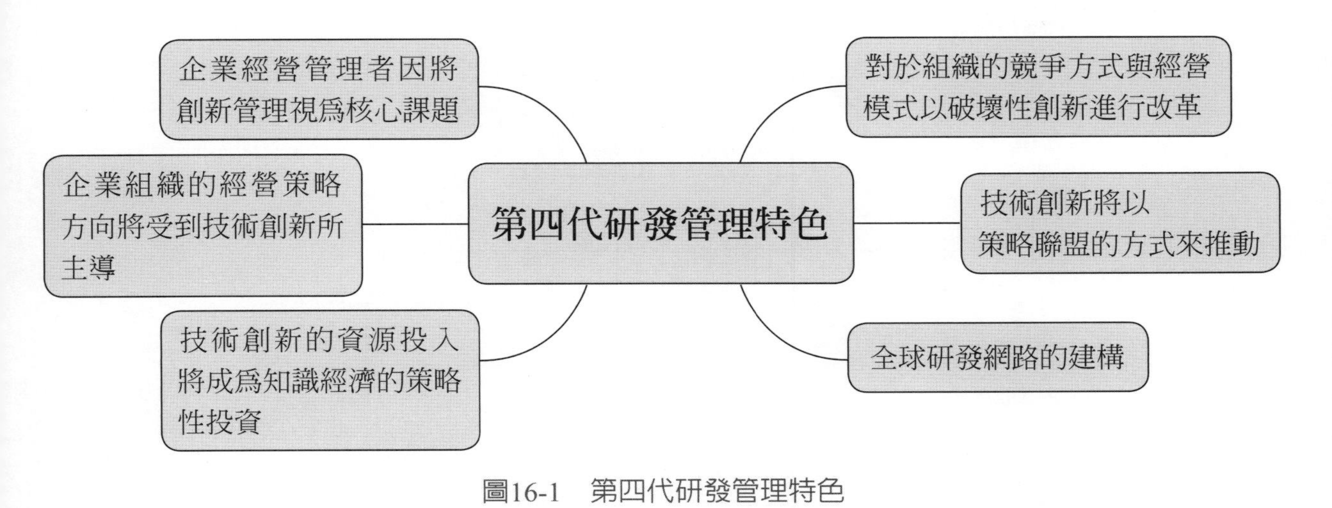

圖16-1　第四代研發管理特色

16.5 概念的產生、選擇與測試

產品的概念是包括了技術、工作原則及產品形式的描述，這個描述也說明了產品如何去創造及滿足目標顧客。當然，有的時後，一個好的概念可能在後續的開發階段中執行及控制不佳，而導致失敗，但是一個不好概念基本上幾乎不可能獲得商業上的成功。且在一整個開發程序中，概念的產生成本是較低的，因此，開發團隊不應該忽略此一過程。

概念的產生主要可分爲五個步驟，分別爲釐清問題、外部搜尋、內部搜尋、有系統的探索及反省結果與過程，其過程如下圖。

對於產品的概念，首先必須先釐清相關的問題，包括了理解問題、分解問題並專注於重要的子問題，接下來必須藉由外部和內部的搜尋步驟，來確認子問題，外部搜尋主要的目的爲對於現存概念的認識，包括了先驅使用者、專家研究、現有的專利及文獻等。內部搜尋主要是希望藉由內部的個人或團體來產生新的概念。而對於這些搜尋，可採用諸如分類樹、概念組合表等有系統的方式來進行探索，並將所有子問題的解決方案整合成一個整體的對策，並進行有建設性之結果與過程的反省。

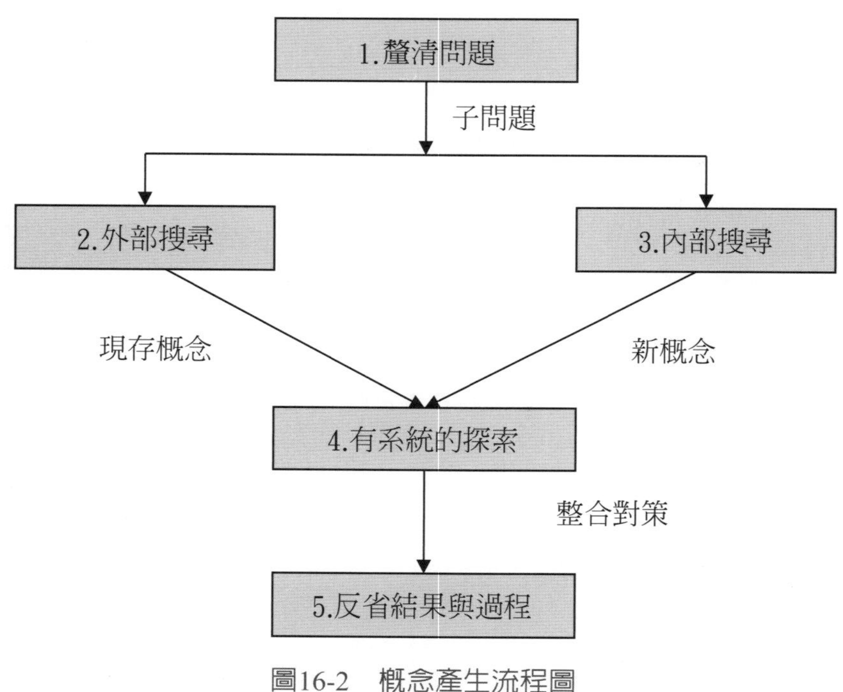

圖16-2 概念產生流程圖

概念的選擇是產品開發程序中相當重要的部分，在研發程序的早期階段，研發團隊必須先確認顧客需求，再以各種方法產生可呼應顧客需求的概念。而概念的選擇是一套程序，主要的活動包括了評估和顧客需求相關的概念或其他標準，並比較這些概念的優點與缺點，機會與威脅，從中進行選擇概念，以作爲日後測試或開發之用。

概念的選擇是一個不斷反覆的過程，其過程與概念產生和測試有緊密的關聯。而概念的選擇主要可由概念的篩選及評估方法來進行，以協助團隊提升並改善概念，最後進行整合以導出一個具可行性、前景性的概念，而通過概念的測試後，研發活動將以這些概念來展開。

在進行的概念的產生與選擇後，研發團隊必須收集目標市場的潛在顧客對於產品概念的反應，此一測試將能提供組織未來方向的重要訊息，包括應發展哪些概念，有哪些的產品概念需要被改善，以及預估此產品的銷售潛力。測試也可能在產品全面生產或上市之前，以便改進需求預測，也最符合當下時點。

概念的測試可分爲幾步驟，首先必須先定義概念測試的目的，以了解此一概念測試的目的與目標爲何？知道了這目標後，才開始選擇測試所欲調查的母體，並擬定測試的標準與調查的模式爲何，以得到最後顧客反應的衡量，對於這些衡量的結果進行詮釋，並開始進行結果與過程的反省，以決定此一概念對於組織而言是否具有價值。

16.6 產品企劃程序

產品企劃的主要目的爲確認開發產品的投資組合，以及產品上市的時機。企劃的程序必須藉由資源與資訊的整合，以找出產品開發的機會，而這些資訊的來源包含行銷、研發、顧客、現在開發團隊的能力以及競爭者的水平等。組織將從這些資訊中，決定專案的投資組合爲何。

企劃程序首先必須先進行市場機會的確認，而這些機會可能涉及到組織本身的資源與能力、競爭對手的技術水準以及市場的趨勢等。而對於新產品的創意或產品的特色來源可由包括行銷與營業人員、研發與技術開發團隊、目前的產品開發團隊、製造與作業的組織、目前或潛在的顧客以及包括供應商、發明家以及商業伙伴等。

當進行了機會的確認後，第二步驟應開始對於專案的優先順序進行評估與安排，主要可有四個觀點，分別爲競爭策略、市場區隔、技術軌跡及產品平台。一個組織的競爭策略定義了一個能因應市場與競爭者的基本方法，而市場的區隔將目標市場進行了分類，可促使組織明確定義自我優勢。技術軌跡則決定了組織應該如何將本身技術與市場趨勢進行接軌。最後產品平台則提供了一組產品所共享的一套資產，有效的平台能使多樣的衍生型產品被創造出。

完成了專案的評估與安排後，便可開始進行資源的分配及時程的安排。有時候做遠比想來的更不容易，組織可能擁有許多的構想與方案，但受限制於組織的資源，可能許許多多的想法是不具可行性的，或是即使能夠實施，對於組織最終而言是不具利益的。所以藉由只執行預算資源內且能被合理完成同時又有利潤的專案，整體的企業才會更有效率。而專案的時機與順序，必須要考慮的包括產品上市的時機點、本身技術以及市場的成熟度等。

最後，一旦專案具可行性且獲得支持時，應先行完成專案事前的所有企劃，包括了人員的配置、任務的描述以及一些可於前置作業中找出的假設與限制等。當確定開始實施此一專案時，在過程中應不斷的反省，並對於偏差進行修正。

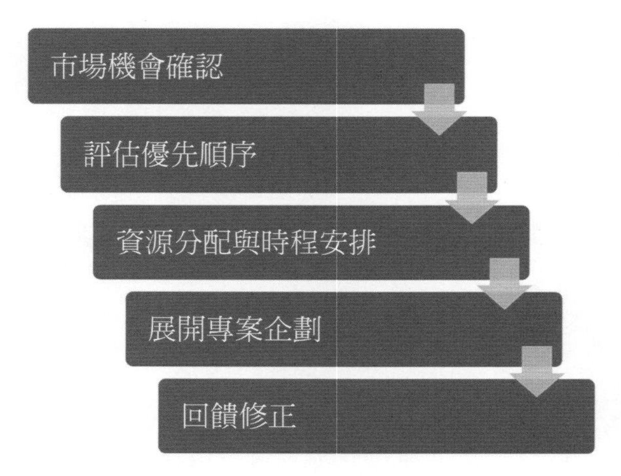

圖16-3　產品企劃程序

16.7 創新

創新（Innovation）是指可以概念化且實踐的新構想，創新不只是一種新的想法，還要必須能夠將想法落實於產品或是組織運作，最重要的還要能夠促使他人產生行爲的改變。彼得・杜拉克（Peter Drucker）提出成功創新三大關鍵要素：

㈠辛勤專注的投入。創新是一種工作，因爲創新並不是單靠聰明才智就可以達成，需要明確的目標與專注的工作。

㈡創新必須與創新者的長處相契合，且創新者對該項創新具有熱忱。這是因爲創新本身具有風險，創新者本職學能可以爲該項產品或是服務帶來優勢，而熱忱則是需要該項創新對於創新者具有重要性以及意義，否則，創新者無法承受艱苦持續的投身於該項創新中。

㈢顧客行爲的改變是創新成功的重要條件。創新必須與社會與經濟價值體系的變遷連成一體，而這裡所指的顧客，泛指了組織系統中所有方法、產品等，並非單純將產品商品化，例如有些餐廳，早期點餐時服務員必須一項一項用筆記錄，但導入了一些創新作法，直接使用PDA或是平板電腦方式點餐，將客戶點餐的項目直接傳送到中央廚房，提升了服務品質。

創新要能夠成功，就必須與接收創新的顧客所在的市場非常接近，創新者必須要能夠更專注於該市場的變化，由市場來推動創新所產生改變才是創新成功最快速的方式。

★重點回顧★

1. 產品的研究與發展管理，必須由組織去感受市場的脈動爲開端，經由得知市場及顧客群所需爲何？組織的研發團隊才能與市場接軌，生產出最合市場味口的產品。同時，研究能力的提升，除了是產品品質的升級外，也可能是生產成本的下降，創造出組織的核心競爭優勢。
2. 研發管理的演進歷程主要可分爲四代，第一代由科學家所主導，第二代則著重在支援業務需求上，第三代則將研發管理的概念提升至策略層次，並於擬定策略架構時將研發活動納入考量。第四代則將創新管理視爲核心的課題。
3. 產品的概念是包括了技術、工作原則及產品形式的描述，這個描述也說明了產品如何去創造及滿足目標顧客。概念的產生主要可分爲五個步驟，分別爲釐清問題、外部搜尋、內部搜尋、有系統的探索及反省結果與過程。
4. 產品企劃的主要目的爲確認開發產品的投資組合，以及產品上市的時機，企劃的程序必須藉由資源與資訊的整合，以找出產品開發的機會，而這些資訊的來源包含行銷、研發、顧客、現在開發團隊的能力以及競爭者的水平等。組織將從這些資訊中，決定專案的投資組合爲何。

★課後複習★

第十六章　研究與發展管理

1. 產品研發定義。
2. 研究發展演進歷程分爲三個世代，而每個世代的演進，都代表著研發管理對於企業經營所起的重要作用，則第一代研發管理特色爲何？
3. 第二代研發管理特色。
4. 第三代研發管理特色。
5. 第四研發管理特色。
6. 第一代至第三代研發管理的策略層面比較。
7. 產品概念五個步驟。
8. 產品預試的步驟爲何？
9. 產品企劃的主要目的。
10. 產品企劃程序。

第十七章

財務管理

★學習目標★

◎財務管理概論

功能

目的

範圍

◎代理問題

◎投資分析

風險

效率市場

◎公司理財

資本預算

◎金融市場

★本章摘要★

財務管理功能有 1.資金規劃：依照公司營運與未來發展的需求，詳細規劃與計算企業所要的資金有多少、數額有多少、要使用在什麼地方等。 2.資金取得：依據資金規劃並配合企業現有的資源，分析各種取得資金管道的優劣勢，以最有利於企業的條件募集企業所需的資金。 3.資金運用：依照企業的財務規劃，將所募集而得的資金妥善的使用於既定的各種用途上。 4.資金管理：企業必須依據其所制定的政策來管理其資金，包括日常營運與各種投資。 5.處理特殊財務問題：有時財務管理也要處理一些比較特殊情況下的問題，例如企業間的合併或宣告破產等。 6.財務分析：財務分析是將企業的經營或財務狀況清楚的反映，並提供做爲績效評估與檢討改善的工具。

財務管理是一門近代才逐漸發展成形的綜合性科學。一般來說，財務管理的學問裡至少可分成「公司理財」、「投資學」、「金融市場」 三個領域。公司理財所強調的，則較偏重於公司未來的財務規劃工作，亦即「事前」的預測工作。投資，在本質上乃是以現時投入以期能在未來換取較原先投入更多的回報。金融市場的基本要素有三個，即交易商品、商品的供給者與需求者、供需雙方在進行交易的場所。

代理關係：指一位或一位以上的主理人（Principal）雇用並授權給另一位代理人（Agent）代其行使某些特定行動，彼此間所存在的契約關係。代理關係除了存於股東（主理人）與管理當局（代理人）間外，債權人與股東間也存有代理關係，在代理關係的架構，若主理人與代理人所追求的目標不一致，他們之間就可能存有潛在的利害衝突，並導致代理問題的發生。

風險是指從決策到結果發生，這段等待的期間內不利事件發生的可能性；若是討論投資資本資產的風險，則爲實際報酬率與預期報酬率間差異發生的可能性，主要可分爲非系統風險與系統風險。

在一個資本市場中，所有能夠影響股票價格的攸關資訊都能被迅速且正確的反映在股價上，也就是股票價格永遠等於其投資價 值，證券市場永遠處於均衡狀態，任何投資人都無法持續擊敗市場而賺得超常報酬（Abnormal Return），則該市場稱為效率市場。

★財務管理★

17.1 財務管理概論

㈠定義

美國會計師協會所屬會計準則委員會（AICPA）則認爲，財務管理（Financial Management）的目的是規劃、取得及使用資金，以使企業的經營效率與價值達極大化。因此，所謂財務管理是指對於企業所擁有財務資源之取得、分配與使用等予以有效的規劃與控制，使得股東的財富能極大化，並進而達成組織的目標。

㈡功能

1. 資金規劃：依照公司營運與未來發展的需求，詳細規劃與計算企業所要的資金有多少、數額有多少、要使用在什麼地方等，例如企業必須經常對於市場的需求加以因應，也許要適度的增加設備、淘汰舊機器或增加新的廠房，這些都需要有完善的資金規劃。
2. 資金取得：依據資金規劃並配合企業現有的資源，分析各種取得資金管道的優劣勢，以最有利於企業的條件募集企業所需的資金。
3. 資金運用：依照企業的財務規劃，將所募集而得的資金妥善的使用於既定的各種用途上。
4. 資金管理：企業必須依據其所制定的政策來管理其資金，包括日常營運與各種投資。
5. 處理特殊財務問題：有時財務管理也要處理一些比較特殊情況下的問題，例如企業間的合併或宣告破產等，而通常這些類型的問題需要與會計師和律師共同處理。

6. 財務分析：財務分析是將企業的經營或財務狀況清楚的反映，並提供做爲績效評估與檢討改善的工具。爲了能有效的得知企業的經營效率與財務管理績效，企業必須以相關的財務分析來當做財務控制的方法，同時也可以做爲往後決策的依據。

(三)目的

1. 創造股東財富的極大化：企業存在的主要經濟目標就是爲創造股東財富極大化，因此要能培養並創造企業的獲利能力。
2. 降低營運上的風險：企業經營的風險主要爲業務風險與財務風險，財務管理的主要目的之一就是要適度的降低營運上的財務風險。
3. 確保企業財務的安全：爲企業建立起良好的財務管理制度，可以確保企業財務的安全性。
4. 維持適度的資金流動性：適度的資金流動可以促進企業的營運效益並且使企業能夠免於資金週轉不靈的風險。
5. 做為投資的決策依據：財務管理可以將各項投資活動所需的資本、風險以及可能產生的收益做一事前的預估，以提供企業或投資者從事投資決策的依據。

(四)範圍（內容）

財務管理是一門近代才逐漸發展成形的綜合性科學。一般來說，財務管理的學問裡至少可分成「公司理財」、「投資學」、「金融市場」三個領域。

1. 公司理財：會計學是提供忠實地記錄企業的經營明細狀況的各種方法，在理念上較偏重於「事後資料」的蒐集、歸納與解釋工作。而公司理財所強調的，則較偏重於公司未來的財務規劃工作，亦即「事前」的預測工作。以資產負債表（Balance Sheet）爲例，來簡要地說明公司理財所探討的內容，亦即公司透過何種融資方法取得資金，及如何將其投資運用到各項資產上。

台積電

簡明合併資產負債表

中華民國110年09月30日		單位：新台幣仟元
會計項目	金額	%
流動資產	1,370,639,169	41.13
非流動資產	1,961,672,715	58.87
資產總計	3,332,311,884	100.00
流動負債	655,621,450	19.67
非流動負債	598,370,124	17.96
負債總計	1,253,991,574	37.63
股本	259,303,805	7.78
權益—具證券性質之虛擬通貨	-	-
資本公積	64,746,864	1.94
保留盈餘	1,811,273,605	54.35
其他權益	-59,304,212	-1.78
庫藏股票	-	-
歸屬於母公司業主之權益合計	2,076,020,062	62.30
共同控制下前手權益	-	-
非控制權益	2,300,248	0.07
權益總計	2,078,320,310	62.37
待註銷股本股數（單位：股）	-	
預收股款（權益項下）之約當發行股數（單位：股）	0	
母公司暨子公司所持有之母公司庫藏股股數（單位：股）	0	
每股淨值（元）=（權益－非控制權益）/（普通股股數+特別股股數（權益項下）+預收股款（權益項下）之約當發行股數－母公司暨子公司持有之母公司庫藏股股數－待註銷股本股數）	80.06	

圖17-1 台積電資產負債表

（資料來源為公開資訊觀測站）

2. 投資學：所謂投資（Investment），在本質上乃是「以現時投入以期能在未來換取較原先投入更多的回報」。但從「現在投入、未來回收」的觀點看來，投資本身必然隱含某種程度的風險（Risk）。而通常「回收愈高，風險愈高」。在財管領域的風險和不確定性（Uncertainty）一詞在意義上是不同的，其爲對未來狀況「無法確知或估計」，而風險則是在「確知或可估計」某些特定狀況下，對發生最終結果的不穩定性。由此可知，不確定性的狀況其實是「不知道」有無風險的存在，而若已知風險的存在時，就可以進行比較。
3. 金融市場：在經濟學中，市場（Market）的基本要素有三個，即交易商品、商品的供給者與需求者、供需雙方在進行交易的場所（不論有無特定場所）。交易商品爲各種金融工具時，供給者爲各類型的儲蓄者（Saver），需求者爲各類型的投資者。

㈣代理問題（Agency Problem）

1. 代理關係：指一位或一位以上的主理人（Principal）雇用並授權給另一位代理人（Agent）代其行使某些特定行動，彼此間所存在的契約關係。代理關係除了存於股東（主理人）與管理當局（代理人）間外，債權人與股東間也存有代理關係，在代理關係的架構，若主理人與代理人所追求的目標不一致，他們之間就可能存有潛在的利害衝突，並導致代理問題的發生。
2. 股東與管理當局間的代理問題：
   (1)再也沒有必要像過去那樣爲了增加股東的財富而賣力工作，因爲現在必須和外來人士分享經營成果。
   (2)他可以做更多的享受，因爲享受的成本現在可和他人共同分擔。
   (3)過度投資（Over Investment）：爲擴大公司規模，投資 NPV<0的案件使股東權益受損。
   (4)另一種股東與管理當局間的潛在衝突可能發生在管理買下的場合。管理買下意指公司的管理當局使用自行籌措的資金，將公司流通在外的股票全數購回，以取得百分之百公司控制權。
3. 債權人與股東（公司）間的代理問題：
   (1)高風險投資：未經債權人同意，投資比債權人原先預期風險還高的專案。
   (2)債權稀釋：未經債權人同意，發行新債。
   (3)股利支付：管理者將所借資金當作股利，發給股東。
   (4)投資不足：管理者衡量利率太高，投資所得將歸債權人所有，因此不做足額投資。
4. 代理成本：因代理問題所產生的損失，以及爲了解決代理問題所發生的成本。
   (1)監督成本（Monitoring Cost）
   (2)約束成本（Bonding Cost）

(3)剩餘損失（Residual Loss）

5.解決代理問題的內部控制機制：

(1)監督管理當局行動（解雇）。

(2)設計出合適的組織結構，以限制不當管理行為。

(3)激勵經理人持股計畫：例如股票選擇權計畫、年終獎金、紅利等。

(4)在借貸契約中加入限制條款。

(5)要求高於正常水準的利率。

6.解決代理問題的外部控制機制：

(1)管理人力市場的調節：隨時儲備人才，萬一出現狀況也可將其公告。

(2)潛在購併的威脅：如接管（Takeover），指在管理當局反對下，公司被其他公司強行購併，又稱為惡意接管（Hostile Takeover）。

(3)資本市場的監督：股價。

7.對抗購併的方法：為了防止公司被強行購併，管理當局也有可能使用一些會損害到股東利益的不當作法。

(1)吞食毒藥丸（Poison Pills）：目標公司採取一些對本身造成傷害的行動，使購併者不再對公司有興趣、知難而退。

(2)黃金降落傘（Golden Parachutes）：當目標公司被購併時，必須支付鉅額的紅利給管理當局，以補償其可能遭受的損失，如：降職、解雇。

(3)白色武士（White Knight）：目標公司自行尋找較友善、條件較惡意接管者為佳的公司來購併，使原先的惡意接管者無法得逞。

(4)綠色郵件（Green Mail）：在找不到白色武士的情況下目標公司主動與購併者接洽，以高於市場的價格買回購併者所持有的公司股份。

(5)買回股票（Stock Repurchase）：目標公司設法以高於市場的價格在公開市場買回自己的股票，使股價上揚並超出購併者的收購價格。

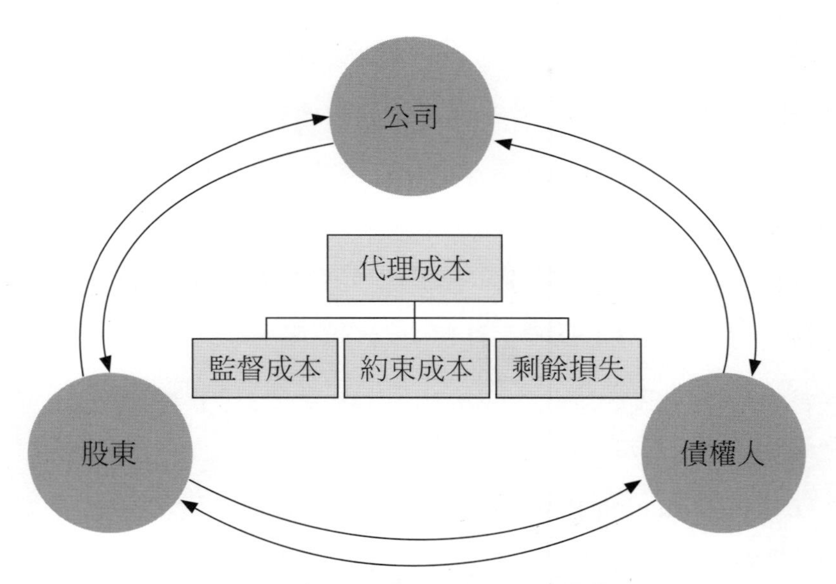

圖17-2　代理關係當事人與代理產生的成本

17.2 投資分析

(一)風險與報酬

1. 意義：風險是指從決策到結果發生，這段等待的期間內不利事件發生的可能性；若是討論投資資本資產的風險，則爲實際報酬率與預期報酬率間差異發生的可能性。

2. 類型：主要可分爲非系統風險與系統風險，此外，也有許多學者從不同角度來看。

   (1)非系統風險（Unsystematic Risk）：指可以經由多角化投資而分散的個別證券風險，又稱爲可分散風險（Diversifiable Risk），也稱爲公司特有風險（Firm Specific），它是由一些因素像是訴訟、罷工、新產品開發失敗、高階主管掏空資產等，發生在個別公司的不利事件所造成的。也可稱企業風險（Business Risk）。

(2)系統風險（Systematic Risk）：系統風險又稱市場風險，它起源於一些會影響到市場上所有公司的因素，例如戰爭、通貨膨脹、經濟景氣不好等。因爲系統分險無法用多角化投資來加以分散，因此又稱爲不可分散風險（Un-Diversifiable Risk）。也可稱爲財務風險（Financial Risk）。

(3)利率風險（Interest Rate Risk）：因利率變動導致實際報酬率發生變化而產生的風險。例如債券，利率上升會使債券價格下跌。

(4)市場風險（Market Risk）：因爲非預期事件導致整個金融市場中的資產報酬受到衝擊。

(5)購買力風險（Inflation Risk，又稱通貨膨脹風險）：因爲物價持續上漲所造成實際報酬縮水的風險。

(6)流動性風險（Liquidity Risk）：係指某資產購入之後，無法快速脫手的風險。

3. 風險與報酬的關係：對理性投資人而言，若資產本身所隱含的風險愈多，則需能提供更多的預期報酬以作爲投資人承擔高風險的補償，此種補償就稱爲風險溢酬（Risk-Premium）。也就是說高風險、高報酬。

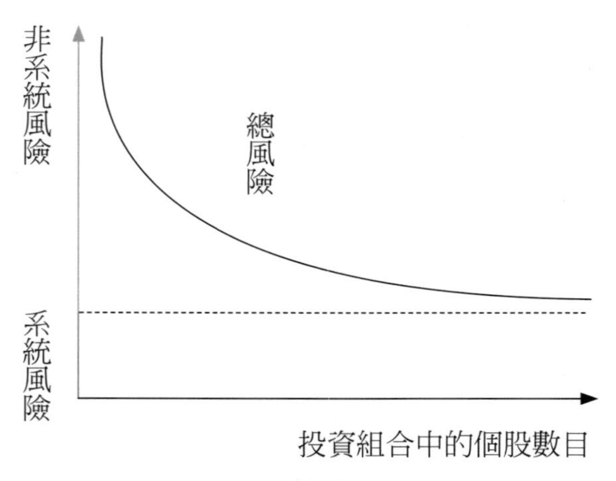

圖17-3　投資組合風險

㈡投資組合

1. 又稱多角化投資，所謂投資組合（Portfolio）是指由一種以上的證券或資產構成的集合。
2. 投資組合可分散投資風險，因爲現實世界中任何兩種股票價格的變動是不會完全一致的，故其彼此之間存在著抵銷的效果。
3. 多角化（Diversification）：藉著持有一種以上的證券或資產來分散風險的投資行爲，多角化是分散風險的必要條件，可以經由多角化投資而分散掉的個別證券風險稱爲可分散風險（Diversifiable）或非系統風險 （Unsystematic Risk）。至於那些無法用多角化投資分散掉的風險，稱爲不可分散風險 （Undiversifiable Risk）或系統風險（Systematic Risk）。

㈢效率市場（Efficient Market）理論

1. 定義：在一個資本市場中，所有能夠影響股票價格的攸關資訊都能被迅速且正確的反映在股價上，也就是股票價格永遠等於其投資價 值，證券市場永遠處於均衡狀態，任何投資人都無法持續擊敗市場而賺得超常報酬（Abnormal Return），則該市場稱爲效率市場。
2. 市場效率的類型：著名財務學家法馬（Fama）（1970），將效率市場區分爲三種類型：
   ⑴弱式效率（Weak Form Efficiency）市場：股價反映過去所有影響股價移動趨勢的資訊，技術分析（Technical Analysis）無法賺取超常報酬。
   ⑵半強式效率（Semi-Strong Form Efficiency）市場：股價已反映所有已公開資訊，基本分析（Fundamental Analysis）無法賺取超常報酬。
   ⑶強式效率（Strong Form Efficiency）市場：股價已反映所有已公開或未公開的資訊。

表17-1 效率市場類型

	技術分析	基本分析	內線消息	超額報酬
未達效率	有效	有效	有效	有
弱式效率	無效	有效	有效	有
半強式效率	無效	無效	有效	有
強式效率	無效	無效	無效	無

17.3 公司理財

㈠資本預算

1. 定義：企業從事固定資產如土地、廠房、設備等長期投資，使公司能在未來獲取一連串預期收益的活動。
2. 貨幣的時間價值：
   (1)終值（Future Value，FV）：貨幣在未來某一特定時點的價值。
   (2)現值（Present Value，PV）：未來貨幣在今天（現在）的價值。
   (3)終值、現值與時間及利率的關係：終值就是現值加上時間價值後的總和，而利息就是時間價值的具體呈現。
   (4)年金（Annuity）：指一特定期間內，定期支付等額的現金流量。
3. 資本預算的評估方法：有淨現值法、內部報酬率法、還本期間法等等，相關的資訊整理如下表：

表17-2 資本預算方法之比較

資本預算方法	還本期間	折現還本期間	淨現值法（NPV）	內部報酬率法（IRR）
折現率	無	資金成本	資金成本	IRR

<table>
<tr><th colspan="2">資本預算方法</th><th>還本期間</th><th>折現還本期間</th><th>淨現值法（NPV）</th><th>內部報酬率法（IRR）</th></tr>
<tr><td rowspan="2">評估方式</td><td>獨立</td><td colspan="2">選低於公司所設定期限的方案</td><td>NPV>0</td><td>IRR>資金成本</td></tr>
<tr><td>互斥</td><td colspan="2">選回收期間較短的方案</td><td>選NPV較高的</td><td>選IRR較高的</td></tr>
<tr><td colspan="2">優點</td><td colspan="2">1.計算簡單。
2.考慮到方案的流動性風險，亦即變現力的大小。</td><td>1.考慮到現金流量。
2.考慮到貨幣的時間價值。
3.符合價值相加定律。
4.可在互斥方案中找出正確的選擇。</td><td>1.考慮到現金流量。
2.考慮到貨幣的時間價值。
3.能直接看出投資案的報酬率。</td></tr>
<tr><td colspan="2">缺點</td><td colspan="2">1.未考慮回收期後的現金流量。
2.未考慮貨幣時間價值。</td><td>1.折現率是主觀決定的。
2.未反應成本效益的高低。</td><td>1.有多重IRR的問題。
2.評估互斥方案時可能會產生錯誤。
3.不符合價值相加定律。
4.再投資率假設不合理。</td></tr>
</table>

㈡財務與資本結構

1. 財務結構（Finance Structure）：公司資產負債表右邊流動負債、長期負債的股東權益的相對比例。
2. 資本結構（Capital Structure）：公司資本來源的組合狀態，亦即公司資產負債表右邊長期負債與股東權益的相對比例。

㈢股利政策

1. 定義：企業在經營過程中所獲得的盈餘，應在何時、以何種方式分配給股東的決策。
   (1)現金股利：以現金分派的股利。
   (2)股票股利：公司以股票代替現金作爲股利支付給股東，是一種盈餘轉增資，又稱爲無償配股。

17.4 金融市場

㈠定義

調節資金供需的地方。

㈡類型

1. 依交易工具區分

(1)資本市場（Capital Market）：又稱為證券市場，買賣到期期限一年以上之權益證券與債務證券的市場。包含股票市場以及債券市場。

(2)貨幣市場（Money Market）：買賣到期期限不到一年之債務證券的市場，如國庫券、商業本票、銀行承兌匯票、可轉讓定期存單。

2. 依是否首次發行區分：

(1)初級市場（Primary Market）：買賣首度由公司發行證券的市場。

(2)次級市場（Secondary Market）：買賣流通在外證券的市場。

★重點回顧★

1.財務管理功能有：

(1)資金規劃

(2)資金取得

(3)資金運用

(4)資金管理

(5)處理特殊財務問題

(6)財務分析

2.財務管理的學問裡至少可分成「公司理財」、「投資學」、「金融市場」 三個領域。

3.代理關係與代理問題。

4.風險是指從決策到結果發生主要可分爲非系統風險與系統風險。

5.效率市場分類。

6.資本預算。

7.金融市場分類。

★課後複習★

第十七章　財務管理

1.財管的功能？

2.財管的目的？

3.代理關係是甚麼？

4.代理問題類型？

5.風險的類型？

6.風險與報酬間的關係？

7.效率市場的分類？

8.資本預算的定義？

9.財務結構與資本結構的差別？

10.金融市場如何區分？

課後複習問題與解答

第一章　企業管理概論

1. 何謂組織？構成組織的要素有哪些？

Answer

一個人無法成爲團體，兩人以上的個體，爲了共同且明確的目標而結合，形成一個有系統的結構，即爲組織。

而構成組織的要素則有：

(1) 人員：

人是組織的最基本要素，兩人以上即可成爲一組織。

(2) 共同目標：

一個組織成員所共同努力的方向，也是組織存在的理由，凝聚衆人的動力。

(3) 設備、工具：

組織成員工作時所需的設備或工具。

(4) 責任分配：

將組織目標劃分爲不同的行動方案，爲完成行動方案需將任務分配給組織成員，就需要將責任歸屬劃分清楚，使成員了解應如何幫助組織達成目標。

(5) 協調功能：

組織內各種活動都需要有良好配合才能發揮最大效果。

2. 說明管理的效能與管理的效率，並舉出一個有效率卻無效能的管理實例。

Answer

在組織中有效率指的乃是如何把事情做好。而效果則指如何做對的事。而有效率無效能，則是你很快的把事情做好，但是事情的精準度和正確度卻讓人遲疑，甚至有可能沒把事情作對。例如你很快的擦完地板，但是卻沒擦乾淨。

3. 何謂管理？管理者扮演著重要的角色，傳統與現代管理階級的差別何在？

Answer

管理即為管理者善用組織資源，透過他人力量使企業功能有系統的運作，並達成組織目標。傳統組織階層為高階主管權力最大，現在組織結構偏向倒三角型組織，前線工作者獲得充分授權。知識經濟時代來臨，現在工作者大部分為知識型工人，充分授權前線工作者可提高組織彈性與效率。

4. 組織的運作有賴於管理功能及企業功能的運用。而企業功能有哪些？

Answer

為達成組織目標，將各種行動方案劃分為不同性質的工作即為企業功能。一般企業功能為：

(1) 生產管理：

生產某項產品或提供服務，以最少的投入獲得最大產出。

(2) 行銷管理：

讓產品或服務滿足顧客需求，以顧客為導向的概念。

(3) 人力資源管理：

任用人才、績效評估、與員工維持良好勞資關係、教育訓練激勵員工皆屬人力資源管理。

(4) 研發管理：

技術發展、智慧財產權、專利權等管理工作。

(5) 財務管理：

籌措資金，維持良好財務槓桿，使股東價值、公司價值極大化。

企業功能會隨著組織性質不同而相異，管理功能則可應用在不同組織上。

5. 亨利．明茨伯格（Henry Mintzberg）提出管理者有十種角色，而其中資訊角色有哪些？

Answer

在資訊角色有：

⑴ 偵察者（Monitor）：

它扮演著對內蒐集組織訊息、對外觀察環境變動。

⑵ 傳播者（Disseminator）：

它是將組織內外訊息傳遞給其他員工。

⑶ 發言人（Spokesperson）：

向外傳達公司願景、政策。

6. 組織績效中平衡計分卡的構面有哪些？它如何與平衡計分卡相互結合來使用？

Answer

以平衡爲訴求，不同於傳統以財務爲主的衡量方式。將企業的目標、財務、顧客、學習與成長等構面取得平衡。

A. 財務構面：

衡量企業資源投入與產出之績效。相關的衡量數據有：市場占有率、營收成長率、資產利用率等。

B. 顧客構面：

以顧客爲主的衡量指標，例如顧客滿意度、市場佔有率、顧客忠誠度。

C. 內部流程構面：

以衡量企業內部營運相關流程。例如：產品不良率、退貨率。

D. 學習與成長構面：

以企業內部人力素質爲主要衡量指標，例如員工生產力、員工滿意度、員工創新提案率、團隊績效。

企業藉由這四個構面的平衡思考，可以讓公司在追求業績之際，也爲未來的成長而培養實力，並且累積無形資產，隨時透過自我的監督發掘問題，並及早因應。即是策略與願景經由財務、顧客，以至內部流程與學習成長構面逐漸層層展開，並經由學習成長構面反向的往上實現。

7. 管理者會因所在的位置不同需要不同的管理技能。請說明管理者需要具備的能力有哪些？

Answer

高層管理人員偏重觀念性能力，以規劃整體公司之願景及策略。

中階管理人員著重人際關係能力，管理部屬、激勵部屬提升工作效率。基層管理人員則偏重技術性能力，擁有完成各項業務所需技能為主。

8. 成功的管理者應啟動哪三種程序，以帶領組織成員接受環境變化帶來的變革及挑戰？

Answer

(1) 更新的程序（The Renewal Process）：

管理者應該領部屬勇於接受改變，抱持學習的心態，不斷求新求變，以回應外在環境改變。

(2) 創業的程序（The Entrepreneurial Process）：

鼓勵員工培養企業家精神，尋找、創造可能機會以製造更大的變革。

(3) 能力培養的程序（The Competence-Building Process）：

鼓勵員工承擔責任，提供員工適當的教育訓練以厚植其能力。

9. 麥肯錫公司曾提出7S的觀念架構，7S 是指哪些？

Answer

(1) 管理制度（System）：

以開放系統（Open System）觀點，形成組織作業程序，鏈結組織運作。

(2) 經營策略（Strategy）：

係組織行動之指導方針，引導組織以有限資源達成長期目標。

(3) 組織結構（Structure）：

係組織人員之間的上下層級、負責對象等等。

(4) 管理風格（Style）：

係指經理人之管理風格。

(5) 員工（Staff）：

係說明組織未來的人力資源管理方向架構。

(6) 共同價值觀（Shared Value）：

係組織特定之意圖或觀念，此一原則將影響組織成員的行為產出。

(7) 技能（Skill）：

係指組織達成目標的過程中所具備之能力。

10. 組織中管理的功能最為重要，則管理功能有哪些？

Answer

管理包含許多個步驟：規劃、組織、領導、控制，企業要能夠持續經營，各步驟就得不斷連續的運作。

(1) 規劃（Planning）：

決定組織目標、制定行動方案。

(2) 組織（Organizing）：

設立組織架構、資源調度安排、將職權賦予成員。

(3) 領導（Leading）：

各種指導成員的方法、衝突管理、激勵部屬的措施。

(4) 控制（Controlling）：

設定標準、衡量執行成效、執行相關檢討機制以做為修正標準。

第二章　管理學派演進

1. 在古典理論時期，科學家重視提升效率，有了科學管理學派的產生。請問科學管理的四大原則有哪些？

Answer

科學管理四大原則：

(1) 動作科學化原則（Scientific Movements）：

利用科學分析，將工作簡化及標準化，提升效率。

(2) 合作原則（Cooperation And Harmony）：

管理者與員工誠心合作，使工作氣氛良好而增加效率。

(3) 最大效率原則（Greatest Efficiency）：

將責任劃分好，管理者與員工各司其職。

(4) 科學選任原則（Scientific Worker Selection）：

員工的甄選、任用、訓練皆以科學方法進行，確保員工以正確的工作方法完成任務。

2. 在古典理論時期，請舉出一個學者提出的概念。

Answer

代表學者：甘特（Gantt）

(1) 他提出甘特圖：是一種管理者做爲規劃及控制的工具。管理者先規劃目標進度，並適時檢視實際進度是否與規劃進度相符。若進度落後或超前均需特別注意並且改進。

(2) 主張企業應承擔社會責任：甘特爲最早主張企業應該承擔社會責任及重視人力資源管理的學者。

(3) 任務獎金制：任務獎金保障員工基本底薪，以確保員工職位安定感。員工只要超過規定的工作量，便可獲得額外獎金。

3. 在官僚學派中認爲組織制度建立周全，法規可取代管理者的統治。而官僚學派的缺點則有哪些？

Answer

環境不斷變動，官僚組織彈性低，組織僵化程度高，因此有以下缺點，又稱爲官僚症候（Bureaucratic Syndrome）

(1) 專才的無能：

專業分工使得員工適應性差，僅了解自己職位的工作，對於變動的環境應變緩慢。

(2) 法規代替目標：

過度強調規章制度，員工被動消極的遵守法規，毫無創意進步。

(3) 官僚怠工：

員工被動依法行事，容易搪塞、推卸，不願負擔責任。

(4) 成員保障：

組織過度穩定，不隨意解雇員工。

(5) 過度強調正式組織，忽略員工心理因素、非正式群體的影響。

4. 費堯是管理程序學派之父，則他提出的管理原則有哪些？

Answer

(1) 目標統一（Unity Of Management）：

管理者規劃組織願景時，應傳達給員工同樣的目標。

(2) 專業分工（Division Of Labor）：

以部門劃分各功能性業務，將工作細分以提高效率。

(3) 層級節制（Scalar Chain）：

將員工職位予以明確的階級分開，階級分明，不可跨越層級報告，以正式的垂直溝通管道爲主。

(4) 集權原則（Centralization）：

決策權的集中度視組織規模、人員性質等因素做適當的調整。

(5) 獎酬制度公平（Remuneration Of The Staff）：

由人員努力、工作成果來分配合理的獎酬，而非一些先天上的因素而影響員工報酬。例如種族、性別。

(6) 職位安定（Stability Of Staff）：

降低職位輪調的頻率，讓員工熟悉工作內容便可提高效率。

(7) 權責相當（Authority And Responsibility）：

職權和職責要相等，位居其位就應有相等的職權。

(8) 秩序原則（Order）：

每位人員應該有適當的職位，減少混亂的情形。

(9) 主動原則（Initiative）：

每位員工均應主動提出創意、對組織改進有利的想法。

(10) 指揮統一（Unity Of Command）：

居下位者只需對一位主管報告，聽其命令，上下命令溝通管道暢通明確。

(11) 紀律原則（Discipline）：

組織應塑造嚴明的紀律，員工應該服從之，以減少員工舞弊行爲。

(12) 公平原則（Equity）：

組織對待員工應一視同仁，不可有差別待遇。

(13) 團隊精神（Team Spirit）：

不求個人表現，講求與他人合作的精神。

(14) 將個人利益置於組織利益之下（Subordination Of Individual Interest To The Common Goal）：

滿足組織利益之後，組織才有能力滿足員工個人利益。

5. 何謂霍桑效應？

Answer

霍桑效應（Hawthorne Effect）有以下三點結論：

(1) 觀眾效應／社會助長效應：員工了解自己行爲被觀察時，會產生與過往不同的行爲。

(2) 新的工作環境會使員工因新奇而提高工作效率。

(3) 非正式群體對生產力有顯著影響力。

6. 請說明管理學中提到的「管理科學」對管理的貢獻？

Answer

管理科學可以說是現代的科學管理。其基本特徵是：以系統的觀點，運用數學、統計學的方法和電子電腦技術，爲現代管理決策提供科學的依據，解決各項生產、經營問題。大多數管理學家認爲管理科學是一種有效的管理方法，而不只是僅適用於解決特定的管理問題的學派。

7. 在管理概念中，提到「玻璃天花板」的概念，請說明之。

Answer

玻璃天花板效應（Glass Ceiling Effect）是一種性別不平等的現象。是一種無形的、態度的或組織的偏差所造成的障礙，使得女性因各種人爲因素的牽絆，而無法與男性同儕獲得公平競爭的機會。

8. 新進理論時期弗雷德（Fiedler）提出權變理論的三個層級，請說明之。

Answer

滿足權變理論的三個層級可逐漸尋找出最適的組織結構與管理措施。

(1) 最適當的管理方法或組織架構端看情境而定。

(2) 視不同情境而定。

(3) 在哪種情境下，最適的組織結構與管理措施爲何。

9. 請舉出和管理有關最熱門的相關議題。

Answer

(1) 全球化（Globalization）：

由於資訊科技發達，縮短各界距離，企業超越國界限制，形成地球村。管理者也應學習接納世界不同文化的衝擊、開闊視野、學習不同的技術、知識。

(2) 人力多樣化（Workforce Diversity）：

由於全球化的影響，今日的組織成員特色爲多樣化的人力資源，管理者如何協調不同文化背景、語言、性別等多元化特徵的人力，是管理者所面對的問題之一。管理者應避免歧視，應了解不同員工的個別差異，給與不同激勵方法以留住員工。

10. 韋伯是官僚學派的代表人物。而官僚學派的特徵有哪些？

Answer

代表人物：韋伯（Max Weber），官僚組織有七大特徵：

(1) 專業分工（Specialization）

(2) 層級節制（Hierarchy）

(3) 權責規定詳細（Rules And Regulations）

(4) 不徇私、不講人情（Impersonality）

(5) 根據技術、資格來甄選及晉升員工

(6) 工作程序及方法均有詳細規範

(7) 管理者擁有經營權，但不擁有所有權

第三章　環境管理分析

1. 在總體環境中，可以用PEST來分析，請說明之。

Answer

一般環境指的是普遍的影響全體企業運作的大環境，並不容易改變，也不會隨著企業不同而產生不同條件。為了解外在環境變化及資訊時，可用PEST法加以分析。

(1) 政治法律環境（Political/Legal Environment）：

政治法律環境包括一個國家的政府機構、政策、法律規章等，不同國家的政治制度或法律規章都不相同，政府的態度也會因執政黨不同而改變，因而制定出影響企業運作的重要政策。

(2) 經濟環境（Economic Environment）：

經濟環境指的是一國家經濟發展的情況或影響消費者購買力、原物料價格的各種因素，例如國民生產毛額、通貨膨脹率、利率、薪資水準、景氣、儲蓄情況、就業程度等，可分析一企業目標市場的發展潛能。

(3) 社會文化環境（Social/Cultural Environment）：

一地之價值觀、宗教信仰、風俗習慣、文化水平等，可影響消費者之需求層次、態度、消費型態或偏好。管理者需了解當地社會風俗習慣與文化，進而提供當地居民所需的產品。

(4) 科技環境（Technology Environment）：

技術環境指一企業營運環境之基礎建設、資訊科技水準、該國對產品專利之保護狀況、致力科技發展重心。

2. 請簡述五力分析。

Answer

五力分析是由麥可·波特（Michael Porter）於1980年提出。它是分析某一產業結構與競爭對手的一種工具。波特認為影響產業競爭態勢的因素有五項，分別是「新加入者的威脅」、「替代性產品或勞務的威脅」、「購買者的議價力量」、「供應商的議價能力」、「現有廠商的競爭強度」。透過這五項分析可以幫了解產業競爭強度與獲利能力。

(1) 新加入者的威脅：

企業被逼做出一些有競爭力的回應，因此不可避免的要耗費掉一些資源，而降低了利潤。

(2) 替代性產品或勞務的威脅：

如果市場上有可以替代企業的產品或服務，那麼企業的產品或服務的價格就會受到限制。

(3) 購買者的議價力量：

如果客戶有議價的優勢，他們絕不會猶豫，造成利潤降低，企業獲利能力因而受影響。

(4) 供應商的議價能力：

如果供應商企業佔優勢，他們便會提高價格，對企業的獲利能力產生不利的影響。

(5) 現有廠商的競爭強度：

競爭導致企業需要在行銷、研究與開發或降價方面做更多的努力，這也將影響利潤。

3. 何謂環境不確定性矩陣？

Answer

環境不確定性會影響組織運作，因此也會影響管理者的決策，如何將組織影響降至最低是環境不確定性矩陣的功用。

變化程度		
	穩定	動態
單純	1. 穩定且可預測的環境 2. 環境構成因素少且相似，變化少 3. 對構成因素不需太深入了解	1. 動態且不可預期環境 2. 環境構成因素少且相似，但變化多 3. 對構成因素不需太深入了解

	變化程度	
	穩定	動態
複雜	1.穩定且可預測的環境 2.環境構成因素多且不相似，變化少 3.對構成因素須深入了解	1.動態且不可預期環境 2.環境構成因素多且不相似，變化多 3.對構成因素須深入了解

4.創造性破壞的定義？

Answer

創新的產品可以吸引不同目標顧客群，重新打造新的產業均衡，創新的廠商可以獲得比原有廠商更優勢的地位並增加獲利。

5.在新經濟時代影響交易成本的特徵有哪些，請說明之？

Answer

特徵	說明
資產特殊性（Asset Specificity）	即固定成本、沉沒成本，交易所投資的資產其成本難以回收或轉換使用用途。
不確定性（Uncertainty）	交易過程中無法掌握的特殊狀況，須依靠契約訂定來減少損失。不確定性越高，監督、議價成本越高等交易成本越高。
頻率（Frequency Of Transaction）	交易的頻率越高，相對的管理成本與議價成本越高。

6.請簡述鑽石理論。

Answer

(1)提出者：麥可．波特（Michael Porter）。

(2)時間：1990年「國家競爭優勢」。

(3)主題：探究特定產業在某國家或特定區域獲得競爭優勢的原因。

7. 請舉出兩個以網路為載體的經濟特性。

Answer

(1) 降低資訊不對稱：

網際網路普及化可使人人接觸資訊的機會平等，可上網搜尋相關資訊，以減少資訊不充足而使權益受損的情況。

(2) 全球性：

網際網路可縮短距離，無國界之分，下訂單、取貨可分屬不同地點。例如台積電利用網際網路實現虛擬工廠的狀況，客戶皆可透過網路監看生產流程，利用網路下訂單。

8. 請描述環境管理中內部策略。

Answer

組織內部做自我調整，以減少組織損失，共可分為五種策略。

(1) 定額分配（Rationing）：

使用於供不應求、產量縮減情形，將產品或服務分配給顧客。例如：石油危機限量購買、米酒漲價限量購買。

(2) 逃避（Avoidance）：

忽略不確定因子或是移轉到其他不受影響的市場。

(3) 平穩（Smoothing）：

當需求變動時，採取策略以降低需求變動。例如尖離峰定價策略、換季折扣。

(4) 緩衝（Buffering）：

降低不確定因子所造成的影響，例如原物料庫存、產品庫存。

(5) 預測（Forecasting）：

預測環境改變對組織的影響。例如市場調查、預測技術。

9. 請描述環境管理中外部策略。

Answer

改變外部環境中不利於組織運作的不確定，以減少損失，共可分為五種策略。

(1) 收編成員（Cooptation）：

吸收有利於組織運作的新成員，減少組織威脅，維持組織安定的手段。例如改變顧客消費習慣、官商勾結。

(2) 廣告（Advertising）：

利用廣告增加知名度及刺激需求，減少不確定性的影響。例如汽車廣告、明星代言。

(3) 訂約（Contracting）：

簽定長期契約以減少原物料或產品的不確定。例如家樂福與農委會合作促銷台灣水果。

(4) 第三者訴求（Third Party Soliciting）：

利用組織外的個人或團體進行活動，爭取機會。例如：環保團體抗爭、產業工會抗爭，抵制進口商品。

(5) 聯合（Coalescing）：

與影響組織的其他組織結合。例如：購併、策略聯盟。

10. 請描述環境變動趨勢。

Answer

	1900以前	1900～1970	1970～2000	21世紀
社會型態	農業時代	工業時代	資訊時代	科技社會
顧客需求	很低	低	高	隨時變化
需求重點	成本	成本	品質／彈性	時效
生產型態	少量生產	大量 少樣生產	少量 多樣生產	大量顧客化
生產組織	農舍	大型工廠	大小型工廠 並存	網路型組織
彈性／效率	無	效率	彈性	彈性+效率

第四章　社會責任與企業倫理

1. 請簡述對外企業的倫理應該有哪些？

Answer

對外的企業倫理主要指面對組織外部利害關係人所採取的態度，主要可分爲四種層級，由最基礎的經濟責任到最高的自發責任。

(1) 經濟責任：企業存在目的爲追求利潤。

(2) 法律責任：企業遵守法律規範。

(3) 倫理責任：企業對於社會大衆期待或要求而承擔責任。

(4) 自發責任：企業自動自發的爲大衆謀求利益而舉辦的活動。

2. 管理道德是管理者來判斷是非對錯的準則，則請指出兩種不同的道德觀。

Answer

(1) 權利觀（Right View Of Ethics）：

管理者的決策主要以尊重與保護個人權益爲主，如隱私權、言論自由權。

(2) 正義觀（Justice View Of Ethics）：

管理者依法行事，公平公正的執行管理行爲，不因性別、人種等不同而給予不同薪資待遇。

(3) 功利觀（Utilitarian View Of Ethics）：

管理者決策主要以多數人利益爲主要考量。例如裁撤少數員工，保障其餘員工工作。

(4) 整合的社會契約觀點（Integrative Social Contracts Theory）：

管理者在做決策時，會考量公司現行價值觀和外界規範。例如員工給薪是參考業界薪資水準以及公司現行的薪資結構。

(5) 利己主義觀點（Individualism）：

管理者制定決策時，以能否爲自身帶來利益爲主要考量。

3. 請說明企業如何來改善不道德的行爲。

Answer

企業要改善不道德的行爲則可以藉由下列幾種方式：

一、推行道德行爲：

(1) 採取道德稽核委員會（Ethics Committee）來評斷是否發生不道德行爲。

(2) 在組織內部設立道德監察人員（Ethics Ombudsperson），以獨立的管理人員觀察公司是否有不道德行爲發生。

(3) 揭發弊端功能（Whistle Blowing），鼓勵員工檢舉他人不道德行爲。

二、建立道德規範（Codes Of Ethics）：

公司將道德標準與以制度化，明確列出，以供員工了解。

三、員工甄選：

甄選人才時，觀察應試者是否符合公司內部道德標準，將道德納入考量。

四、高階管理階層示範：

高階管理階層以身作則的塑立道德行爲，讓員工仿效。

五、道德訓練：

企業定期舉辦座談會、講習會來鼓勵員工道德行爲。

六、工作目標與績效評估：

提供員工清楚的目標以及以過程爲導向的績效評估，讓員工清楚了解目的，避免以不道德的手段達成。

七、獨立的社會稽核（Social Audit）：

利用獨立的稽查，例如聘用外部人士或專員評估公司的社會政策執行成效，公正的描繪公司從事社會活動的作爲。

4. 請說明社會責任中古典觀點的概念爲何？

Answer

(1) 代表學者：彌爾頓．傅利曼（Milton Friedman）

(2) 精神：追求最大利潤。

(3) 釋義：企業所需負擔的社會責任僅是遵守法律規範，並且爲股東追求最大利潤。企業不應該承擔法律規範以外的社會責任。

5. 請說明社會責任中社會經濟觀點的概念為何？

Answer

(1) 代表學者：基思．戴維斯（Keith Davis）

(2) 精神：企業在追求利潤之餘，更包含促進全體社會最大福利。

(3) 釋義：企業並非一獨立個體，而是與社會息息相關的共同生命體，在社會期望下，也鼓勵企業應該積極參與環境中有關社會、政治、環保等議題的運作，以提升社會福祉。

6. 企業需要承擔社會責任的理由則有哪些？

Answer

企業需要承擔社會責任的理由有以下原因：

(1) 企業存在於社會，從社會大眾獲利，也應對社會大眾付出。

(2) 長期財務報酬極大化。

(3) 企業活動的改善效率優於一般社會的機構改善問題的效率，因此企業應適度參與社會責任。

7. 何謂綠色管理？而在綠化的途徑中，請說明積極途徑的意義？

Answer

企業的經營、管理者的決策會對自然環境造成衝擊，管理者面對環境問題的態度，持正面觀點並設法改善，稱為管理的綠化。而積極途徑的意義是組織尊重地球及環境，深具環保意識，並且願意花心力投入環保。屬於社會責任倫的層級。

8. 何謂價值基礎管理？

Answer

管理者建立價值觀並且推行組織共享的一種管理方式，主要目的在創造利害關係人具有的價值，並且藉由價值觀導入管理制度中，形成企業核心，創造外界對企業的知覺。

9. 贊成社會責任的觀點有哪些？

Answer

(1) 創造更好的經營環境（Better Environment）

(2) 符合公眾的期望（Public Expectation）

(3) 建立良好的公眾形象（Public Image）

(4) 平衡權力與義務（Balance Of Power And Responsibility）

(5) 獲取長期利潤（Long Run Profits）

(6) 擁有更多社會資源（Possession Of Resources）

(7) 提升股東權益（Stockholder Interests）

(8) 預防重於治療（Superiority Of Prevention Over Cures）

(9) 道德責任（Ethical Obligation）

(10) 減少法規管制（Discouragement Of Further Government Regulation）

10. 綠色行銷中提到的3R 與3E 分別是何者？

Answer

在綠色行銷概念中，3R 與3E 表示的意義為：

(1) 3R：

Reduction（減少浪費）、Reuse（重複使用）、Recycle（資源回收）

(2) 3E：

Economic（低能源消耗）、Ecological（保護生態環境）、Equitable（尊重人權）

第五章 決策與分析

1. 請說明決策的基本特性。

Answer

(1) 普遍性：管理者經常需要做決策，且沒有時間或地點的限制。

(2) 未來性：決策是未來的行動。

2. 請比較完全理性與有限理性。

Answer

	完全理性	有限理性
人性假定	經濟人	行政人
確認問題	重要的問題	管理者注意到的問題
決策準則	考量所有決策準則	僅列出有限的決策準則
發展方案	發展所有可行方案	發展有限方案
評估方案	掌握所有資源評估方案	以有限資源評估方案
選擇方案	最佳解	滿意解

3. 何謂經驗式決策？

Answer

決策者從過去經驗或是他人意見中尋找決策者認爲最好的答案，介於預設決策及非預設決策中間。

4. 在組織決策類型中，請描述垃圾桶模型的概念。

Answer

在組織決策類型中，垃圾桶模型的概念是：

(1) 定義：組織處在混亂時期，問題不確定性高且組織目標不明確時，此時的決策是任意且無計畫的執行。

(2) 決策結果：將組織當成垃圾桶，決策參與人員將問題及解決方案提出後，再選擇適合的方案並產生共識以制定決策。

(3) 適用時機：不確定的問題、不明確的解決方案、決策參與人員流動率高。

5. 請提出2個改善群體決策缺失的方法。

Answer

(1) 設置批判者（Devil's Advocate）：

由某些異議份子提出不同批判性觀點，增進組織創意發想。

(2) 德菲法（Delphi Method）：

設計一套問卷請專家回答，將答案結果統計後寄發給各專家，請專家看完並彙整好答案後，再做一次問卷，持續進行直到取得共識。

6. 完全理性決策包含哪些假設？

Answer

(1) 完全理性的決策者：

決策者客觀、且完全了解欲追求之目標。

(2) 符合決策程序理性：

實際決策時，能夠完全符合理性分析的八個步驟。

(3) 決策資訊充分且正確：

正確的決策資訊才能幫助決策者選擇最佳方案。

7. 請提出2個管理者容易犯下的決策錯誤。

Answer

管理者容易犯下的錯誤則有：

(1) 選擇性認知（Selective Perception）：

只願意選擇對自己有利的訊息，而忽視對自己不利的訊息。

(2) 近期效應（Availability Bias）：

決策者容易因為最近發生的事情而影響處理事情的態度與方法。

8. 在輔助決策的方法中，質性的方法有哪些？

Answer

(1) 證據：以證據或事實來佐證行動方案。

(2) 經驗：以過去發生類似的事件來判斷哪個行動方案最佳。

(3) 直覺：以決策者的情感、想法爲主。

(4) 推理：推論可能的結果以選擇最有利的行動方案。

9. 何謂拉普拉斯準則（Laplace）？

Answer

假設每種情況發生的機率是相同的，從中選擇最有利的行動方案。

10. 何謂有限理性？

Answer

由於決策者無法掌握所有資訊、分析所有方案並選擇最佳方案，因此大部分的決策都不是完全理性的，意即決策只能選擇滿意解，而非最佳解。

第六章　規劃

1. 何謂規劃的定義。

Answer

規劃爲第一個要面對的管理活動，也是管理程序的基礎。一個好的規劃將能爲未來的管理活動帶來良好的指標與過程。而主要的管理活動可包含定義組織的目標、建立整體策略達成目標，並發展全面性的規劃體系，以整合並協調組織的管理活動。

2. 請說明規劃的重要性與功能。

Answer

規劃有其重要性與功能，分別說明如下：

(1) 規劃提供了組織一個明確的方向，讓組織能夠減少因環境變化所帶來的衝擊。

(2) 規劃的過程將能建立起組織的目標，以提供組織成員能進入協調與合作，並協助管理者掌握狀況擬定對策。

(3) 組織資源的分配，能夠確保營運狀況，以降低成本及浪費。

(4) 提供了一個績效的評量標準及組織運用資源的依據，以協助組織有效的運用資源、掌握機會並達成目標。

3. 在進行規劃的過程中，目標建立是首要的工作。而目標的層次可成四階層，請描述之。

Answer

(1) 高階管理者的目標：

屬於最高層次組織目標，其最終目標是希望能夠提供組織整體的績效。

(2) 分公司管理者的目標：

分公司對於總公司有業績上的直接壓力，其目標往往放在希望能使公司利潤有明顯的改善。

(3) 部門管理者的目標：

部門管理者相較於高階管理，較無法綜觀目標的全貌，僅能將重心放在部門的利潤上，因此所採取的手段有時反而對於整體目標是不利的。

(4) 個別員工的目標：

個別員工的目標往往更狹隘，只著重於眼前手邊的工作，因此往往著重於自己工作的進度，而忽略了品質。因此，如何結合個別員工及部門管理者的目標，就成爲了規劃過程的重要課題。

4. 請描述規劃的步驟。

Answer

(1) 確認目標：

於進行規劃時，確認企業的目標是首要工作。並對於每個組織成員的工作單位制訂出相關的部門目標，以確保組織的長期與短期目標能夠被實現。

(2) 制訂前提條件：

規劃的第二個步驟便是利用編制規劃的前提條件，以取得一些一致性的意見。最基本的原則是參與規劃的每個人必須去徹底清楚規劃的前提條件爲何，若此一步驟愈確實，規劃的工作也就能夠愈協調。

(3) 制定可供選擇的方案：

規劃的第三個步驟便是去尋找並研擬出可被選擇的方案，以提供組織能有所選擇與方向。

(4) 評估方案：

規劃的第四個步驟，組織必須針對可供選擇的方案進行分析及評估，並給予權重，以找出各方案的優劣。

(5) 選擇方案：

規劃的第五個步驟，當我們完成了方案的評估後，即可針對評估的結果進行選擇，找出最適合組織的方案。

(6) 配套計畫制定：

規劃的過程中必須有相關配套的支持，此一配套必須能針對所選擇出的方案制定。同時亦需配合組織的資源來找出可行、且確實具有效能效率的配套。

(7) 提出預算：

於規劃步驟的最後階段，我們將把所擬定的規劃進行「數字化」，以預算的方式提供組織進行衡量，以配合並清楚整個規劃的過程可被完成。

5. 何謂目標管理法。

Answer

目標管理法（Management By Objectives，MBO）是指先由管理者與員工共同訂出明確的目標，定期檢視目標的進度，並根據進度的進行給予獎勵。

6. 藉由目標管理的步驟，能達到滿足員工需求及激勵員工潛能。因此請描述目標管理的步驟爲何？

Answer

(1) 訂定組織目標與執行策略。

(2) 將共同制定的目標賦予各分公司及部門。

(3) 各部門管理者與更上層的管理者合作，共同制定該層級明確的目標。

(4) 與所有部門成員一起制定明確目標。

(5) 經理人和員工共同決定達成目標的執行策略。

(6) 執行策略方案。

(7) 定期檢視進度，並回報過程中遇到的問題。

(8) 對達成目標者給予獎賞。

7. 策略性規劃用途爲何？

Answer

策略性規劃位於較高層級，因爲組織層級高的管理者所要進行的規劃工作爲分析、偵測、應付環境的變動，這類管理者的規劃對象是整體組織。策略性規劃是一種過程，其目標是用來找出一個組織所欲採用的策略，爲了能夠達到組織的目標，必須有相對應的策略。

8. 檢驗規劃的工作是否完善，能藉由哪些指標來觀察？

Answer

(1) 規劃對於組織目標的貢獻度。

(2) 規劃工作於管理任務中的優先次序。

(3) 規劃工作之普遍性。

(4) 規劃工作之效率等來進行評估。

9. 規劃可能會常生的問題有哪些？

Answer

(1) 容易造成組織的僵化，無法在多變的大環境中形成一個動態的規劃模式。

(2) 正式性的規劃亦無法取代管理者的直覺判斷，而可能扼殺了創造力。

(3) 管理者過度專注於規劃本身，而忽略了更多重要的資訊。

10. 在現代環境中，如何制訂良好的規劃？

Answer

規劃必須更具有彈性，有效規劃於動態環境中亦說明，藉由扁平化組織層級以發展出特定又具彈性的規劃，同時培養管理者設立目標及擬定計畫的技巧。若組織管理者能夠確保這些，組織目標將得以藉由規劃而實現。

第七章　組織

1. 何謂組織？

Answer

組織爲一種分工及劃分權威層級的動作，經由有計畫地協調企業成員的一種團體活動，以求達到企業認定的明確目標。

2. 組織結構設計中，請說明產品別部門化的優點與缺點。

Answer

產品部門化的優點是有專門人員負責特定的產品績效；而缺點即是個產品部門的經理人只專注發展其產品或產品群，忽略其他部門的發展。

3. 組織結構的功能有哪些？

Answer

組織結構中有三項功能，分別是：

(1) 穩定的功能：

為了使在工作時有一標準的準則可遵循，組織需建立一套組織結構，使員工能遵循此準則，不受外在因素干擾以影響工作，進而使組織能穩定的發展。

(2) 發展的功能：

在組織結構更健全的目標上，須不斷的革新與成長進步，讓組織中的員工能充分發揮其潛能，讓組織績效提高。

(3) 協調的功能：

組織爲了要使各單位間橫向與縱向的聯繫能更協調，須仰賴組織結構的完善建立，進而使各單位間相互合作，達到組織目標。

4. 何謂直線管理者與幕僚管理者？

Answer

直線管理通常是對於組織有直接的貢獻者，被賦予指導部屬如何工作的權力，亦即他們通常是某人的上司。此外也需負責達到組織績效的目標。幕僚管理者則是協助與建議直線管理者如何達到這些目標。

5. 組織結構中分別型結構的特性？

Answer

分別型結構為一種自給自足型的單位，每一個不同的分部皆由經理負責並領導。其優點在於著重於結果導向，使分部能全心追求績效。缺點則在於易造成資源的重疊，造成組織成本的增加。

6. 何謂學習型組織？

Answer

為聖吉（Senge）所提出，認為組織成員惟有持續的進行學習，才能達到組織長期的競爭力。學習型組織希望透過學習，增強組織成員的經驗與知識，來強化並改革整個組織。

7. 何謂無疆界組織？

Answer

為威爾許（Welch）所提出，其希望能夠讓組織中垂直與水平疆界消滅，將控制幅度放寬，取消命令鏈，並給予團體自治權用以取代部門。欲消除組織內的垂直疆界，於決策制訂時可讓員工參與，成立360度的績效評核制度，推動跨層級、跨部門的團隊等。

8. 影響組織設計因素有哪些？

Answer

(1) 策略：

組織結構被作為工具用來協助管理者完成組織的目標，因此策略與結構之間將息息相關，結構應能夠配合策略。

(2) 組織規模：

大型組織通常具有較為精密的分工及專業化，同時具有較多的垂直層級、部門以及相關規定，小型組織則反之。組織規模大小的不同，將可能影響到組織設計的差異。

(3) 技術：

技術用來證明投入變爲產出的過程效能，需投入組織的資金及人力等資源以生產出組織的產品或勞務，隨著技術的優劣，組織設計的考量亦有所不同。

(4) 外在環境：

所有可能影響組織績效的單位或勢力皆屬於外在環境的一環，包括了諸如政府、供應商及顧客等。動態環境的不確定性及更高於傳統的靜態環境，因此組織必須能夠適時的調整組織的結構。

9. 何謂教導型組織？

Answer

由提奇與柯漢（Tichy & Cohen）提出，認爲組織領導者應扮演教導者的角色，將個人的經驗傳授給所有組織成員，讓各階層的組織成員皆能成爲領導者，以活化組織及提升組織競爭力。

10. 何謂機械式組織？

Answer

機械式組織爲一種高度正式化的組織結構，常用於相對穩定的環境中，類似於官僚組織。

第八章　領導

1. 請問正式領導的特徵有哪些？

Answer

(1) 職位：正式的領導通常亦具有正式的職位。

(2) 職責：有了正式的職位，也將產生相對應的職責。

(3) 職權：正式的領導應具有相對應的權力。

2. 領導「Leadership」是管理中一個相當重要的議題。並根據特質論與行爲論對於領導此議題作進一步的說明？

Answer

(1) 特質論：

特質論是由領導者本身的個性及風格來分析出何謂成功的領導者，也可以說特質論主要的目標在於找出成功的領導者究竟具有哪些特質。特質論用來研究哪些領導特質是能成功的領導，然而目前沒有能夠通用於所有領導環境的領導特質，而在實務上也沒有一種領導風格可適用於所有的環境。

(2) 行爲論：

行爲理論認爲領導者個人的特質並不能決定領導的效能，領導效能應是由領導者所表現出的行爲來決定。行爲論認爲領導能力並非天生的，而是經由後天的學習、訓練及培養而來。美國俄亥俄州立大學（The Ohio State University）研究中指出，領導者應倡導及關懷，其研究中顯示出高度的關懷及高度倡導能增進生產力及滿意度。美國密西根大學（The University of Michigan）則針對員工及生產導向提出看法，認爲兩者缺一不可，若能同時兼顧，將能增加生產力及滿意度。

3. 權變理論中，請說明菲德勒（Fiedler）領導理論的概念。

Answer

菲德勒（Fiedler）認爲領導的效能將取決於情境之不同而定，因此一個有效能的領導必須能夠依據情勢的不同而採用不同的領導者模式，權變領導認爲有三種情勢因素足以影響領導效能，分別爲領導者與組織成員關係的好壞、工作結構是否夠明確以及領導者職權的強弱。

4. 在新的領導理論中，交易型領導具有哪些特徵？

Answer

交易領導指領導者能夠運用協商、溝通及獎懲的方式，並建立在目標的達成上，以激勵組織成員能夠完成任務目標的一種領導方式。交易領導具有以下三種領導層面與特徵。

(1) 合宜獎懲：

對於表現好的組織成員給予獎勵，讓組織成員清楚，只要能夠有所表現，即能得到相對應之獎勵。

(2) 積極例外管理：

指當事情的執行未達標準時，領導者可以注意並發現，並進行必要的修正。

(3) 消極例外管理：指領導者將注意力放在組織成員的偏差行爲錯誤上，在不符合標準時介入進行修正。

5. 每個時期對領導的定義都有所不同，請描述領導理論的演進與發展類型。

Answer

隨著時代背景的不同，領導理論也有所轉變，對於領導的研究可略分爲四種途徑取向。分別爲特質論、行爲理論、情境理論及新領導理論。

時期	領導理論	研究主題
1940年以前	特質論	認爲領導才能是天生具有，著重於研究成功領導者特質。
1940年代至1960年代	行爲理論	認爲領導效能與領導行爲息息相關，著重於兩者關聯性的研究。
1960年代至1980年代	情境理論	認爲領導視情境而 定，著重於結合所有因素來探討領導模式。
1980年代以後	新領導理論	認爲領導者應具有遠景才能帶領組織前進。

6. 布拉克與莫頓（Blake & Mouton）設計出關心員工」及「關心生產或工作」，發展出管理座標的矩陣。請描述矩陣之內容。

Answer

(1) 無爲而治的管理：

對於員工及工作皆是放任式的管理方式，一般而言屬於最不具領導效能的管理模式。

(2) 鄉村俱樂部型管理：

著重於關心員工而對於生產工作較不關心，此一管理型態較能產生高度的員工滿意度，但對於工作績效不一定有正面效果。

(3) 權威一服從管理：

著重於關心生產工作而對於員工較不關心，此一管理型態較易產生員工的不滿，且當完全著重於生產工作時，也可能因員工的滿意度低落，影響到組織生產力。

(4) 組織人管理：對於員工及生產工作的關心皆屬於普通，屬於一種中庸管理。

(5) 團隊管理：同時關心員工及生產工作，此爲一種最理想的管理型態，能同時達到員工的滿意度及生產工作的績效，惟此一型態的管理較爲理想化，在實務上欲達成可能具一定之困難度。

7. 權變理論中，請說明豪斯（House）的「目標途徑」理論的概念。

Answer

目標途徑由豪斯與米切爾（House & Michell）於1974年所提出。

(1) 領導者的效能將取決於領導者行爲和情境因素之間的作用而形成。

(2) 領導者行爲包括四種方式，分別爲指揮性、支持性、參與性及成就取向。

(3) 情境因素主要由部屬特性（Subordinate Characteristics）及環境壓力需求（Environment Pressure And Demands）所構成。

(4) 領導者的效能將取決於工作滿意、對於領導者接受程度以及部屬所具有動機等。

8. 請描述轉化領導的概念。

Answer

貝斯與俄莫利（Bass & Avolio）（1994）針對轉化領導之層面與特徵分別提出魅力、激勵、智力刺激及個別關懷四個層次，以下分別說明之：

(1) 魅力：

指領導者的個人魅力足以吸引部屬，並激發出部屬的忠誠及參與工作的意願，魅力主要又可分爲兩個層面，一爲理想化特質，主要指領導者本身的特質足以成爲被領導者崇拜或模仿的目標，組織成員願意去接納領導者所描述的願景與價值觀。第二爲理想化行爲，指藉由領導者的行爲及表現，能獲得組織成員的認同，組織成員亦會相信，領導者的領導將能爲團體帶來成功。

(2) 激勵：

指領導者能夠激勵部屬，凝聚共識並能共享願景，讓組織成員可一起完成組織的任務及目標。

(3) 個別關懷：

指領導者能夠給予每一位組織成員個別的對待及尊重，協助每一位組織成員能夠成長並發揮所長。

(4) 智力刺激：

指藉由刺激以提升智慧及理性，以及能夠解決問題的能力。領導者要求組織成員能夠有所創新及思考，以增加整個組織的創造力。

9. 何謂領導？

Answer

巴納德（Barnard）將領導定義爲「一個人能夠影響他人行爲的能力」。這裡所提到的影響即爲一種能夠改變他人的態度或行爲的過程。當一個人愈具有領導力時，即代表著他能夠影響他人的能力愈高。當組織領導者的領導力愈高時，即愈能群策群力，完成組織所賦予的目標。

10.領導理論隨著時期的不同，有不同的概念與意義。請問新領導的概念爲何？

Answer

新領導理論開始加強領導者對於組織成員的影響，以求能凝聚組織的向心力及價值觀，以提升部屬對於組織的忠誠度及信賴感，促使組織成員能爲組織共同的目標盡心盡力。

第九章　控制

1. 何謂控制？

Answer

在管理的工作中，一般指控制爲對於績效的衡量與修正，以助於確保企業的目標，而爲了達到目標所制定的規劃得以實現，控制就成了不可或缺的管理功能。

2. 請描述控制的基本過程？

Answer

控制程序主要可分爲三點。分別爲確定標準、衡量績效、修正偏差。

(1) 確定標準：

由於計畫是管理人員設計控制工作的準則，因此在控制的過程中第一步即爲先行制定計畫。而在實務上由於各項計畫複雜度皆不一樣，且管理人員也不可能完全參與掌握，因此就必須制定較爲具體的標準。

(2) 衡量績效：

若我們於第一步的標準中制訂得當，又能夠確認評定下屬人員工作績效的可行性，則對於實際業績或預期業績的評價上就較爲容易。不過在實務上，有許多活動不容易去制定出其準確的標準，同時亦有許多的活動難以衡量。

(3) 修正偏差：

假如我們所確定的標準是適當的，而績效的衡量是能夠反映組織結構中各種不同職位的要求，那麼以這些標準衡量績效便能順利地進行偏差的修正。當發生偏差時，管理者可以重新制訂計畫，或調整他們的目標，同時也可以運用組織職能重新分配職務或明確職責，以用來修正偏差，他們亦可以採用增加人手、或更加妥善地進行選拔和培訓下屬人員、更或是進行解雇人員、重新配備人員等辦法來進行偏差的修正。

3. 請描述控制導致負面的效果有哪些？

Answer

(1) 本位主義的形成：

主要在於控制的標準欠缺整體考量，可能導致各部門間存在自私自利的觀點。

(2) 短期績效的追求：

由於許多控制的目標與標準多為短期指標，容易忽略了組織的長期目標。

(3) 表面化與形式化：

實務上常常不易發揮控制的眞正精神，而成爲書面上或形式上的表現。

(4) 士氣的影響：

起因於控制的過程中，可能會導致組織成員有被監控的感覺，因此影響到組織成員的士氣，特別是控制的機制是來自於員工個人的外在，而不是員工個人自我的內在控制。

(5) 忽略雖不明顯但重要控制項目：

起因於控制項目的選擇上不夠全面。

4. 請說明控制的重要性。

Answer

(1) 確實完成組織的規劃目標。

(2) 避免或減少錯誤的發生。若能由控制過程去發現並修正錯誤，則可避免許多組織商譽與金錢上的雙重損失。

(3) 降低自身的成本，控制過程除了減少因錯誤產生的損失外，妥善的控制制度也有助於用最少的資源來完成最大的產出，藉由生產力的提升來降低單位的成本。

5. 在控制的類型中，請描述以時間點爲規劃的控制？

Answer

以時間點爲規劃的控制則是：

(1) 事前（預防）控制（Pre-Control）：

在規劃階段就妥善且全面性的對於各種可能發生的偏差進行防範機制，屬於較好的控制類型。

(2) 事中（即時）控制（Current-Control Or Real-Time Control）：

事中控制指在計畫進行過程中，必須安排幾個中間關卡來進行把關的工作。

(3) 事後（修正）控制（Post-Control）：

在計畫完成後之後，才進行的標準衡量比較。

(4) 社會化控制：

此一控制所指的是一種透過教育訓練、進而同化組織成員，以組織文化與核心價值觀作為基礎所進行的內化控制模式，較能因應環境變化而作出具彈性且即時的反應。

6. 請說明有效控制的權變因素。

Answer

(1) 組織規模的大小。

(2) 授權程度的大小。

(3) 組織文化的內涵。

(4) 事件重要性程度。

(5) 個別管理者差異。

(6) 管理階層的差異。

7. 請指出兩個企業常利用的控制方法。

Answer

最常被企業使用的控制方法有：

(1) 財務控制：

建立起預算制度，並藉著財務報表的分析，由標準成本與差異成本來進行分析，建立起內部稽核制度與外部的審計制度。

(2) 資訊系統控制：

常用的資訊系統控制包括交易處理系統（TPS）、管理資訊系統（MIS）、決策支援系統（DSS）、群體決策支援系統（GDSS）、專家系統（ES）、高階主管支援系統（EIS）及企業資源規劃（ERP），依據不同的目標與功能，所適用的資訊系統控制方式將有所不同。

8. 在進行控制時，有哪些原則要注意？

Answer

(1) 控制的標準應該合理且適當，且應能夠掌握重點。

(2) 提供正確資訊且採用多重標準，可避免產生主觀偏差，同時應具有相對應的配套建議修正措施等。

(3) 強調例外管理以有效提升管理者的效能，且控制的系統不能過於僵化，應保有適當的彈性。

(4) 控制機制與方法應能夠讓組織成員容易了解。

9. 有效控制的準則為何？

Answer

(1) 控制的事項必須與組織的目標有關。

(2) 控制的事項必須完備的兼顧到各個重要層面，不能有過度偏誤。

10. 請比較正式與非正式的控制？

Answer

正式（官僚）與非正式（有機）控制比較表

構面	官僚式（正式）控制	有機式（非正式）控制
目標	員工服從。	員工承諾。
正式化程度	正式化的控制、 階層關係明確。	團隊的規範、 重視自我的控制。
對績效期望	達到績效。	超越績效。
報酬制度	個人績效為評比標準。	團隊績效為評比標準。
參與程序	有限且較為正式化。	廣泛且非正式。
組織設計	階層數較多、 溝通由上而下	扁平的組織結構、 分享溝通。

第十章　溝通

1. 溝通的定義。

Answer

溝通爲一種人際互動的程序，而管理者的管理工作爲「協調與整合他人之業務，有效地完成工作，以達成組織目標。」

2. 請說明達到有效溝通的四大步驟。

Answer

(1) 注意（Attention）：

指收訊人聽取訊息，需注意克服「訊息競爭」（Message Competition）的情況。

(2) 了解（Understanding）：

指了解訊息所包含的內涵與意義。

(3) 接受（Acceptance）：

指收訊者不僅要清楚溝通內涵與意義，更應願意接受其所賦予對其行爲或態度的要求。

(4) 行動（Action）：指將接受轉化爲具體的行動。

3. 在溝通的障礙中，月暈效果的意義。

Answer

此一偏誤可能受到一個人部分表現的影響，就認爲其他表現也有一樣的表現。如一個學生考試分數表現優秀，就認爲這一個學生的道德及品性應該也是優秀的。

4. 溝通不當，則也會產生溝通障礙。因此，請說明兩種造成溝通障礙的原因？

Answer

(1) 過濾（Filtering）：指訊息發送者基於特定因素，有意或無意中過濾其所發送的訊息給予收訊者，比較一般組織中層部屬對於上司的報告中，通常會選擇性的傾向「報喜不報憂」的情形。

(2) 選擇性知覺（Selective Perception）：指收訊者基於特定原因，諸如個人的偏好與過高的承諾等，而將發訊者所傳達的訊息選擇性的接受。

5. 當團體成員衆多時，訊息流通的管道是重要。請指出群體溝通的三種溝通網絡。

Answer

(1) 鏈型：此一網絡代表著一種垂直的階層，溝通網絡只能垂直往上或往下進行，而不能有水平的溝通。一般而言，較易出現於直線的權力系統中。

(2) 輪型：此一網絡代著由一個主管面對復數個部屬，而部屬之間並沒有互動，此一網絡中所有的溝通必須經由主管進行。

(3) 網狀網絡型：此一網絡允許成員和其他所有的成員自由溝通，屬於較不具結構性的網絡系統，網絡中沒有中央點，成員彼此之間是平等沒有限制的。

6. 在溝通媒介中，電子媒體的溝通方式？優缺點爲何？

Answer

電子媒體的溝通方式，像是電子網路、簡訊等。電子媒體優點是快速、正確、可大量處理資訊。電子媒體缺點是成本高與不易提供回饋。

7. 正式的溝通網路中，何謂向下溝通與水平溝通？

Answer

在正式溝通網路中，向下溝通指由由直屬主管到下屬、或領導群體到附屬群體的溝通行爲。

另外水平溝通指組織中同一個單位或是同一層級單位間的溝通行爲，若組織屬於扁平化組織時，此一溝通方式將更顯重要，其主要優點將能使員工能夠更加了解組織的全貌，並改善部門之間的協調與整合，有利於組織資源作更有效的分配。

8. 梅爾徹與貝勒（Melcher & Beller）認爲有效溝通的影響因素有哪些？

Answer

(1) 溝通性質：

需考量到任務複雜性、內容合法性與資源的取得。

(2) 溝通媒體：

指溝通的過程中所採用的爲語言、書面或電子媒介等。

(3) 人際關係：

指溝通標的中的人際整合程度。

(4) 溝通的人員：

主要可分爲目標導向或手段導向、信任程度與語言能力。

(5) 溝通途徑：

可分爲正式與非正式的溝通。

(6) 通路性質：

速度、回饋、選擇性、接受性與責任建立。

9. 羅賓斯（Robbins）提出克服溝通障礙的方法有哪些？

Answer

(1) 控制情緒。

(2) 利用正面與負面回饋。

(3) 簡化語言。

(4) 主動傾聽：主要有四項要求，專注、同理性、接受、有恆。

(5) 建立管理資訊系統。

(6) 注意非口頭上的暗示。

(7) 建立信任。

10. 在溝通過程中，溝通風格因人而異，請舉出兩種溝通風格。

Answer

(1) 侵略型（The Aggressive Style）：

此類型溝通者只爲達成自己的目標，而不去考慮對於溝通對象所產生的負面效果，屬於一種我贏你輸（Win-Lose）的策略。

(2) 果斷型（The Assertive Style）：

此類型溝通者在溝通過程中，將藉由情、理並重的方式達成雙方的協議，以求營造雙贏的局面。

第十一章　策略管理

1. 何謂策略：

Answer

策略是爲了因應環境的變化，以及爲了達成組織長期目標而設計出一套統一的、協調的、廣泛的整合性計畫。而策略規劃則是藉以發展策略的決策與行動，以表現出對重要資源的分配方式。

2. 請說明麥可．波特（Michael Porter）提出策略內涵的五個特點。

Answer

一、是建立起組織特有的競爭地位。

二、是需針對既定策略，選擇出一個方式來與競爭者對抗。

三、是讓每個活動之間保持良好的搭配。

四、是應該具持續性地提高作業效能。

五、是應該依環境的變化來調整原有的策略。

3. 何謂SWOT分析？

Answer

(1) 優勢（Strengths）：

指組織內部可以有效執行，或組織本身所擁有特殊資源。

(2) 劣勢（Weaknesses）：

指組織內部表現較差，或組織本身所需要卻未擁有的資源。

(3) 機會（Opportunities）：

指外部環境因素中，對於組織相對有利的正面趨勢及有利處境。

(4) 威脅（Threats）：

指外部環境因素中，對於組織相對不利的負面趨勢及不利的處境。

4. 在策略中何謂公司總體縮減策略。

Answer

指公司以減少或取消某些的商品或服務，也可能是據點的裁撤。以降低自己的營運規模方式來減少外界環境的威脅與衝擊。一般而言，此時公司是處於劣勢，例如公司由過去近十家的分店縮減為現今的一家等等。

5. 在事業策略中提到的集中化策略為何？

Answer

集中化策略指公司專注於較小的市場區隔中，建立其成本優勢或差異化優勢。著重的乃深耕目標市場，而不是試圖去擴大服務所有的市場。

6. 何謂反應型策略？

Answer

指組織本身完全不清楚自己應該採取何種策略，或無法制訂出適當合宜的策略，僅能依市場的變化進行應對，因此績效往往不佳且難以於市場中生存下去。

7. 核心能耐的原則為何？

Answer

一、具有「難以模仿性」。

二、具有「延展性」。

三、具有「價值性」：企業在其所自認為是核心能耐的領域中，以顧客消費者的眼光來看應該是很有價值的。

8. 何謂資源基礎理論？

Answer

資源基礎理論認為各種資源具有多種不同用途。企業的經營決策就是指定各種資源的特定用途，且決策一旦實施就無法輕易復原。因此在任何一個時間點上，企業都會擁有因先前資源配置基礎下進行決策後所帶來的資源儲備，這些資源儲備將限制、更可能影響企業下一步的決策，亦即資源的開發過程將會傾向於降低企業靈活性。

9. 何謂價值鏈分析？

Answer

將企業內外價值增加的活動分為主要活動和支援性活動。主要活動涉及後勤作業、生產作業、倉儲運輸、行銷銷售及售後服務。而支援性活動涉及公司之基礎結構、人力資源管理、技術發展及採購作業等。

10. 麥可・波特（Michael Porter）提出哪三種競爭策略？

Answer

麥可・波特（Michael Porter）提出三種一般性策略供企業採用，分別是：

全面成本領導策略（Overall Cost Leadership）、差異化策略（Differentiation）與集中化策略（Focus）。

第十二章　組織文化

1. 組織文化的定義。

Answer

組織文化是組織成員共有的信念體系，其會影響組織成員的行爲與態度。組織文化指組織所共有態度、價值、信念及行爲模式，以用來規範組織成員行爲，並建立組織的核心價值。司徒達賢（1997）認爲，組織成員分享組織價值觀念即爲組織文化，而價值觀念會影響組織成員行爲及決策方向。

2. 組織文化的功能。

Answer

(1) 組織文化的功能在於可界定組織疆界的角色，使得組織與其他組織能有所區別。
(2) 組織文化可傳達出一種組織成員才能感受到的認同感，以促使個人投注於個人利益以外更大的關注點。
(3) 組織文化亦能提升社會系統的穩定性，即藉由提供一個適當的標準供組織成員行爲舉止的參考，以促進組織融合。亦可作爲一種意義決斷和控制的機制，以用來指導和形塑組織成員的態度和行爲。

3. 請比較強勢與弱勢文化。

Answer

強勢文化主要指核心價值被深刻而普遍接受的文化。相較於弱勢文化對於組織成員的影響力則較小。通常會影響組織文化的強勢與弱勢的因素主要爲組織規模大小、時間長短、員工流動率高低及文化開創時期的強度。

4. 社會化主要的目的。

Answer

社會化的目的，首先是社會化的過程能降低成員的不確定感，使成員感到安全，讓成員清楚其他人對自己的期望爲何。

並且社會化過程將能爲組織帶來利益，起因於社會化能創造組織成員有更一致性的行為，增加成員間的溝通與了解，減少衝突，進而使直接監督及管理控制更加有效率。

5. 說明組織文化的形成過程。

Answer

組織文化形成的過程：

(1) 職前期：

此階段包含新成員在加入組織前所學習的事物，因組織會利用甄選過程讓準成員對組織有較完備看法，以確保組織找到想要的員工。

(2) 接觸期：

此一階段新成員可看到組織的眞相，並感受到原先所預期及現實的差異。此一差異可能使成員以組織所期待的看法取代之，或者因失望而選擇離職。

(3) 蛻變期：

此一階段將會發生長久性的改變，新成員在熟悉了環境及工作技能後，成功的扮演新角色，並調整自己適應團體的價值規範。

6. 組織社會化會產生哪些結果？

Answer

(1) 完全的順從（Total Conformity）：

經過社會化過程，而完全接受組織之文化及規範。

(2) 具創造出的個人主義（Creative Individualism）：

成員習得組織的核心文化，對於其他次要的部分則未完全接受，因而使自己能具有作業創新及角色創新。

(3) 造反者（Rebellion）：

完全拒絕組織之文化，而依照自我的風格。

7. 請說明席恩（Schein）（1992）提出組織文化的要素。

Answer

席恩（Schein）（1992）指出組織文化可分為三種層次，分別為人為事物、價值觀、基本假設。第一層人為事物所指的為組織文化的外顯形式，可以讓人看到、聽到及感受到，諸如語言、口號及實體建築設計等。第二層價值觀主要指組織中的價值和信仰，其具有較高的穩定性。第三層基本假設指組織內最基本的假定和最眞實的價值部分。

8. 請說明組織文化構面。

Answer

構面名稱與定義如下：

(1) 創新與冒險：

指鼓勵組織成員創新與冒風險的程度。

(2) 專注細節：

指對於期許組織成員展現精準、分析和注意細節的程度。

(3) 結果導向：

管理階層對於最終結果導致此結果過程的重視程度。

(4) 人員導向：

管理階層決策時，考量到對組織成員影響的考量程度。

(5) 團隊導向：

指由個人或團隊來執行相關工作的程度。

(6) 進取性：

指組織成員中競爭與合作程度的比較。

(7) 穩定性：

指組織運作對於維持現況、而非著重成長的程度。

9. 社會化的意義。

Answer

社會化是一種調適的過程，指成員在進入組織後，必須去了解的必要價值、規範及風俗，以求能稱職擔任組織角色，成為能為組織所接受成員的過程。而在學習過程中失敗的成員，將有被視為不順從者或叛逆者的危險，甚至可能受到排斥與驅逐。

10.何謂主流文化與次文化。

Answer

主流文化所顯示的是大多數成員所有共有的核心價值，一般而言我們所提及的組織文化通常就是指主流文化。此種文化觀點將可賦予組織一個獨特的人格。而次文化則反映出部分組織成員所面臨的共同問題、情境或經驗，而這些次文化也會受到部門或地區限制所影響。

第十三章　生產與作業管理

1. 生產管理的目的。

Answer

生產管理的目標並非僅單純的追求成本的降低，主要的目標在追求穩定中成長獲利，以及維持顧客長期對他們產品的需求，以求組織的永續發展。

2. 如何維持良好的生產品質。

Answer

產品的品質保證可經由下列幾種方法來達成：

(1) 供應商品質：

供應商必須提供一套製程、出貨與運送的品質保證。且其產品的原材料必須符合規格，才能生產出符合客戶需求規格的產品。

(2) 設計的品質：

設計品質的首要任務，就是設計應該能夠符合及滿足客戶的需求與期望，並利用品質機能的展開，以設計出穩固不易受到破壞的產品。

(3) 工廠的品質：

工廠製造品質保證一般可區分爲三部分。

① 爲透過原材料進廠檢驗，利用抽樣檢驗甚至於全檢方式保證原材料品質。

② 爲在製品的檢驗與測試，利用統計品管的手法，減少產品的不良率，以求提高品質。

③ 爲成品出貨的檢驗，大部分可利用抽樣來檢驗，僅有少部分檢驗項目需要採用全檢的方式以確保產品品質。

(4) 售後服務品質：

組織應設計出一套售後服務機制，且一定要能快速反應並符合客戶的需求，才能抓住客戶的心，願意繼續購買及使用公司的產品。

3. 全面品質管理的定義。

Answer

全面品質管理TQM是指將組織產品的品質管理提升到經營層面，即以品質來經營企業、塑造企業的文化，並以滿足顧客爲其主要目標。

4. 全面品質管理的重要過程。

Answer

(1) 產品品質（Quality Of Product）：

指產品的研發與製造以及最後成品的品質。

(2) 過程品質（Quality Of Process）：

指工作及服務顧客的系統品質。

(3) 環境品質（Quality Of Environment）：

指結合生理、心理環境、硬體設備及工作環境的品質。

(4) 管理品質（Quality Of Management）：

指是否具有良好的企業文化，以及經營決策及人力資源應用品質。

5. 生產與管理中彈性指標爲何。

Answer

指部門的彈性程度，主要包括滿足客戶小量多樣的改變機種彈性、員工配合臨時訂單而加班的彈性、臨時與正式員工的比率、員工支援海外廠出差的彈性等。

6. 存貨的缺點。

Answer

造成管理上的不便，亦使廠商流動資金積壓，產生營運週轉上的困難。而物料的短缺固然會造成生產線停擺，但材料庫存太多不但積壓資金，也會造成必須花更多的時間在物料的搜尋，間接減少生產時間，造成生產量的減少。

7. 物料需求規劃提供管理者的功能。

Answer

(1) 將生產作業和財務系統整合在一起，使用同一套數據，以同步處理各種管理事務，讓生產作業和財務系統具可比較性 。

(2) MRP II 具有模擬能力，讓管理者更易掌握物料。

(3) MRP II 提供的是整個企業的動作系統，而不再只是生產作業人員的專用工具。企業中所有部門及人員都要根據MRP II 的規則來進行自己的業務。

8. 即時生產系統的目的。

Answer

即時生產系統（JIT）最終目的是零存貨成本，即庫存一來時就直接投入生產或行銷的作業中，而不讓物料成爲組織的負擔。JIT的終極目標即是達到零缺點、零存貨、零整備時間、零前置時間及無零件搬運。JIT 的基本原理是以需定供。

9. 經濟訂購量模型定義。

Answer

經濟訂購量模型是用於討論投資成本、設置成本、作業成本之間的取捨關係，如何以較低的存貨水準、較小的訂購成本，作最有效的投資以減少設置成本。

10. ABC存貨管理中將存貨分成三類，則A類型存貨爲何。

Answer

爲具最高價值的存貨，佔有15%～20%的庫存量，但可創造的價值可能是70%～80%，此類存貨一般是關鍵、高價值或高危險性的物料，具有不可短缺及不可替代性。

第十四章　行銷管理

1. 行銷的意義。

Answer

第一是指各種的行銷功能，包括銷售力、廣告、產品管理與行銷研究等，需要將其進行整合後，才能達到其效用。第二是行銷須和組織中其他的部門整合，有整個組織進行整合後，才能發揮其功效。

2. 行銷中銷售概念爲何。

Answer

銷售觀念爲一種由內而外的觀念，主要運用於供給大於需求的市場結構時，目標顧客通常不會購買組織所希望或追求的目標銷售量產品，因此銷售的觀念著重於必須從事大量的銷售與推廣活動。

3. 何謂體驗型行銷。

Answer

隨著生產技術的成熟與進步，許多國家製造業的比例已逐漸下降，取而代之的是服務業的興起。服務業與製造業有顯著的不同，如生產與消費同時發生，且無法進行儲存，因此服務行銷應著重於諸如內外部行銷、互動行銷等，以突顯服務業行銷須特別注意的重點。

4. 行銷中4P與4C的對應關係爲何？

Answer

(1) 產品（Product）對應

　顧客的需求與慾望（Customer Needs And Wants）

(2) 價格（Price）對應

　顧客的成本（Cost To The Customer）

(3) 通路（Place）對應

　便利性（Convenience）

(4) 促銷（Promotion）對應

　溝通（Communication）

5. 目標行銷的三項步驟。

Answer

第一是「市場區隔」（Market Segmentation）：即把市場區隔爲幾個能夠清楚分別的消費群，各有其不同的行銷組合需求。

第二是「選擇目標市場」（Market Targeting）：即選出一個或多個的區隔市場作爲所欲打入的目標市場。

第三是「市場定位」（Market Positioning）：指在市場中建立起產品的關鍵利益與地位。

6. 有效區隔市場的條件。

Answer

(1) 可衡量性（Measurable）：

指區隔的描述必須可明確被衡量，包含像是規模及購買力等。

(2) 足量性（Substantial）：

指區隔的規模必須夠大且同時必須有所利基。

(3) 可接近性（Accessible）：

在進行區隔市場後，廠商應該能夠有效地接觸並提供服務給該區隔市場。

(4) 可區別性（Differentiable）：

區隔市場在觀念下必須可被區別出來，且對於不同行銷組合產生不同的反應。

(5) 可行動性（Actionable）：

指廠商應可發展出具體的行銷計畫，以有效吸引並服務所區隔出來的市場顧客。

7. BCG矩陣中提到明星產業爲何？

Answer

同時具有高市場成長率及高市場佔有率的產業，組織對於此類產業應積極投入資源，此類型產業通常可成爲組織重要核心發展產業。

8. 產品生命週期中，市場成熟期爲何？

Answer

產品在市場上已經確立了地位且未被其他替代產品所取代。但由於產品之特性將會隨著時間逐漸地消失，而成爲與其他競爭品無明顯區別的標準化產品。導致生產者逐漸失去了價格支配者的地位。此時必須採取低價政策以延長產品生命期間。

9. 麥可・波特（Michael Porter）五力分析定義。

Answer

五力分析認爲產業的結構將會影響彼此的競爭強度，便提出一套 產業分析架構，用來解釋產業結構與競爭的因素，並建構整體的競爭策略。麥可・波特（Michael Porter）認爲影響競爭及決定獨占強度的因素可歸納爲五種力量，即爲五力分析架構。

10. 麥可・波特（Michael Porter）五力分析提出的的五種力量爲何。

Answer

(1) 新進入者的威脅：

新進入者的威脅主要用來指新進的競爭者廠商，這些廠商不但會影響市場，甚至有可能降低了整個市場的價格使得整個產業的利基下降。

(2) 供應商的議價能力：

供應商的議價能力主要用來指供應商對於廠商的議價力大小。

(3) 購買者的議價能力：

購買者在當中的目標應是盡可能爭取更高的品質及更低的價格。

(4) 替代品或服務的威脅：

替代品在產業中的角色如同一個隱性的競爭者，其可能會影響或限制了產業的利基。

(5) 現有廠商的競爭程度：

指產業中的各競爭者對於競爭策略的採用及競爭強度的程度，當競爭策略及強度過於激烈甚至採取了較爲極端的手段時，易破壞市場的利基，更有可能使產業的結構改變而形成無人得利的不利情況。

第十五章　人力資源管理

1. 人力資源管理活動主要可分爲那些？

Answer

(1) 選才活動：

人力規劃與招募遴選，其工作內容包括工作分析、人力規劃、人力招募及遴選、面談。

(2) 用才活動：

工作指導及員工管理，其工作內容包括工作指派、授權協調、工作指導、紀律管理及員工領導。

(3) 育才活動：

技能訓練與能力發展，工作內容包含新進人員訓練、在職訓練、能力發展等。

(4) 晉才活動：

績效評估與晉升調遷，工作內容包含績效評估、職務歷練、晉升調遷、員工輔導與前程管理。

(5) 留才活動：

薪資福利與勞資關係，工作內容包含薪資福利、勞資關係等。

2. 人力資源規劃的內容有哪些？

Answer

(1) 人力需求之估計：

針對企業現今與未來的需要，配合環境的變化，使用科學與客觀的方法估計所需人力。

(2) 工作分析：

依據企業的需求，針對完成特定工作職務所需特質做一評估。

(3) 工作評價：

依據不同工作性質及職務內容評定其價值，以做爲支付薪資的依據。

3. 工作分析的方法？

Answer

(1) 觀察法：

所謂觀察法是由分析人員直接觀察或透過對工作中的員工錄影來觀察工作者的實際工作情況以了解其工作。這個方法是可以最直接獲取工作內容的方法，但是有些員工在察覺有人在觀察時可能會有比不一樣的工作表現而使得觀察得來的內容不夠真實或是大打折扣；另外有些像比較屬於管理性質的工作也無法全程觀察得到。這是使用觀察法的一項限制。

(2) 問卷法：

所謂問卷法是發給指發給員工一份列有所有與其工作相關的問卷，問卷上有許多經過設計的問題，員工依據其所執行的工作內容與項目勾選上面的問項。這樣的方式對於工作內容的了解相當的有幫助，但是最大的缺點在於其只是單向的溝通，無法得到有關問題的回應。

(3) 訪談法：

訪談法是由分析人員針對個別或小組的員工進行訪談，以了解其個人或小組的工作內容，並將其所得結果統整後進行工作分析。這樣的分析雖然能有效的分析該工作，並且也可以得到相關資訊的回饋，但其非常的耗費時間與成本，而且許多員工經常會誇大其工作的重要性而降低該分析的可信度。

(4) 工作日誌：

所謂的工作日誌是指企業要求員工對於其每天的工作加以詳細記錄。這樣的方法雖然也能得到工作分析的資料，但是 紀錄工作同樣會使得員工增加其工作上的負擔而且也很費時，導致其不願意詳實記錄，而且這樣的方法必須要維持相當的時間，所以成本也相對的會比較高。

(5) 會議法：

所謂的會議法是指由對特定工作具有廣泛知識的監督者來進行，而特定的工作特性主要取自許多專家的看法。這種做法雖然具有很高的可信程度，但經常會忽略實際工作面眞正執行的工作。

4. 工作說明書應該要有的內容？

Answer

(1) 工作識別（Identification）：

詳細記載工作的職稱，所屬部門的名稱、直屬上司職稱以及薪資水準。

(2) 工作摘要（Summary）：

主要是在於描述工作的主要職能或活動內容及執行方式，有時也會包含所使用的儀器或設備。

(3) 工作上的關係與職責（Relationship/Responsibility/Duty）：

工作關係是工作者與企業內外其他人接觸的關係，例如向誰報告、負責督導誰、與誰配合工作等。而職務責任是指工作內容中所負的責任。

(4) 職權（Authority）：

指爲了執行工作所賦予的權限，例如決策的範圍、對其下屬的人事建議權、可動用的預算限制等。

(5) 績效標準（Standard Of Performance）：

詳述每項工作的績效標準，包含工作品質、數量或時間限制等。

(6) 工作條件（Condition）：

說明實際工作時工作場所的條件，包括噪音、熱度、危險程度等。

(7) 工作規範（Specification）：

列出所要雇用人員的各項基本特徵。例如身高、體重、外貌、教育程度、性別、居住地區等。它指出了公司需要召募何種人才，以及所需測試的項目有那些。

5. 如何執行工作評價？

Answer

(1) 排列法（Ranking）：

爲最簡單也最容易使用的工作評價法，其作法是選定一個標準，再按照這個標準將全部的工作依序由高往低排。

(2) 分級法（Grading）：

在排列法中並未事先訂定價值量尺，而在分級法中則先訂定好工作等級量尺（例如薪級水準），再依照工作說明書中的工作內容將工作分別加以歸類。

(3) 點數法（Point）：

爲目前最常被使用的方法，其作法是預先依照工作性質給予分配點數，再依照每項工作之實際工作內容決定該工作在上述各性質中所佔的分數，最後決定每種工作的總點數，並依高低來決定其薪資水。

(4) 因素比較法（Factor Comparison）：

因素比較法是排列法的改良，排列法是採單一因素來比較；而因素比較法則是以多重因素來加以比較。例如先以所需的學歷專長來評定各工作的得分，再依所需的技術水準來做爲評定基礎。最後將各工作按不同因素評比所得分數加總計算，可以得到每個工作的相對價值，並依此價值給予相當的薪資水準。

6. 工作設計有哪些？

Answer

(1) 工作專精化（Job Specialization）：

所謂工作專精化，就是將工作細細的切割爲許多細小的部分，每個人只擔任其中某一小部分。這樣的工作設計方式在許多企業中例如工廠作業員、辦公室職員等相當盛行。採行這種方式設計工作最主要的缺點是在於工作太專門化，易引起員工感到挫折和無聊，使生產力下降。

(2) 工作輪調（Job Rotation）：

工作輪調是指對不同任務之不同工作的員工作水平互調的作爲。工作輪調的出現主要是用來化解專精化的缺點，輪調的方式可以分爲垂直和水平的輪調，垂直輪調指的是職位升級和降級；但是當我們一般談到工作輪調時，指的是水平的輪調。採行工作輪調工作設計的優點在於可以拓展員工的知識和經驗、增進員工對組織內部相關活動的了解，使其願意擔負起更大的責任。然而其缺點則是成本增加、調到新職位生產力降低，太常輪調會使得其工作經驗很有限，若是非自願時問題更多。

(3) 工作擴大化（Job Enlargement）：

工作擴大化是指水平地擴大工作範圍。工作擴大化的出現也是爲了解決過份專業化所產生的缺乏多樣化問題，以降低員工的工作重覆性。雖然可因此而克服缺乏多樣化問題，但在使用上卻面臨熱誠不足的結果，很難爲工作添加挑戰性與意義感。

(4) 工作豐富化（Job Enrichment）：

工作豐富化是指藉由增加員工對工作的規劃以及評估的責任而垂直擴展其工作。工作豐富化增加了員工對工作的控制程度，使員工能有更多自由、獨立性及責任感，同時這些工作也能適時地提供回饋，使員工能夠評估與改正自己的表現，也可以因此而降低缺勤率與人員流動率。雖然工作豐富化並不能保證一定能提高生產力，但是確實顯示出能更安善的運用資源，同時產品或服務品質也變得更高了。

(5) 工作特性模型（JCM）：

定義了五種主要的工作特性，包括技術多樣性、任務完整性、任務重要性、自主性與回饋性。

7. 內部人員招募優缺點？

Answer

內部人員招募指企業在發展最低層級以上的工作職位時，以企業內部現有員工爲招募對象，藉由對公司內部員工的公告而取得合適的人選；除此之外，有些企業會讓員工來推薦合適人選。採用內部取得人力的優點在於：

(1) 能鼓勵員工士氣、增進其工作上的企圖心。

(2) 對於人選的工作品質與能力有較多的資訊。

(3) 成本遠較外部取得要來得低。

(4) 由內部取得的人力較能相容與現存之企業文化。

(5) 若設計得當，可將其視爲一種發展中階與高階管理者的訓練方式。

缺點：

⑴ 會失去招募到外部更優秀人才的機會。

⑵ 內部優秀人力的供給有限。

⑶ 容易造成未被選上的員工士氣低落。

⑷ 原有員工無法具有異於現有企業文化的創造力。

8. 人員甄選的方式？

Answer

⑴ 申請表：

幾乎所有企業都會要求應徵者塡寫申請表，申請表有可能是一份詳盡的個人記錄，例如個人過去的履歷，或者是一份自傳。使用功能申請表的優點在於其可用來作爲某些工作表現的有效衡量指標；當申請者的各種表現項目加上適當權重而且可以反映工作相關性時，申請表便成爲有效的徵選工具。不過若爲了徵選而使用加權過的申請表時，其成本是會比較高的而且較困難的，而爲了判定權數也必須不斷的對相關工作進行檢討、更新。

⑵ 書面測驗：

所謂書面測驗是指以書面方式對申請人進行測驗。傳統上有許企業偏好透過智力測驗、性向測驗等來了解申請人，然而近年來許多研究指出，書面測驗容易被認爲具有歧視性，而且似乎與工作沒有直接關係，因此使用的比例正在下降中。書面測驗有成就測驗、認知能力測驗、操作與實體技能測驗、人格與興趣測驗等等。

⑶ 績效模擬測驗：

績效模擬測驗是以工作分析的資料爲基礎讓員工模擬操作。其中最常被使用的就是工作抽樣（Work Sampling）與評量中心（Assessment Centers）。工作抽樣是讓應徵者處在某一個職位的模擬情境中，讓他們執行該職位中的一項或一組重要工作。藉由實際操作讓應徵者展示其具有勝任該工作所需能力與技能；評量或評鑑中心是進行績效模擬測驗的場所，用以評量應徵者的管理潛能。

(4) 面談（Interview）：

與申請表相同，多數申請人在徵選時都必須要經過一次或多次的面談才能得到工作。面談不見得是一項可靠的工具，如果面談的內容是經設計而且組織良好，而且主試者的詢問方式也保持一致時，面談會是有效且可靠的甄選工具。但是若主試者問了一大堆沒有經過組織而雜亂的問題時，便無法提供什麼有效的資訊了。

9. 如何做人員訓練？

Answer

(1) 演講法（Speech）：

演講是最普遍使用的方法之一，雖然使用演講法時員工可以發問，但最主要還是以傾聽爲主。使用演講法的優點在於其簡單明顯、在短時間內可以提供聽講者較多內容，並且同時容納較多的人。但是其缺點則在於員工會處於被動而缺乏參與機會，容易感到乏味而降低學習效果，尤其當訓練的目的是在於傳授技巧和改變態度時效果更差。

(2) 程式化學習（Programmed）：

所謂的程式化學習法是指利用教科書形式或電腦控制，使學習者提出問題或事實、採取某種反應、對所做反應的正確性提供回饋。使用程式化學習的優點在於可以縮短學習時間，更可以配合學習者的進度來進行不同程度的學習。缺點則是其在教材及設備上所費代價甚大。

(3) 會議（Meeting）：

所謂會議主要可分爲三種：

A. 導引式討論：由主持人引導所有參與員工進行討論。

B. 訓練式會議：由參加者自行提問題與知識以相互交換。

C. 研討式會議：以群體討論來解決問題，主持人做的只是界定問題、鼓勵發言和完全的參與而不提供答案。採用這種方法的優點在於可以自由溝通意見，可以提高學習的興趣與效果。但是主持人的角色扮演則相當重要，否則可能會影響訓練的品質。

⑷ 管理競賽（Management Game）：

管理競賽是經由一套電腦軟體，在軟體中設定好各式各樣的限制條件，讓員工分組模擬經營，並將最後的結果予以輸入以決定其勝負，例如政治大學即發展出一套名爲Boss的管理競爭軟體以供學生實習使用。使用這種方法的優點在於能夠很容易的讓員工模擬適應實際工作的各種情況，但是畢竟電腦程式所能考慮到的因素仍然遠低於實際情況。

⑸ 角色扮演（Role Playing）：

指讓員工在特定場合中嘗試扮演不同的角色，以體會各職位的立場與感覺。採用這種方式被認爲在主持會議及決策技巧的培養上有相當程度的幫助，但缺點是在於其費時較長，而且成本也比較高。

⑹ 大專院校的訓練：

讓員工回到校園中接受相關知識的訓練，例如近年來非常流行讓公司高階管理人回到校園去進修企業管理碩士學位，許多企業也在其公司的章程制度中鼓勵員工進修。不過這樣的方式比較適合於目的在增進專業知識的訓練上。

⑺ 敏感訓練（Sensitivity Training）或T群訓練（T-Group Training）：

並非要傳授什麼知識或技能，而是讓每一個人對於自己的行爲有更深入與客觀的領悟，而對於別人的行爲所表示的意義也增強敏感程度。

⑻ 管理方格訓練（Grid Training）：

由布拉克與莫頓（Blake & Mouton）提出的管理方格理論而來（橫軸爲關心生產，縱軸爲對人員的關心），二人提出一整套訓練計畫，以培養管理人員趨向（9，9）型的領導方式和組織型態。

10. 各種績效評估法優缺點？

Answer

方法	優點	缺點
書面評語	使用簡單	似乎是在衡量評估者的寫作能力，而非員工的實際績效。
重要事件	根據行為來衡量	很耗費時間，缺乏量化
評等尺度	定量資料，較其他方法省時	未能提供工作行為的深度衡量
行為依據衡量尺度	針對特定與可衡量的工作行為	耗費時間，尺度之發展困難
多人比較	將員工與他人做比較	員工人數眾多時不易使用
目標管理	著重在最後目標，成果導向	很耗費時間
360度回饋	周全	很耗費時間

第十六章 研究與發展管理

1. 產品研發定義。

Answer

產品的研發必須由組織去感受市場的脈動爲開端，經由得知市場及顧客群所需爲何，組織的研發團隊才能與市場接軌，生產出最合市場胃口的產品。同時，研究能力的提升除了產品品質的升級外，也可能是生產成本的下降，創造出組織的核心競爭優勢。此外，一個研發團隊的開發速度也決定了公司競爭力和技術開發的反應能力，還有企業能有多快速從研究團隊得到獲益。

2. 研究發展演進歷程分爲三個世代，而每個世代的演進，都代表著研發管理對於企業經營所起的重要作用，則第一代研發管理特色爲何？

Answer

第一代研發管理是屬於初階的管理活動，組織僅能認知研發活動的專業性特徵，但尚未感受到研發活動對於企業的營利具有重要性與關聯性，亦完全不認爲研發管理有可能爲組織帶來核心競爭力。

3. 第二代研發管理特色。

Answer

研發管理的目標與方向仍然由研發專業部門自行掌控，並沒有正式的專案管理，研發績效的衡量也以同儕評估與技術指標爲主，但技術部門的主要任務還是在支援業務部門提出的新產品開發概念與生產部門的各項製程改進需求。

4. 第三代研發管理特色。

Answer

研發管理往往需與行銷管理與生產管理進行一個整合性的動作，於推動組織策略與計畫時，以一個整體性、團隊性的方式來進行。同時，創新於此時已是一個在進行策略分析時的重要課題。因此組織已愈來愈重視研發的管理。

5. 第四研發管理特色。

Answer

第四代研發管理所具有的特色：

(1) 企業經營管理者將創新管理視爲核心課題。

(2) 企業組織的經營策略方向將受到技術創新所主導。

(3) 技術創新的資源投入將成爲知識經濟的策略性投資。

(4) 對於組織的競爭方式與經營模式以破壞性創新進行改革。

(5) 技術創新將以策略聯盟的方式來推動。

(6) 全球研發網絡的建構。

6. 第一代至第三代研發管理的策略層面比較。

Answer

比較構面	第一代研發管理	第二代研發管理	第三代研發管理
策略與管理層面	無明顯策略，研發只會僅會增加成本費用。	組織部門開始採行策略規劃。	研發管理納入組織的策略架構，組織具較爲明確的策略目的。
主要理念	研發決定未來技術，業務決定目前技術目標。	管理與研發呈法官一辯護律師的關係，業務與研發呈顧主關係。	研發與企業的發展具緊密關係。
組織方面	強調成本的控制，採用功能式專業管理。	組織採功能性分工，研發部門採矩陣式管理。	跨部門的矩陣組織。
研發策略	與業務無明顯連結。追求技術創新。	以專業爲基礎的策略架構，未與公司策略整合。	組織內技術研發與經營發展緊密結合。

7. 產品概念五個步驟。

Answer

釐清問題、外部搜尋、內部搜尋、有系統的探索、反省結果與過程。

8. 產品預試的步驟爲何。

Answer

首先必須先定義概念測試的目的，以了解此一概念測試的目的與目標爲何？知道了這目標後，才開始選擇測試所欲調查的母體，並擬定測試的標準與調查的模式爲何，以得到最後顧客反應的衡量，對於這些衡量的結果進行詮釋，並開始進行結果與過程的反省，以決定此一概念對於組織而言是否具有價值。

9. 產品企劃的主要目的。

Answer

確認開發產品的投資組合以及產品上市的時機。企劃的程序必須藉由資源與資訊的整合，以找出產品開發的機會，而這些資訊的來源包含行銷、研發、顧客、現在開發團隊的能力以及競爭者的水平等。組織將從這些資訊中決定專案的投資組合爲何。

10. 產品企劃程序。

Answer

首先必須先進行市場機會的確認，而這些機會可能涉及到組織本身的資源與能力、競爭對手的技術水準以及市場的趨勢等。第二步驟應開始對於專案的優先順序進行評估與安排，主要可有四個觀點，分別爲競爭策略、市場區隔、技術軌跡、產品平台。有效的平台能使多樣的衍生型產品被創造出。完成了專案的評估與安排後，便可開始進行資源的分配及時程的安排。一旦專案具可行性且獲得支持時，應先行完成專案事前的所有企劃，包括了人員的配置、任務的描述以及一些可於前置作業中找出的假設與限制等等。

第十七章　財務管理

1. 財管的功能？

Answer

(1) 資金規劃：

依照公司營運與未來發展的需求，詳細規劃與計算企業所要的資金有多少、數額有多少、要使用在什麼地方等，例如企業必須經常對於市場的需求加以因應，也許要適度的增加設備、淘汰舊機器或增加新的廠房，這些都需要有完善的資金規劃。

(2) 資金取得：

依據資金規劃並配合企業現有的資源，分析各種取得資金管道的優劣勢，以最有利於企業的條件募集企業所需的資金。

(3) 資金運用：

依照企業的財務規劃，將所募集而得的資金妥善的使用於既定的各種用途上。

(4) 資金管理：

企業必須依據其所制定的政策來管理其資金，包括日常營運與各種投資。

(5) 處理特殊財務問題：

有時財務管理也要處理一些比較特殊情況下的問題，例如企業間的合併或宣告破產等，而通常這些類型的問題需要與會計師和律師共同處理。

(6) 財務分析：

財務分析是將企業的經營或財務狀況清楚的反映，並提供做爲績效評估與檢討改善的工具。爲了能有效的得知企業的經營效率與財務管理績效，企業必須以相關的財務分析來做爲財務控制的方法，同時也可以做爲往後決策的依據。

2. 財管的目的？

Answer

(1) 創造股東財富的極大化：

企業存在的主要經濟目標就是爲創造股東財富極大化，因此要能培養並創造企業的獲利能力。

(2) 降低營運上的風險：

企業經營的風險主要爲業務風險與財務風險，財務管理的主要目的之一就是要適度的降低營運上的財務風險。

(3) 確保企業財務的安全：

爲企業建立起良好的財務管理制度，可以確保企業財務的安全性。

(4) 維持適度的資金流動性：

適度的資金流動可以促進企業的營運效益並且使企業能夠免於資金週轉不靈的風險。

(5) 做爲投資的決策依據：

財務管理可以將各項投資活動所需的資本、風險以及可能產生的收益做一事前的預估，以提供企業或投資者從事投資決策的依據。

3. 代理關係是甚麼？

Answer

指一位或一位以上的主理人（Principal）雇用並授權給另一位代理人（Agent）代其行使某些特定行動，彼此間所存在的契約關係。代理關係除了存於股東（主理人）與管理當局（代理人）間外，債權人與股東間也存有代理關係，在代理關係的架構，若主理人與代理人所追求的目標不一致，他們之間就可能存有潛在的利害衝突，並導致代理問題的發生。

4. 代理問題類型？

Answer

可以分成股東與管理當局間的代理問題、債權人與股東（公司）間的代理問題這兩種。

5. 風險的類型？

Answer

(1) 非系統風險（Unsystematic Risk）：

指可以經由多角化投資而分散的個別證券風險，又稱爲可分散風險（Diversifiable Risk），也稱爲公司特有風險（Firm Specific），它是由一些因素像是訴訟、罷工、新產品開發失敗、高階主管掏空資產等，發生在個別公司的不利事件所造成的。也可稱企業風險（Business Risk）。

(2) 系統風險（Systematic Risk）：

系統風險又稱市場風險，它起源於一些會影響到市場上所有公司的因素，例如戰爭、通貨膨脹、經濟景氣不好等。因爲系統分險無法用多角化投資來加以分散，因此又稱爲不可分散風險（Un-Diversifiable Risk）。也可稱爲財務風險（Financial Risk）。

(3) 利率風險（Interest Rate Risk）：

因利率變動導致實際報酬率發生變化而產生的風險。例如債券，利率上升會使債券價格下跌。

(4) 市場風險（Market Risk）：

因爲非預期事件導致整個金融市場中的資產報酬受到衝擊。

(5) 購買力風險（Inflation Risk，又稱通貨膨脹風險）：

因爲物價持續上漲所造成實際報酬縮水的風險。

(6) 流動性風險（Liquidity Risk）：

係指某資產購入之後，無法快速脫手的風險。

6. 風險與報酬間的關係？

Answer

對理性投資人而言，若資產本身所隱含的風險愈多，則需能提供更多的預期報酬以作爲投資人承擔高風險的補償，此種補償就稱爲風險溢酬（Risk-Premium）。亦即高風險、高報酬。

7. 效率市場的分類？

Answer

(1) 弱式效率（Weak Form Efficiency）市場：

股價反映過去所有影響股價移動趨勢的資訊，技術分析（Technical Analysis）無法賺取超常報酬。

(2) 半強式效率（Semi-Strong Form Efficiency）市場：

股價已反映所有已公開資訊，基本分析（Fundamental Analysis）無法賺取超常報酬。

(3) 強式效率（Strong Form Efficiency）市場：

股價已反映所有已公開或未公開的資訊。

8. 資本預算的定義？

Answer

企業從事固定資產如土地、廠房、設備等長期投資，使公司能在未來獲取一連串預期收益的活動。

9. 財務結構與資本結構的差別？

Answer

(1) 財務結構（Finance Structure）：

公司資產負債表右邊流動負債、長期負債的股東權益的相對比例。

(2) 資本結構（Capital Structure）：

公司資本來源的組合狀態，亦即公司資產負債表右邊長期負債與股東權益的相對比例。

10. 金融市場如何區分？

Answer

如果依交易工具區分：

(1) 資本市場（Capital Market）：

又稱為證券市場，買賣到期期限一年以上之權益證券與債務證券的市場。包含股票市場以及債券市場。

(2) 貨幣市場（Money Market）：

買賣到期期限不到一年之債務證券的市場，如國庫券、商業本票、銀行承兌匯票、可轉讓定期存單。

如果依是否首次發行區分：

(1) 初級市場（Primary Market）：

買賣首度由公司發行證券的市場。

(2) 次級市場（Secondary Market）：

買賣流通在外證券的市場。

參考文獻

中文部分

1. 方至民 著，（2002），企業競爭優勢，前程。
2. 方國榮 譯，（2004），財務管理，美商希爾公司。
3. 王嘉源、王柏鴻、羅耀宗 譯，（2003），杜拉克談未來管理，時報文化。
4. 田志龍 著，（1998），行銷研究，五南圖書公司。
5. 宋鈴蘭 譯，（2003），當代管理學，美商希爾。
6. 邱山口 著，（1996），行銷管理，育有圖書公司。
7. 李在長 著，（1999），組織理論與管理，華泰文化公司。
8. 李明 譯，（2003），執行力，天下遠見公司。
9. 李芳齡 譯，（2001），企業策略，天下遠見公司。
10. 李書政 編譯，（2003），知識管理，麥格西爾公司。
11. 余佩珊 譯，（1998），溝通時代話領導，天下遠見公司。
12. 林建煌 編譯，（1999），現代管理學，華泰書局。
13. 林建煌 著，（2002），現代管理學，華泰文化公司。
14. 林建煌 著，（2003），策略管理，智勝文化公司。
15. 周旭華 譯，（2000），競爭策略，天下遠見公司。
16. 吳澄清 著，（1991），日本企業經營新趨勢，創意力。
17. 張振宇 著，（1998），企業管理概要，三民書局。
18. 張保隆、陳文賢、蔣明晃、姜齊、盧昆宏 著，（2000），生產管理，華泰文化公司。
19. 張永霖 編著，（2005），財務管理，高點文化事業有限公司。
20. 胡瑋珊 譯，（2002），人性管理黃金定律，台灣培生公司。
21. 陳國嘉 著，（1997），管理概論，華泰書局。
22. 陳鍾文 著，（1993），經營組織結構與管理運作，超越企管。
23. 陳耀茂 著，（2001），方針管理與策略規劃，高立。
24. 陳隆騏 著，（1999），當代財務管理，華泰文化公司。
25. 陳光華 著，（1998），企業政策，三民書局公司。
26. 孫秀惠 編譯，（2002），新積極思考，天下遠見公司。
27. 徐作聖 著，（2000），創新政策概論，華泰文化公司。
28. 徐輝 著，（1996），品質管理，三民書局公司。

29. 許士軍 著，（1984），管理學，東華書局公司。
30. 莊素玉 著，（2000），創新管理，天下遠見公司。
31. 曾柔鶯 編著，（2003），現代管理學，高立圖書。
32. 彭文正 著，（1998），人生規劃與經營，水牛圖書公司。
33. 彭文正 著，（2000），永續經營策略，水牛圖書公司。
34. 傅和彥 譯，（2001），生產管理，前程企管公司。
35. 傅蕭良 著，（1989），員工激勵學，三民書局。
36. 蔣靜一 著，（1987），企業管理，三民書局。
37. 蔣明晃 著，（2001），管理科學概論，華泰文化公司。
38. 榮泰生 著，（2002），策略管理學，華泰文化公司。
39. 潘振雄、劉文禎 編著，（1999），管理學，高立圖書公司。
40. 黃俊英 著，（1997），行銷學，華泰文化公司。
41. 黃營杉 譯，（1999），策略管理，華泰文化公司。
42. 賴士葆、謝龍發 編著，（2002），科技管理，榮星印刷公司。
43. 賴士葆、謝龍發、陳松柏 著，（2005），科技管理，華泰榮星印刷公司。
44. 蕭志強 譯，（1997），成功的法則，洪建全基金會。
45. 劉常勇 著，（2002），創業管理的 12 堂課，天下遠見公司。
46. 劉常勇 著，（2002），創業管理，天下遠見公司。
47. 戴國良 著，（2021），圖解管理學，五南圖書出版股份有限公司。
48. 鄭春生 著，（2001），品質管理，全華圖書公司。
49. 蘇哲仁、林家五 譯，（2001），策略管理，五南圖書公司。
50. 顧淑馨 譯，（2002），競爭大未來，智庫股份有限公司。

英文部分

1. A. J. Rucci, S. P. Kirm, and R. T. Quinn, “The Employee Customer Profit Chain at Sears,” Harvard Business Review (January-February 1998), pp.83-97.
2. A. D. Chandler Jr., Strategy and Structure: Chapters in the History of the Industrial Enterprise (Cambridge, MA: MIT Press,1962).
3. B. W. Husted, “A Contingency Theory Corporate Social Performance,” Business and Society (March 2000), pp. 24-48.
4. B. Fazlollahi and R. Vahidov, “A Method for Generation of Alternatives by Decision Support Systems,” Journal of Management Information Systems (Fall 2001), pp. 229-250.

5. B. S. Gariety and S. Shaffer, “Wage Differentials Associated with Flextime,” Monthly Labor Review (March 2001), pp. 68-75.
6. C. C. Holt, “Learning How to Plan Production, Inventories, and Work Force,” Operations Research (January/ February 2002), pp. 96-99.
7. C. Garvey, “The Whirlwind of a New Job,” HR Magazine (June 2001), pp.110-118.
8. C. Vogel and J. Cagan, Creating Breakthrough Products: Innovation from Product Planning to Program Approval (Upper Saddle River, NJ: Prentice Hall, 2002).
9. D. Miller, Q. Hope, R. Eisenstat, N. Foote, and J. Galbraith, “The problem of Solutions: Balancing Clients and Capabilities,” Business Horizons (March/April 2002), pp. 3-12.
10. D. Dequech, “Bounded Rationality, Institutions, and Uncertainty,” Journal of Economic Issues (December 2001), pp. 911 -929.
11. D. Mitchell and R. Pavur, “Using Modular Neural Networks for Business Decisions,” Management Decision (Journal-February 2002), pp. 58-64.
12. D. A. Decenzo and S. P. Robbins, Human Resources Management, 8th ed. (New York: John Wiley & Sons, 2003).
13. D. MCGregor, The Human Side of Enterprise (New York: MCGraw-Hill,1960).
14. E. K. Valentin, “SWOT Analysis from a Resource-Based View,” Journal of Marketing Theory and Practice (Spring 2001), pp. 54-69.
15. F. W. Taylor, The Principles of Scientific Management (New York: Jaaper,1911).
16. G. Johnson, “Strategy Through a Cultural Lens: Learning for a Manager’s Experience,” Management Learning (December 2000), pp. 403-426.
17. G. Akin and I. Palmer, “Prtting Metaphors to Work for a Change in Organizations,” Organizational Dynamics (Winter 2000), pp. 67-79.
18. G. N. Chandler, C. Keller, and D. W. Lyon, “Unraveling the Determinants and Consequences of an Innovation-Supportive Organizational Culture,” Entrepreneurship Theory and Practice (Fall 2000), pp.59-76.
19. H. 8. Jones, “Magic, Meaning and Leadership: Weber’s Model and the Empirical Literature,” Human Relations (June 2001), pp.7S3-J71.
20. J. Lee, “The Tao of Business,” Asian Business (August 2001), pp. 48-79.
21. J. M. Bartunek and M. G. Seo, “Qualitative Research Can Add New Meaning to Quantitative Research,” Journal of Organizational Behavior (March 2002), pp. 237-242.
22. J. A. M. Coyle-Shapiro, “Changing Employee Attitudes: The Independent Effects of TQM and Profit Sharing on Continuous Improvement Orientation,” Journal of Applied Behavioral Science

(March 2002), pp. 57-77.

23. J. R. Crow, "Crashing with the Nose Up: Building a Cooperative Work Environment," Journal for Quality and Participation, pp. 45-50.
24. J. F. Castellano and H. A. Roehm, "The Problems with Managing by Objectives and Results," Quality Progress (March 2001), pp. 39-46.
25. J. B. Barney, "Organizational Culture: Can It Be a Source of Sustained Competitive Advantage?" Academy of Management Review (July 1986), pp. 656-665.
26. J. A. Hoxmeier and K. A. Kozar, "Electronic Meeting and Subsequent Meeting Behavior: Systems as Agents of Change," Journal of Applied Management Studies (December 2000), pp.177-195.
27. J. S. Miller, P. W. Horn, and L. R. Gomez-Mejia, "The High Cost of Low Wages: Does Maquiladora Compensation Reduce Turnover?" Journal of International Business Studies (Third Quarter 2001), pp. 585-595.
28. J. W. Janove, "Sexual Harassment and the Big Three Surprises," HR Magazine (November 2001), pp.123-130.
29. J. L. Bennett, "Change Happens," HR Magazine (September 2001), pp.149-156.
30. J. Useem, "The New Company Town," Fortune (January 10, 2000), pp. 62-70.
31. J. d. Ward, "Responding to Fiscal Stress: A State-Wide Survey of Local Governments in Louisiana. A Research Note," International Journal of public Administration (June 2001), pp. 565-571.
32. J. Burdett, "Changing Channels: Using the Electronic Meeting System to Increase Equity in Decision Making," Information Technology, Learning, and Performance Journal (Fall 2000), pp. 3-12.
33. L. M. Gossett, "The Long-Term Impact of Short-Term Workers," Management Communication Quarterly (August 2001), pp.115-120.
34. J. Zabojnik,"Centralized and Decentralized Decision Making in Organizations," Journal of Labor Economics (January 2002), pp. 1-22.
35. J. Tan, "Impact of Ownership Type on Environment-Strategy and Performance: Evidence from a Transitional Company," Journal of Management Studies (May 2002). pp. 333-354.
36. L. N. Jewell and H. J. Reitz, Group Effectiveness in Organizations (Glenview, IL: Scott, Foresman,1981).
37. Mintzberg, The Nature Of Managerial Work Over York: Haaper & Row (1973)
38. M. Weber, The Theory of Social and Economic Organization (New York: Free Press,1947).
39. M. M. Buechner. "Recharging Sears," Time (May 27, 2002), pp.50-52.

40. M. Green, J. Garrity, and a. Lyons, "Pitney Bowes Calls for New Metrics," Strategic Finance (May 2002), pp. 30-35.
41. M. L. Frigo, "Strategy, Business Execution, and Performance Measures," Strategic Finance (May 2002), pp. 6-8.
42. M. Snyder, Public Appearances, Private Realities: The Psychology of Self-Monitoring OTew York: W. H. Freeman,1987).
43. M. Augier, "Subline Simon: The Consistent Vision of Economic Psychology's Nobel Laureate," Journal of Economic Psychology (June 2001), pp. 307-334.
44. N. Argyres and A. M. MCGahan, "An Interview with Michael Porter," Academy of Management Executive (May 2002), pp. 43-52.
45. P. E. Drucker, Innovation and Entrepreneurship (New York: Harper & Row,1985).
46. P. W. Peasw, M. Beiser, and M. E. Tubbs, "Framing Effects and Choice Shifts in Group Decision Marking," Organizational Behavior and Human Decision Processed (October 1993), pp. 149-165.
47. P. P. Shah, "Network Destruction: The Structural Implications of Downsizing," Academy of Management Journal (February 2000), pp.101-112.
48. P. Drucker, Innovation and Entrepreneurship (New York: Haaper & Row,1985).
49. R. MCAdam, "Large Scale Innovation-Reengineering Methodology in SMEs: Positivistic and Phenomenological Approaches," International Small Business Journal (February 2002), pp. 33-52.
50. R. M. Beal, "Competing Effectively: Environmental Scanning, Competitive Strategy, and Organizational Performance in Small Manufacturing Firms." Journal of Small Business Management (January 2000), pp. 27-47.
51. R. A. Meyers, D. E. Brashers, and J. Hanner, "Majority-Minority Influence: Identifying Argumentative Patterns and Predicting Argument-Outcome Links," Journal of Communication (Autumn 2000), pp. 3-30.
52. R. Dhawan, "Firm Size and Productivity Differential: Theory and Evidence from a Panel of US Firms," Journal of Economic Behavior & Organization (March 2001), pp. 269-293.
53. R. B. Reich, " Your Job is Change," Fast Company (October 2000), pp.140-168.
54. S. H. Cady and P. M. Fandt, "Managing Impressions with Information: A Field Study of Organizational Realities," Journal of Applied Behavioral Science (June 2001), pp.180-204.
55. S. L. Premack and J. P. Wanous, "A Meta-Analysis of Realistic Job Preview Experiments," Journal of Applied Psychology November 1985), pp. 706-720.

56. The Brefi Group, "Executive Coaching for High Performance Top Teams and Individuals in Organizations," www. Brefigroip. Co. UK (2003).
57. T. K. Das and 8. S. Teng, "Inabilities of Strategic Alliances: An Internal Tensions Perspective," Organizational Science (January/February 2000), pp. 77-101.
58. T. F. Shea, "Employees' Report Car on Supervisors' Ethics: No Improvement," HR Magazine (April 2002), p.29.
59. T. Burns and G. M. Stalker, The Management of Innovation (London: Tavistock,1961).
60. T. M. Amabile, "Motivating Creativity in Organizations," California Management Review (Fall 1997), pp. 42-52.
61. W. Acar, K.E. Aupprele, and R. M. Lowy, "An Empirical Exploration of Measures of Social Responsibility Across the Spectrum of Organizational Types," International Journal of Organizational Analysis (January 2001), pp. 26-57.

國家圖書館出版品預行編目資料

管理學／陳延宏作. -- 初版. -- 臺北市：五南圖書出版股份有限公司, 2022.07
面； 公分
ISBN 978-626-317-799-4（平裝）

1.CST: 管理科學

494 111005216

4F03

管理學

作　　者 — 陳延宏（261.9）
發 行 人 — 楊榮川
總 經 理 — 楊士清
總 編 輯 — 楊秀麗
副總編輯 — 王正華
責任編輯 — 張維文
封面設計 — 姚孝慈
出 版 者 — 五南圖書出版股份有限公司
地　　址：106台北市大安區和平東路二段339號4樓
電　　話：(02)2705-5066　　傳　　真：(02)2706-6100
網　　址：https://www.wunan.com.tw
電子郵件：wunan@wunan.com.tw
劃撥帳號：01068953
戶　　名：五南圖書出版股份有限公司

法律顧問　林勝安律師事務所　林勝安律師

出版日期　2022年7月初版一刷
定　　價　新臺幣550元